応用生命科学シリーズ ④
植物工学の基礎

長田敏行編

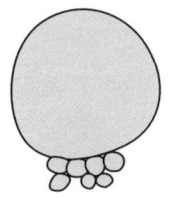

東京化学同人

いただけるように解説した第1巻"応用生命科学の基礎"から，第9巻"生命情報工学"のように専門性の高い領域に重点を絞って解説したものまで，幅広く取りそろえることにより読者の便宜をはかったつもりである．大学院生や研究者，専門家，専門内容，大学教養課程から専門課程の学生諸君，大学院生から技術者，研究者にいたる多くの読者の方々にこの意図をくんでいただければ幸いである．

2002年 2月

応用生命科学シリーズ 編集代表
永井 和夫

ii

生薬とは、それぞれ生物素、物質素、化学の面から明らかにされた生物の特性に関与する生理活性成分を総合するように賦与するための薬業をいう。

かつて、生薬製造には主用する物質を探えた薬理作用を働かせているのではないにしても、その特性はいわば無限から有用の有効成分を抽出する方向に進むのにより、生薬はいよいよ無用化傾向をもつようになり、20世紀末ばから生薬製造業を物質化学的に解明しようとする研究者が増加し、有効の物質または複合した生薬の薬物様相を有するから多様化し、代替方をのり多重が明らかにされ、すべての生薬の生理に進化な性格を維持し、種ごとに見られる機器の相違についても理解が進んだ。

だまさに多様な、薬用の害物様相、医薬品の開発、病気の症候などより種々のに作物から多種多様の有効成分を抽出し、合成にまた分けて、幸運に続ける、続ける、するとされる、となるとの通じて同種の資源をより有効に利用したり、周期的に進めることができる形態に近づきつつある。また、目的とその作用に対するよりなく維持するためにも重要な機械を与えてくれるに違いない。

※「応用生薬科学シリーズ」は、大学・研究機関などに所属する進歩のかわりをくいかにしていく意義があり、上に述べた生薬科学の経緯を明らかにされた母薬者が中心となって、との将来のかかわりがあり、かつの上に薬を重ねるとともに、母薬を明らかにするのに用いれるべきを考えていく未来を期しているものである。特に、この方向は母薬の進歩方はまりに少数であるからかわり合わせている医薬品、開発、母薬の歴史や開発された援助の根本として考えられる議論を深く、また母薬者の進書その後達成の接者を用いした新しい医薬品、さらに母薬化学研究のその後進による情報が少ないなく歴史されているものがあり、このようなかわりをよりくくなりないように意義をよとして、「運搬しての分類にかかわり

編 者

長田敏行　法政大学生命科学部　教授、東京大学名誉教授、理学博士

執筆者

岩谷 靖一　東京大学大学院農学生命科学研究科　教授（理事）理学博士
西田生郎　埼玉大学大学院理工学研究科　教授、理学博士
渡辺雄一郎　東京大学大学院総合文化研究科　教授、理学博士

（五十音順）

目　　　次

1章　ニューバイオテクノロジーとオールドバイオテクノロジー… 長 田 敏 行 … 1

2章　植物工学の基礎と特徴……………………………………… 長 田 敏 行 … 5
2・1　分化の全能性 ……………………………………………………………… 5
　2・1・1　分化の全能性の発見 …………………………………………………… 5
　2・1・2　クローン植物 …………………………………………………………… 8
　2・1・3　ウイルスフリー植物 …………………………………………………… 9
　2・1・4　メリクローン …………………………………………………………… 10
　2・1・5　半数体植物 ……………………………………………………………… 11
　2・1・6　ソマクローナル変異 …………………………………………………… 13
　2・1・7　人工種子 ………………………………………………………………… 14
　2・1・8　大量培養 ………………………………………………………………… 15
2・2　細胞融合 …………………………………………………………………… 16
　2・2・1　プロトプラスト ………………………………………………………… 17
　2・2・2　細胞融合 ………………………………………………………………… 21
　2・2・3　融合産物の選抜 ………………………………………………………… 24
　2・2・4　融合産物の培養過程における選抜 …………………………………… 28
　2・2・5　対称的融合 ……………………………………………………………… 31
　2・2・6　非対称体細胞雑種 ……………………………………………………… 33
2・3　遺伝子導入 ………………………………………………………………… 36
　2・3・1　形質転換法 ……………………………………………………………… 37
　2・3・2　クラウンゴール ………………………………………………………… 37
　2・3・3　遺伝子導入ベクター …………………………………………………… 47
　2・3・4　Riプラスミド …………………………………………………………… 49
　2・3・5　植物細胞の形質転換法 ………………………………………………… 50
2・4　形質転換の具体例とトランスジェニック植物 ………………………… 54
　2・4・1　イ　ネ …………………………………………………………………… 54
　2・4・2　花色の操作 ……………………………………………………………… 55
　2・4・3　遺伝子操作による雄性不稔の付与 …………………………………… 55

2・4・4　植物による医薬品の生産 …………………………………………… 57
参考文献 ………………………………………………………………………………… 58

3章　耐病性および耐虫性植物の原理と応用 ……………………渡辺雄一郎… 60
3・1　除草剤に対する抵抗性の付与 …………………………………………………… 60
3・2　耐病性・耐虫性因子の生産による抵抗性の付与 ……………………………… 64
　3・2・1　ウイルス抵抗性を付与する方法（病原体由来抵抗性）………………… 64
　3・2・2　抗菌タンパク質，解毒酵素遺伝子の導入 ………………………………… 71
　3・2・3　殺虫タンパク質遺伝子の導入 ……………………………………………… 74
　3・2・4　ヒトのウイルス抵抗性遺伝子の導入 ……………………………………… 77
3・3　植物自身がもつ能力の利用 ……………………………………………………… 80
　3・3・1　抵抗性遺伝子の移植による耐病性育種 …………………………………… 80
　3・3・2　内在的なウイルス耐性能力の活用 ………………………………………… 88
　3・3・3　植物自身による抵抗性反応の増進による糸状菌への耐性 ……………… 89
　3・3・4　根の組織での細胞分裂の調節による線虫への耐性 ……………………… 95
　3・3・5　天敵による昆虫防除 ………………………………………………………… 95
　3・3・6　種々の病害抵抗性反応で重要な役割を果たす分子の発現による抵抗性 … 99
3・4　多様性への配慮 …………………………………………………………………… 102
　3・4・1　作物の抵抗性と病原体の変異体出現のジレンマからの回避へ ………… 102
　3・4・2　単一遺伝子植物の利用から複数遺伝子植物の利用へ …………………… 103
参考文献 ………………………………………………………………………………… 105

4章　ストレス耐性植物の原理と応用 ………………………………西田生郎… 108
4・1　植物と温度 ………………………………………………………………………… 109
　4・1・1　耐冷性植物 …………………………………………………………………… 110
　4・1・2　耐凍性植物 …………………………………………………………………… 122
　4・1・3　耐暑性植物 …………………………………………………………………… 133
4・2　耐塩性植物 ………………………………………………………………………… 137
　4・2・1　高塩環境で生育する植物 …………………………………………………… 137
　4・2・2　塩による浸透圧バランスの乱れ …………………………………………… 138
　4・2・3　高塩環境を乗り切るしくみ ………………………………………………… 138
　4・2・4　耐塩性を付与する要素 ……………………………………………………… 139
　4・2・5　耐塩性発現の制御因子 ……………………………………………………… 145
4・3　耐乾性植物 ………………………………………………………………………… 147

4・4　ストレス耐性植物研究における転写因子の重要性 ……………………… 149
参考文献 …………………………………………………………………………… 149

5章　モデル植物としてのシロイヌナズナ ……………… 塚谷裕一 … 152
5・1　モデル植物としてのシロイヌナズナ研究 ………………………………… 152
　5・1・1　シロイヌナズナ研究の特性 ………………………………………… 152
　5・1・2　シロイヌナズナ・ゲノムプロジェクトと遺伝子単離の手法 …… 156
5・2　ゲノミクス …………………………………………………………………… 162
　5・2・1　ゲノミクスとは ……………………………………………………… 162
　5・2・2　マイクロアレイとプロテオーム …………………………………… 163
　5・2・3　ゲノミクスの将来 …………………………………………………… 166
　5・2・4　シロイヌナズナ・ゲノミクスの応用範囲 ………………………… 169
5・3　シロイヌナズナ研究の応用 ………………………………………………… 174
　5・3・1　近未来に向けての応用の動き ……………………………………… 174
　5・3・2　ケーススタディー：葉形態のバイオデザイン …………………… 174
参考文献 …………………………………………………………………………… 177

6章　イネゲノムプロジェクト …………………………… 塚谷裕一 … 180
6・1　イネゲノムプロジェクトの概観 …………………………………………… 180
　6・1・1　イネの研究特性 ……………………………………………………… 180
　6・1・2　イネゲノムプロジェクトの推移 …………………………………… 182
　6・1・3　イネ遺伝子の機能解析 ……………………………………………… 184
6・2　イネゲノムの現時点での実用段階 ………………………………………… 187
6・3　最後に ………………………………………………………………………… 188
参考文献 …………………………………………………………………………… 189

7章　植物工学の未来像：期待と課題 …………………… 長田敏行 … 191
7・1　豊かさをもたらす植物工学 ………………………………………………… 191
7・2　植物工学への課題 …………………………………………………………… 193

用語解説 ………………………………………………………………………… 197

索　引 …………………………………………………………………………… 203

1

ニューバイオテクノロジーとオールドバイオテクノロジー

　本書は, 進展著しい "植物工学" について, その成立の由来から, 現在どのような状況にあり, そして今後どのような発展が期待されるかについて, 初めて学ぼうとする人々にもその概略が容易に把握できるように意図されている. ところで, 植物工学とほとんど同義語で植物バイオテクノロジーという言葉がある. バイオテクノロジーというとき, しばしば "オールド" と "ニュー" とに区別することがある. この区分に従うと本書で扱うのはほとんどニューバイオテクノロジーであるが, それではオールドバイオテクノロジーとは何であろうか. **オールドバイオテクノロジー** (old biotechnology) とは, 約9000年前に中近東で始められた農耕以来の農業生産技術を総括的に意味するといってよいだろう. 今日, たとえばジェリコ (死海近くのいわゆるウェストバンクにある) などでは農耕に関する考古学的遺跡を見ることができるが, そこから由来して発展したオールドバイオテクノロジーとはほとんど農業と同義語である. そこでは, 最初は採集が行われたであろうが, やがてそれら野生植物を栽培化し, 有用品種を選抜・育成した. そのような作物生産の向上が歴史時代の種々の文明の興隆をもたらし, これらの生産技術の改良に文明は依存している. あらゆる文明の興隆は農業生産の向上を基礎としており, 今日利用されている主要作物もそれぞれの文明によりもたらされたものである. ロシアの植物遺伝学者 I. Vavilov は, 今日の主要作物は, かつて繁栄した各文明による産物であることを示し, それらの起源として世界に七箇所を想定した. これらの植物の品種改良は, 繰返すが, もっぱら経験に基づく選抜によるものであった. ところが, 1865年に, チェコの修道院長であった G. Mendel が, 主としてエンドウの

交配実験から遺伝法則を発見し，論文として発表した．この遺伝法則は，これらの品種改良の原理に革命的な変革をもたらし得るものであったが，発表時点では理解されず，その発見の意義と重要性には気付かれることなく35年が経過した．1900年になって，オランダのH. de Vries，ドイツのC. Correns，オーストリアのE. von Tschermak-Seyseneggによりメンデルの遺伝法則が再発見されて，一般的に知られるようになり，品種改良は科学的根拠に基づき進められることになった．特にTschermakは，応用遺伝学としての育種学の実践に努めた．その結果，有用形質をもった品種の遺伝的組合わせにより有用品種を作る方法が確立し，生産量と質の向上が図られ，イギリスのW. Batesonもこの概念の普及に大きく貢献した．これらの軌跡は，植物遺伝学あるいは育種学のはじまりにおいて知ることができる．その結果，種々の優良形質を組合わせた品種改良が可能になり，食糧増産がもたらされ，T. R. Malthus以来何度となく予見された，「人口増加は幾何級数的に増加するのに対し，食糧生産は算術級数的にしか増加しないので，やがて食糧の不足をもたらす」という予測は，幸いにも何度も回避されてきた．比較的最近でも，ノーベル平和賞で称えられたN. E. Borlaug博士などによって発展途上国におけるコムギの生産量が飛躍的に増大したグリーンレボリューション（緑の革命）は記憶に新しい．しかしながら，特に発展途上国における人口増加はそれ以上に著しく，今後いっそう深刻な食糧危機が予測されている．しかも，交配による品種改良の手段はほとんどし尽くされているので，ほかに方策を見つける必要がある．このような時代にあって，ある種の解決を期待させてくれるのが植物の**ニューバイオテクノロジー**（new biotechnology），すなわち**植物工学**（plant technology）である．この内容を紹介するのが本書の目的であるが，一言でいうと，遺伝子交換の機会を新手法で飛躍的に広げたことである．

まず，その基礎として，第2章では，植物細胞の培養により展開されるニューバイオテクノロジーについて紹介するが，基本的に植物の体細胞には，広範な分化の全能性があることを利用する．分化の全能性も，今日クローンヒツジ「ドリー」の出現により，植物の専売特許ではなくなったが，なお容易さ，再現性，普遍性ゆえに植物の特徴といえよう．すでに実用化されているウイルスフリー技術などは，広範に実行されており，比較的最近の進歩である細胞融合，さらに遺伝子導入によるトランスジェニック植物について，その基礎概念と基本的手法を紹介する．特に植物では原核細胞である土壌細菌アグロバクテリウム（*Agrobacterium tumefaciens*，根頭がん腫菌）の感染による遺伝子導入の系がユニークな発展を遂げているのでそ

の概要を述べる．

なお，これらの点について述べるとき，植物細胞がどのような特徴をもっているかについても簡単にふれることは意味があると考えられる．植物細胞は，図1・1に示すように，主としてセルロースから成る細胞壁に包まれている．細胞分裂の結果は，このような細胞の積み重なりが，組織・器官を形成するので，ブロック建築に例えられる．したがって，外的変化に対して，それが不都合な条件であっても，

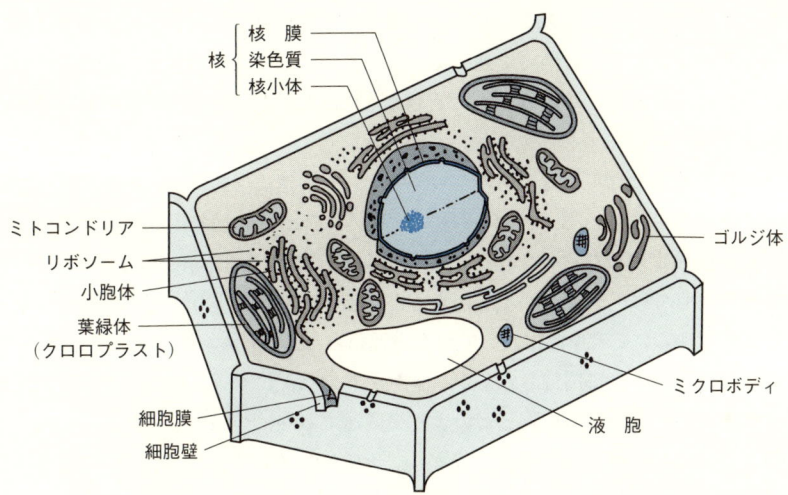

図 1・1　**植物細胞**．植物細胞は，強靭な細胞壁に囲まれており，植物体は，この構造の積み重ねにより成立している．植物細胞には，葉緑体があることが動物細胞とは異なり，葉緑体によって行われる光合成は，光エネルギーを化学エネルギーに転換し，このエネルギーに地球上の全生命は依存している．また，植物細胞の成長は，ほとんど液胞の肥大によっているので，成長した細胞に占める液胞の比率は90％にも達する．

動物とは違い逃避などでは対応できないので，それらに対する独特な対応策を発達させた．また，胚から発生した個体は，茎と根の先端に分裂組織があり，そこが組織細胞の供給源になっている．全体としての統御は動物ほど支配的ではなく，それぞれの細胞にやや独自性があり，これが体細胞が幅広い分化全能性を示す理由と考えられる．この特性を，植物バイオテクノロジーは最大限に活用する．

つぎに，第3章では，このような植物の特性に基づき，細菌，カビ，ウイルス病などに対応してどのような方策が立てられているについてふれる．広大な敷地で栽

培される作物の雑草の除去をどのようにするかについても紹介する．雑草の除去も従来は，除草剤のもつ植物に対する選択性を利用することが多かったが，これらの農薬の多くは残留性が問題となり，今日では環境にやさしい農薬，すなわち残留性のないものが要求されている．このため農薬としての選択性はなくなり，逆に植物側にそれらの農薬に対する耐性を付与することが重要になってくるので，それらの点について紹介する．

第4章では，食糧生産の場所の確保のためにこれまではあまり利用されなかった，砂漠，寒冷地帯など，従来より厳しい環境条件での植物栽培において，植物工学はどのように対応するかについて述べる．このため，耐冷性，耐凍性，耐塩性，および耐暑性とは何であるかの研究から始めなければならないので，それぞれの基礎から紹介する．

第5章では，モデル植物であるシロイヌナズナの遺伝学的特徴，そのゲノムプロジェクトについて述べる．2000年末に国際プロジェクトして，シロイヌナズナの全ゲノムの決定が報じられたが，このもともとは雑草であるアブラナ科の植物は，高等植物としては，ゲノムサイズがもっとも小さい部類に入り，また，栽培が容易であることから，モデル植物として研究が進められ，全ゲノム決定の材料とされた．この現状と，その後に期待されるポストゲノムの状況について紹介する．また，遺伝子構造がいわゆる有用作物とどのように関連するかについてもふれる．

第6章では，穀物として重要なイネも，比較的ゲノムサイズが小さいので，イネ科植物の代表としてゲノム解析が進行している状況を概括する．

トランスジェニック植物が植物工学で主要な役割を果たすことは，6章までに述べる通りである．トランスジェニック植物（形質転換植物）とは，外来の遺伝子が形質転換法により導入されて植物の遺伝子に組込まれ，安定に複製し，発現する植物体であり，本書の全体を通じて至るところに登場する．これは，また遺伝子組換え生物（genetically modified organism, GMO）でもある．このGMOが社会にそのまま受容されるかどうかは自明ではない．したがって，社会からの受容は重要な問題であり，しばしば業界用語としてPA（public acceptance，社会による受容）と略される手続きを経る必要がある．

そこで最後に，第7章では，これらの現状についての問題点・課題などを概括するとともに，植物工学はいまや地球の未来を支える不可欠の研究手法であるという側面にも言及する．

2

植物工学の基礎と特徴

2・1 分化の全能性

　植物工学は，動物・微生物のそれと比較してユニークな発展を遂げてきた．それは，研究の当初より植物体を構成する体細胞（あるいは栄養組織ともいう）を培養すると，個体再生が実現されていたことである．このような特性を**分化の全能性**（totipotency）という．このため，単離された体細胞に遺伝的修飾を加えるとそのまま個体レベルでの遺伝的変換として達成できるので，作出した個体は交配により従来の育種プログラムのなかに取込むことが可能である．いい換えれば，体細胞を遺伝的に操作することが直接的に品種改良につながり，進展著しい細胞工学や遺伝子工学とただちに結合できることである．したがって，まず初めに，この植物に特徴的な体細胞・栄養組織の培養に関する研究発展の過程と重要な発見およびその核となる技術的進歩を概括した後に，今日展開中の植物工学の現状とその意義を述べ，最後に今後の課題などについて述べる．ただし，体細胞・栄養組織の増殖はもっともポピュラーな植物工学であり，すでに種々のレベルの紹介[1]があるので，ここでは各論の詳細までは立ち入らない．

2・1・1 分化の全能性の発見

　植物の栄養組織の培養の試みは，オーストリアのグラーツ大学から後にベルリン大学へ移った G. Haberlandt に遡ることができ，その概念はすでに 1902 年に発表されている．彼は多くの試みについて発表しているにもかかわらず，その後の研究の発展に直接にはつながっていない．その大きな理由は植物細胞組織の培養におい

て重要な働きを果たし,培養に際して必要不可欠な**植物ホルモン**(plant hormone, phytohormone)がまだ発見されていなかったことによる.ただし,彼自身の研究は植物ホルモンであるオーキシンの発見には至らなかったが,発見の前段階にはあったことが指摘されている.したがって,実験科学的にいうと,Haberlandt は重要な仮説の提唱者ではあるが,その検証は後の研究者によってなされたということができよう.

植物ホルモンとして最初に発見されたのはオーキシン(auxin)で,物質的にはインドール-3-酢酸(IAA)であり,1934年のことであった.オーキシンの発見を機に,細胞組織培養が推進されたが,研究の初期にもっとも貢献したのは,パリ大学の R. Gautheret とロックフェラー研究所の P. R. White である.Gautheret は,種々の木材の形成層の組織を培養し,White は,トマトの根を1年余にわたり培養して組織培養の基礎を樹立していたが,オーキシンの導入により細胞培養が出発した.両者とも,細胞組織培養に関するいくつかの重要な概念を提出しているが,特に in vitro(インビトロ)培養の基礎と培地の開発という点での貢献が大きく,White の培地は今日なお使われる場合もある.ところで天然のオーキシンは,イン

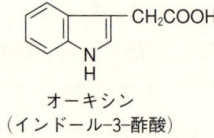

オーキシン
(インドール-3-酢酸)

ドール-3-酢酸(IAA)であるが,植物細胞組織培養には,しばしば合成オーキシンである1-ナフタレン酢酸(NAA)や2,4-ジクロロフェノキシ酢酸(2,4-D)が用いられる.また,その時代に Gautheret により発見されたが,その機構がいまだに解明されていない馴化(ハビチュエーションあるいはアネルジーともよばれる)のような現象もある.

続いての重要な貢献は,1955年に発見された植物ホルモンの一種であるサイトカイニン(cytokinin)を用いた研究によってなされた.もともと変性した DNA 中に見いだされたカイネチンとその関連の化合物であるプリン骨格をもつ化合物は,植物の細胞増殖活性をもっているということで,総称としてサイトカイニン(細胞分裂を意味する cytokinesis からの連想)と名付けられた.カイネチンは,発見の経緯からもわかるように合成サイトカイニンであり,6-ベンジルアミノプリン(BAP)とともに植物細胞組織培養には盛んに用いられる.天然のサイトカイニンとしてはゼアチンやイソペンテニルアミノプリンがある.培養に際してオーキシン

と組合わせることにより,その濃度比がオーキシンに偏れば,根を分化し,サイトカイニンに偏れば,茎葉組織を分化し,その中間領域では,未分化のままカルス

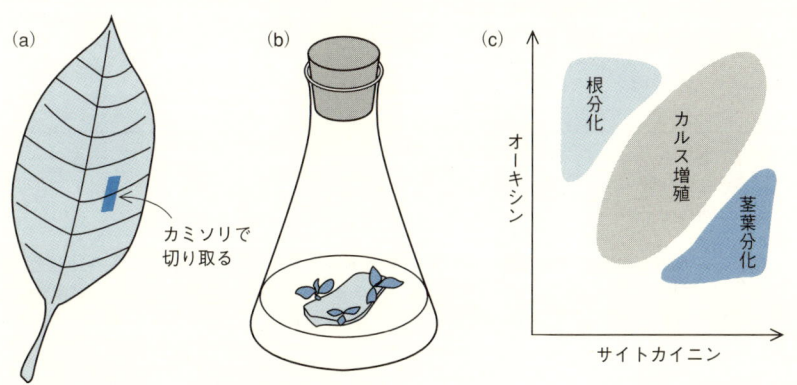

カイネチン

(callus) として増殖することが,ウィスコンシン大学の F. Skoog と C. O. Miller により発見された(図 2・1).カルスとは,もともとは植物体に傷を付けたときに生じる不定形の癒傷組織につけられた用語であるが,今日では寒天などの固形培地上で未分化のまま増殖する細胞塊をよぶ.この発見が,その後の大きな発展につながった[2].すなわち,"分化の全能性"の発見であり,1950 年代の後半である.そ

2% 次亜塩素酸ナトリウムで表面を殺菌する

MS 培地に IAA 2.56 mg/l,カイネチン 4 mg/l,スクロース 3%,寒天 1% を加える.pH 5.8.この培地では茎葉分化する

図 2・1 植物組織からのカルス誘導と器官分化の模式図. (a) 無菌で育成した植物,あるいは次亜塩素酸ナトリウムで表面殺菌した植物材料を切り取り,培養に供するとカルスが得られる.ここでは,タバコ葉を材料とする.(b) MS(Murashige & Skoog)培地に,IAA 2.56 mg/l,カイネチン 4 mg/l,スクロース 3%,pH 5.8,寒天 1% を加えたもので,この条件では通常茎葉分化をする.ただし,植物種により茎葉分化のための,植物ホルモンの濃度は,多少異なる場合がある.(c) 茎葉分化,根分化,カルス増殖の模式図.オーキシンとサイトカイニンの濃度比が,オーキシンに偏れば根を分化し,サイトカイニンに偏れば茎葉を分化し,その中間領域では未分化のままカルスとして成長する.

の後の研究で，ほとんどの高等植物がこの原理に従うことが明らかになっている．

これとほぼ同時期に，コーネル大学の F. C. Steward ら[3]とベルリン自由大学の J. Reinert[4] はそれぞれ独立に，ニンジンなどの根の師部組織の培養細胞をある条件で培養すると胚発生様の過程を経て植物個体になるという発見を報告したが，これも分化の全能性を示すもう一つの例である．当初，胚発生様組織の誘導は複雑な培地条件でなされていたが，その後の研究により培地成分が確定された条件でも実現された．現在では培地中より細胞増殖に必要な合成オーキシンである 2,4-ジクロロフェノキシ酢酸 (2,4-D) を除くと，相当な数の植物培養細胞が胚発生様の過程を経て，幼植物となり，植物個体が再生できると記述されている（図 2・2）．なお，この発見はあとでふれる人工種子につながる（2・1・7 節参照）．

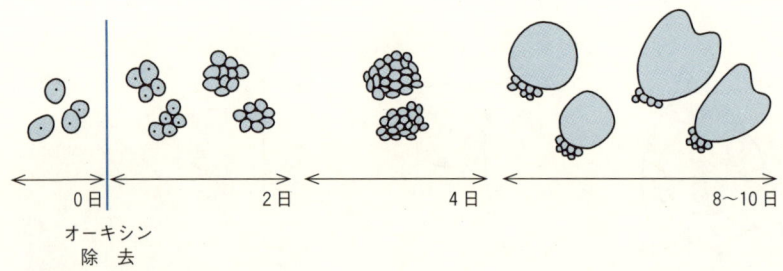

図 2・2 **胚様体形成の模式図**．ニンジン培養細胞などで確立された胚様体の発達過程は，MS 培地に 2,4-D を加えて維持されている細胞より，2,4-D を除くと，胚様体が形成され，球状胚，心臓型胚，魚雷型胚を経由して，幼植物となる．

2・1・2 クローン植物

分化の全能性の原理の応用により，体細胞組織の培養からの栄養組織の増殖による個体再生は，いくつかのバリエーションを伴う実用的意義を見いだした．すなわち，花卉・園芸・野菜類においては，栄養組織の増殖により，クローン性を維持した植物個体の再生研究の概観は，1970 年代までにたとえばこの分野のリーダーであるカリフォルニア大学の T. Murashige[5] によりまとめられているが，ほとんどの栄養繁殖の植物に適用されている．単細胞が分裂・増殖して形成される細胞塊をコロニーとよび，それに由来する細胞系を**クローン** (clone) とよぶ．そこから再生された植物体は**クローン植物** (clone plant) ということになる．クリーンベンチ

(➡用語解説) さえあれば可能なビジネスということで，小人数で運営され，繁殖温室の脇に小さなクリーンベンチがあると実行可能である．筆者は，その初期の現状をハワイ生まれの日系人である Murashige の案内で，1978年3月に彼の勤務地であるカリフォルニア大学リバーサイド校からロサンゼルスへの移動の途次に見ることができた．これは広い繁殖用温室の脇に小さな無菌培養室があるもので，今日わが国を含む世界各地で規模の大小にかかわらず広範に行われている．

2・1・3 ウイルスフリー植物

これらの技術の実行過程で経験的に見いだされた重要な技術がある．もともと，栄養組織の繁殖で増殖されている植物は，その多くがウイルスに感染していることが知られており，そのまま増殖させると必ずウイルスが存在したまま繁殖することになるか，あるいはウイルス感染が広い範囲に及んで植物に壊滅的ダメージを与えることが知られている．ジャガイモの種イモをいちいち原々種農場でウイルスの存在の有無をチェックし，ウイルス感染がないものを繁殖用の種イモとして出荷するゆえんである．ところが，経験的に植物の茎頂の狭い範囲の成長点にはウイルスの存在の確率が低いことが知られ，実体顕微鏡の下で成長点を顕微解剖的に単離して培養することによりウイルスの除去が達成されることが見いだされた．いわゆる**ウイルスフリー植物**（virus-free plant）の作出であるが，この創始は1950年代にフランス国立農業研究所（INRA）の G. Morel によりなされた．その結果感染していたウイルスが除去された植物は，ただそれだけで商品価値の高いことが実証され，広範に実用化されている．実際，イチゴの場合ウイルスフリーにより果実は大きさが倍にもなることが知られている．さらに，いったん栽培に移されるとその過程でウイルスの感染も起こるので，常に新たに無病苗を供給すべく，各地方自治体などではウイルスフリー苗の継続的供給体制を設立している．これらの植物のわが国における上位五品目を多い順にあげると，野菜類では，カンショ，イチゴ，ナガイモ，ネギ，ニンニクであり，また，花卉類では，キク，カーネーション，宿根カスミソウ，洋ラン，ユリであるが，このほかにも，サトイモ，ヤマイモ，アマリリス，トリカブト，ミヤコワスレ，リンドウなどがあり，いまや枚挙にいとまがない．また，地域によっては，たとえば沖永良部島のように，従来よりユリの類の繁殖を島おこしの基幹に据えてきたが，いったんはウイルスの感染などで生産が低下したのが，ウイルスフリー法の導入で再度活性化に成功している例も多くある[6]．図2・3には，成長点の培養によりウイルスフリー植物を得る模式図を示す．

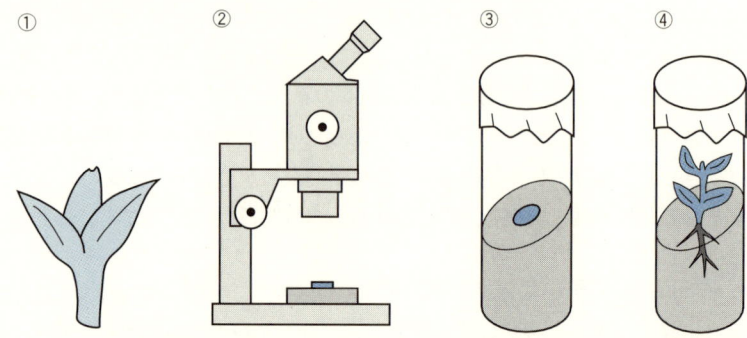

図 2・3 茎頂培養の模式図. ① まず,茎頂を含む植物組織を植物体より切り出しよく洗って,次亜塩素酸ナトリウム溶液などで表面殺菌をする. ② 実体顕微鏡の下で,茎頂付近を顕微解剖の要領で裸出して,メスで切り取る. ③ 茎頂付近を寒天培地で培養する. ④ 幼植物が得られたら,ウイルスの存在が認められなければ,これを繁殖させる.

2・1・4 メリクローン

組織培養で繁殖される植物のなかでもラン科植物は特別である.その大きな理由は,ラン科植物で注目を集める品種は,交配範囲の広いラン科植物の特性を生かした人工交配により作られたものから選抜されたものがほとんどである.このため,次代の種子を取ってもその子孫は親とは似ても似つかぬというのが普通である.なぜなら,純系でない限り交配により得られる子孫は遺伝子の組成は広範に変わるからである.もしも,母植物と同じ優良形質を維持して増殖させるためには,栄養組織を増やす必要がある.ところが,他の植物と異なり接木や挿し木によっては増殖できず,株分けのみが従来の手段であったので,せいぜい年に数株が得られるだけであった.また,ウイルスフリー植物の項で述べたようにこれらの多くはウイルスに感染していた.そこで,このような難点を回避するために1960年代に上記のMorelによりシンビジウムに適用された技法が**メリクローン**(mericlone)である.こういった経過からメリクローンとは本来商業目的のために宣伝用に使用された用語であり,やがて学術用語としても定着したのである.ラン科植物の場合プロトコーム(protocorm)とよばれる特別な形態をもった組織が形成され,その増殖により栄養体の増殖が達成される.まず,茎頂組織を培養することによりプロトコーム状の球体が形成され,このプロトコーム状球体が成長するまえに細断して,培地に移植すると再度プロトコームを形成する.これを繰返すことにより,一つのプロト

コームより数万のクローン性の保たれた植物体が得られ，広く商業目的に利用されている．図2・4は，メリクローンの模式図を示す．

この分野の実用を志向した成書はいくつかあるので，その一つ[7]を参考として紹介する．

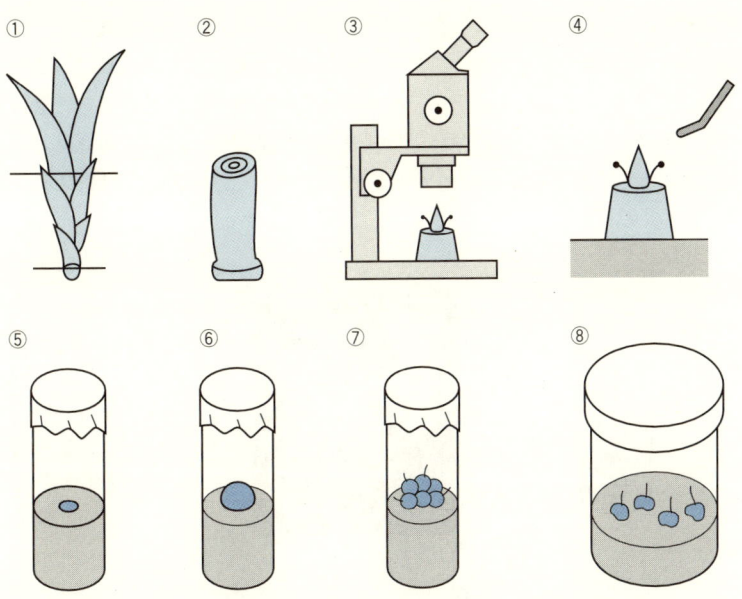

図2・4 メリクローンの模式図．①〜⑤は茎頂培養とほとんど同じである．⑥プロトコームというメリクローンに特有の組織を形成する．⑦これをメスで切り分けて増やすことにより，メリクローンの増殖が図られる．⑧これを分離して培養すると，遺伝的に母植物と同一のメリクローンが得られる．

2・1・5 半数体植物

植物においては，葯組織の培養により半数体が得られることが，1964年にチョウセンアサガオ (*Datura*) において，S. Guha と M. C. Maheshwari[8] により初めて報告された．その後，タバコ，イネでも報告が続いた．ところで，生殖細胞は，"減数分裂（還元分裂ともいう）"により染色数が半減する．植物においては，葯・花粉培養においてある頻度で減数分裂により染色体が半減した花粉が半数性のまま増殖し，胚様体の過程を経て植物体となり，これを**半数体**（haploid）とよぶ．植

物によっては半数体が得にくいものもあり，一時期研究の進展は停滞したが，薬のほかに花粉をストレス条件に置くと半数体が作出される例も報告されるようになって再度活性化した．得られた半数体の染色体を倍加させることにより，きわめて短時間に同質倍数体が得られるので，これを用いることにより育種プログラムの短縮化が期待された．したがって，具体的方法としては，まず最初の段階で交雑をして，遺伝子組換のチャンスを与え，そのつぎの世代で薬あるいは花粉培養により半数体を得て，この染色体を倍加させ，これらを形質のスクリーニングにかけることにより，育種プログラムを遂行するというものである（図2・5）．この手順に従っていくつかの品種が作られた．わが国は半数体育種の先進国で，まず最初はタバコの品種「MC101号」，「つくば1号」であったが，特にイネでは各地方自治体の試験研

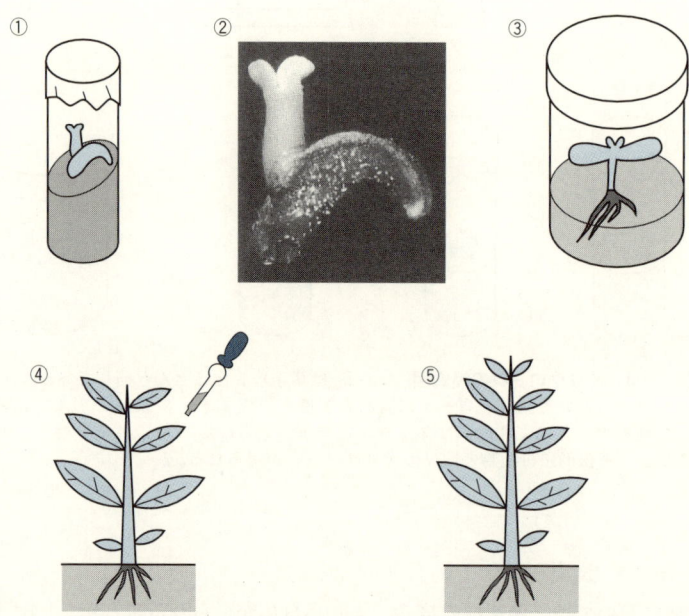

図2・5 半数体育種の模式図．まず，目的とする植物の組合わせで交配を行う．①交配した植物の薬を取出し培養すると，その一部から半数体が得られる．②①の拡大図．③幼植物を取出し培養を続けると半数体が得られる．④成長点にコルヒチンを滴下するとその部分の染色体の倍加が起こり，遺伝的に同質の倍数体が得られる．⑤同質倍数体は形態的には半数体とよく似ているが，より大型の植物体となる．この操作により，通常同質の倍数体を育成するのに要する時間が短縮される．

究機関が精力を注いだ結果,「上育394号」,「白雪姫」,「吉備の華」,「こころまち」などの品種が作られて登録され,イネは半数体育種のもっとも進んだものとなった.同様な例は中国でも多く報告されている.

なお,半数体育種における大事な点は最初に遺伝的組換えを行うことであるが,ハクサイとカブの交雑による品種「オレンジクイン」はこの点を有効に生かしたもので,ハクサイにカブ由来のオレンジ色を導入したものから,半数体を得て,そこから新品種を得た.また,イチゴ「アンテール」は,葯培養過程で生じた変異のなかから,特別に成長の早いものを育種目的に利用したものであり,半数体育種の副産物を育種素材として利用している.

なお,より詳細な議論を求める向きには,この分野の国際的動向を視野に収めた国際会議の報告集があり,その内容は今日でも有用である[9].

2・1・6 ソマクローナル変異

体細胞由来の細胞を一定期間培養し,その後植物体再生を行うと,それらの植物にはある変異が見られ,育種目的に有用な形質が見られることが明らかになっている.その成立機構は不明であるが,広範に育種目的に用いられている.なお,ソマクローンとは,体細胞(somatic cell)のクローン(clone)という意味であり,研究の初期からサトウキビなどでは実用化されている.特に,これが大規模に行われたのはジャガイモの場合で,2・2・1節でふれるプロトプラストの調製と培養を組合わせたものである.というのは,ジャガイモには遺伝的特殊性がある.すなわち,通常利用されるジャガイモは四倍体($4\times$)で,通常繁殖は塊茎によってなされている.たとえば,アメリカで標準的な品種ラッセット・バーバンクは,育種家R. Burbankにより,1920年代に作られた品種で,その後ひたすら栄養繁殖で増殖されてきたので,過去50年以上遺伝子の交換による育種はなされていない.ジャガイモの葉肉プロトプラストを調製し,培養して,植物個体を再生したところ,これらの植物体は著しい変異を示した.これらは,プロトプラスト由来ということで,特別に**プロトクローン**(protoclone)と名付けられた.すなわち,塊茎の品質および光周性に関するもので有用形質が見られたが,特に興味をもたれたのは,これまでほとんど抵抗性品種がなかったジャガイモの生育に深刻な影響を与える疫病菌(*Phytophthora infestans*)の多重な菌株(特にこの場合レースという)に対する抵抗性や輪紋病菌(*Alternaria solani*)に対する広範な抵抗性品種が見られたことである.この理由は完全には説明されていないが,たぶんジャガイモは長年栄養生殖を

続けた間に体細胞に変異が貯えられ，それがプロトプラストからクローンとして培養されるので，プロトプラスト由来のクローンでは発現したものと推定された[10]．このような手法は，栄養繁殖で増殖されている他の作物であるキャッサバやサツマイモでも試みられている．

2・1・7 人工種子

すでに分化の全能性の発見のところで述べた，培地からの 2,4-D 除去により得た胚様体および単離花粉細胞より得た胚様体を，そのままアルギン酸ナトリウムと混ぜ，カルシウムを加えてゲル化して調製した錠剤様のものを**人工種子**（artificial seed）とよぶ．人工種子は，そのまま培養に移せば高い効率で幼苗が得られる．この技術は，別な背景で始まった"植物工場"の技術と直結し得る．

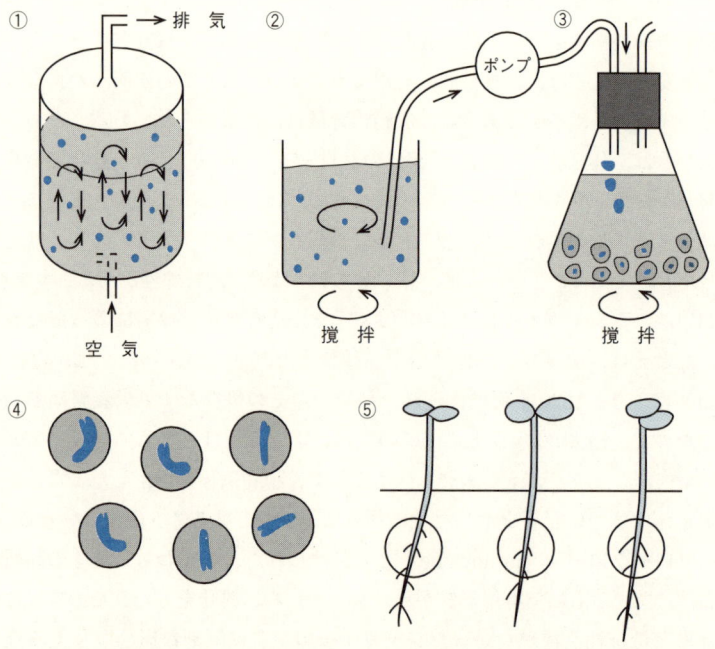

図 2・6 **人工種子**．① ジャーファーメンターで胚様体を増殖させる．② 胚様体を，アルギン酸ナトリウムの溶液に懸濁させる．③ 塩化カルシウムを加えることにより，アルギン酸はゲル化し，その中に胚様体は包み込まれる．④ 胚様体の入ったゲルを人工種子とよぶ．⑤ 培養に移すと発芽して植物体となる．

2・1 分化の全能性

植物工場とは，サラダナ，ピーマンなどで行われているように野菜を工業的に生産する技術であり，水耕栽培と高度な環境制御による植物の集約的な生産を行うシステムである．近年，消費地周辺での清浄野菜の生産などで人気を集めているが，本質的にエネルギー供給事情が関係していることが，今後の進展への鍵である[11]．

人工種子はこの植物工場と組合わせることにより，よりいっそうの生産効率化が図られる．したがって，この技術は人工種子の部分を除くと，既存の工学的技術を組合わせたものであるので，有効に稼動するかどうかは，立地条件，人工あるいは自然条件の光照射などの要因により影響され，究極的にはエネルギーのコストにより決定されるが，植物バイオテクノロジーの一つのチャレンジの形態であることには間違いない．図2・6に人工種子作製の模式図を示す．

2・1・8 大量培養

植物細胞を *in vitro* で培養することができた時点で，ただちに登場してきたのは大量培養を行い，有用物質の生産などに利用するという企画であった．そのもっとも良い例は日本タバコ産業（株）（当時は，日本専売公社）で行われたタバコ BY-2細胞の大量培養である．選抜により増殖速度がきわめて速くなった BY-2 細胞の培養規模は，20 l，200 l と段階的に拡大され，最終的には 20 kl（20 トン規模）のパイロットプラントを設立し，増殖速度を変えずに，2 カ月間培養し続けたという記録があり，いまや伝説的である．培養は無限に可能であったが，経済的な理由により 2 カ月に留められたのである．この研究は，いくつかの点で大量培養の可能性と限界を示していることでも象徴的である．すなわち，まず大量培養自体は，20 kl であっても，撹拌，無菌空気の送り込みなど技術的にはまったく問題はないことである．しかしながら，当初大量培養されたタバコ細胞にはニコチンがほとんど含まれないことから生産された乾物を，喫煙するタバコに混入することを意図したが，結果的に細胞培養にはタンパク質臭があることが原因で実施に至らなかった．続いて，この細胞は心臓薬として用いられるユビキチン 10 を多量に含むということで，この目的での大量培養も企画されたが，微生物での生産が行われるようになってこれも工業的生産は実行されなかった[12]．しかも，本質的に運転のコストが相当にかかるということが，この種の工業的利用に関する最大のネックである．すなわち，生産の目的にかなうのは運転コストに見合うだけの希少成分の生産か，植物にしか生産できないものということになる．

なお，今日このタバコ BY-2 の速い増殖能を利用して，植物細胞としては唯一

の高度な細胞周期の同調系を筆者ら[13]が確立している．このため少なくとも世界24カ国，200以上の研究室でさまざまな目的で使用されているが，特に細胞周期の研究には不可欠の材料である．

　上に述べたような条件を考慮した結果，大量培養は必然的に植物細胞にしかできない二次代謝産物のアルカロイド類がその対象となった．すなわち，チョウセンニンジン培養細胞によるサポニン類の生産，ムラサキ培養細胞によるシコニンの生産，セイヨウイチイによるタキソールの生産などである（2・4・4節参照）．

　これまで大量培養において試みられているのは，もっぱら培養工学の技術的改良と培養細胞のクローンの選抜によるものがほとんどであったが，第5章でふれるようにシロイヌナズナの全塩基配列が決定されるとともに二次代謝産物の代謝系についても遺伝子の同定と単離が進んでいるので，今後このような知見の蓄積により，物質生産のこれまでと異なった展開も期待されている．

2・2 細胞融合

　これまで，植物細胞・組織培養による細胞株の選抜とそこから得られる特性について述べてきたが，ここでは遺伝子の交換する範囲を拡大することによる新たな展開の可能性とその現況について述べる．植物細胞の細胞融合は，プロトプラストが調製されてはじめて可能になる現象であり，プロトプラストの調製と培養が確立されてから開拓された研究課題である．というのも，植物細胞は厚い細胞壁に囲まれているので，自然状態では相互に融合して雑種細胞を作ることはない．ところがこの細胞壁を取除いてプロトプラストにすると，細胞融合を誘導することができる．ある条件では，動物細胞と植物のプロトプラストを融合させることも可能である．それでは，なぜ細胞融合が注目を集めるのか，また，何を目的とするのかという点について冒頭でふれる．作物の品種改良は，これまでもっぱら遺伝子の交換は交配によっているので，交配できない組合わせでは，仮にそこに有用な遺伝子があっても導入することができなかった．そこで遺伝子の交換の範囲を広げることは重要な意味をもつが，この可能性を与えるバイオテクノロジー手法の一つが"細胞融合"であり，もう一つは，あとでふれる"遺伝子導入技術"である．今日，後者は盛んな進展を見せているが，前者も複雑な形質の導入には有用と期待されている．

　そこで，ここではまずプロトプラストの調製法についてふれるが，これらの研究には前史がある．19世紀末にA. Klerckerは，細胞壁の端を鋭利なカミソリで切断

してプロトプラストを絞り出して調製し，細胞膜の特性などを調べた．しかし，これらの方法では得られる量が少ないので，観察を目的とする以外は用いられず，その後の発展はもっぱら酵素法によることとなった．

2・2・1 プロトプラスト (protoplast)

1960年にイギリスのノッチンガム大学のE. C. Cocking[14]は，木材腐朽菌 (*Myrothecium verrucaria*) を自ら培養し，その培養沪液から粗セルラーゼ画分を調製し，この酵素液をトマトなどの根組織に働かせてプロトプラストを得た．さらに，得られたプロトプラストに植物ホルモンなどを与えて細胞膜へ及ぼす効果などを調べた．このような自ら酵素液を抽出するような手法では，酵素抽出の段階が研究推進の制限要因となって研究の進展はそれほど見られなかった．1968年になって建部ら[15]は，発酵工業に伝統のあるわが国のメーカーにより製造された酵素を用いて，タバコ葉肉組織からプロトプラストを大量に調製する方法を確立した．これらは，セルラーゼオノズカR10，マセロチームR10（いずれもヤクルト製）などである．さらに，その後筆者は，セルラーゼオノズカRS（ヤクルト），セルラーゼYC，ペクトリアーゼY23（盛進）など，より適用範囲の広い酵素を見つけることができた．このほかにドリセラーゼ（協和発酵）もあるが，これらの酵素類が世界的な供給のほとんどすべてを担っていることは特記されてよい．いずれも本来別の用途に生産された酵素の利用であるので，しばしばそのままでは細胞毒性があることがあり，細胞毒性が検定されて市場に出ている．

ところで，建部らのタバコ葉肉プロトプラストを単離した本来の意図は，植物ウイルスを感染させ，いわゆる一段階増殖系を作り，ウイルス増殖の機構を明らかにすることであった．実際それは達成され，動物，微生物のウイルスに比べ遅れていた植物ウイルスの増殖機構の解明の研究は著しく進歩した[16]．具体的には，ポリオルニチンなどのポリカチオンを作用させるとウイルスは，プロトプラスト内へエンドサイトーシス様（➡用語解説）の過程で取込まれ，ウイルスの一段階増殖系が達成された．しかしながら，当初葉肉プロトプラストの培養はきわめて難しいものであるというのが支配的であった．その理由は，P. R. Whiteの著名な細胞組織培養の教科書[17]にも，葉の細胞の培養はきわめて難しいと書かれていたことが大きいが，実際筆者が培養を試みた当初はたいへん難しかった．一方，その時点で葉肉細胞の培養の例がなかったかというと必ずしもそうではなくて，少なくとも二つの情報があったので状況は必ずしも悲観的ではなかった．ただし，培養がやっとでき

プロトプラスト調製法

方法 1　プロトプラスト調製法のうち比較的広い範囲で適用できる手法は，つぎのものである．植物体の葉の裏側の表皮をピンセットで剥ぐ（あるいは組織をカミソリで細断する）．シャーレに酵素液 [0.05 % セルラーゼ YC，0.05 % ドリセラーゼ，0.02 % マセロチーム R10 を，Chupeau らの T 培地に溶かす] を入れ，表皮を剥ぎ取られた側を酵素液の上に載せ，緩やか（10 rpm）に振とうし，23 ℃で 12〜15 時間処理する．得られたプロトプラストは，0.6 M のショ糖液に懸濁し，Babcock ボトル*に入れ，$180 \times g$ で 5 分間遠心する．プロトプラストは液面に集まるので，そのネックに相当する部位よりプロトプラストをパスツールピペットで回収する．その回収した上清を 7 倍量の海水（870 mOsm）で希釈し，$120 \times g$ で 1 分間の遠心を行うことにより葉肉プロトプラストは沈殿として回収される．

方法 2　増殖の盛んな培養細胞からは，もっと容易にプロトプラストの調製が可能である．植え継ぎ 3 日目のタバコ BY-2 細胞を，$100 \times g$，1 分間の遠心で回収する．酵素液 [0.1 % ペクトリアーゼ Y23，1 % セルラーゼ YC を 0.4 M のマンニトールに溶かし，pH は 5.5 に調整する] に懸濁し，30 ℃で静置し，20 分ごとに駒込ピペットで緩やかにピペッティングする．プロトプラストは，1 時間で調製される．0.4 M のマンニトールを加えて，酵素液を希釈した懸濁液を，$100 \times g$，1 分間の遠心をすることによりプロトプラストは沈殿として回収される．

る程度の情報であった．タケニグサは，P. F. v. Siebold が幕末に日本からヨーロッパへ導入したものであるが，フランクフルト大学の H. W. Kohlenbach は，この葉肉細胞は簡単な振とうだけでバラバラになるという特性があるので，このようにして調製した細胞を用いて培養の試みを行った．培養された葉肉細胞は限定的ではあるが，細胞分裂を行い，部分的な細胞分化を示した．また，ナンキンマメの葉でもほぼ同様な試みがなされ報告されている．

筆者と建部は，タバコ葉肉プロトプラストの培養は，確かに容易ではないことを確認したが，調製する植物材料の生理的状態に著しく依存していることが明らかになった時点で，この問題の解決のヒントが得られ，研究の進展が図られた．結果的には，これまでのどの植物組織よりも高率で細胞分裂を誘導でき，植物体の再生が

＊ Babcock ボトルとは，もともと油脂の分析用に用いられる特殊な遠心管であるが，プロトプラストが浮遊する場合には通常の口径の広い遠心管では，回収する際にロスが大きいが，上部が狭まっている Babcock ボトルでは，回収の効率が上がるので筆者らはこれを愛用している．

可能になった.特に,1970年に発表された方法によると,培養3日目で至適条件では90%以上の細胞が分裂し,しかも培養の初期過程は,ほとんど同調的といっていい経過をたどる[18].ただし,コロニー形成には後に発表された種々の培地の方が適当である.この原理は当初培養が困難とされた材料でも同様であり,材料の適当な条件を検討することにより解決されたが,イネ科植物の葉肉細胞の培養の成功例は今日でも報告がない.明らかになったことは,葉肉プロトプラストは培養に好適で個々の細胞の分裂率,コロニー形成率も他の材料よりも高く,しかも培養に際して染色体数の変異なども少ないことである[19].

プロトプラスト培養例

タバコ葉からは,至適条件では表皮を剥いだ葉より1g当たり10^7個のプロトプラストを調製することができる.筆者および建部の培地[19]にプロトプラストの細胞密度を$5×10^3 〜 10^4$/mlとして,0.8%の寒天の中に埋め込んで,シャーレ中で培養すると細胞分裂は2日後より観察され,1カ月後には肉眼で容易に観察可能なコロニーを形成する.コロニー形成率はきわめて高く,70%以上の細胞がコロニーを形成する.ただし,このコロニー形成率は細胞密度に関係しており,10^3/ml以下ではコロニー形成率が低下し,$5×10^2$/ml以下ではまったく形成できない.また,10^5/ml以上の高い密度コロニーでも形成率は低下する.このように形成されたコロニーは取出して培養すれば,厳密な意味でのクローンとして培養できるとともに,培地中のオーキシンとサイトカイニンの濃度比を変えることにより器官分化を誘導することができる.まず茎葉分化条件で培養を行い,茎葉が形成されたら,光を当てることで発根し,すべてのコロニーから個体再生が可能である.図2・7にこの過程の模式図を示す.

プロトプラスト培養の成功例は,1971年のタバコでの高率の植物体再生を最初の例として,つぎつぎと拡大していったが,この点はかつてInstitute for Scientific InformationのEugene Garfieldが文献情報の追跡から明らかにしている[20].従来からも,培養に関する知見の多かったナス科を中心として行われたが,まず,ペチュニア,続いて,ジャガイモ,トマトにおいて成功例が報告された.その成功の要因は,多く用いる実験材料の生理的状態の至適化にあった.この間に多くの培地が考案されたこともう一つの要因である.アブラナ科の植物での成功例も多く報告された.特に葉肉プロトプラストの場合は,材料の適正な育成が成功の最大の要因である.

この点で,K. N. Kaoらによって発表された8p培地[21]は,無機成分のほかに,

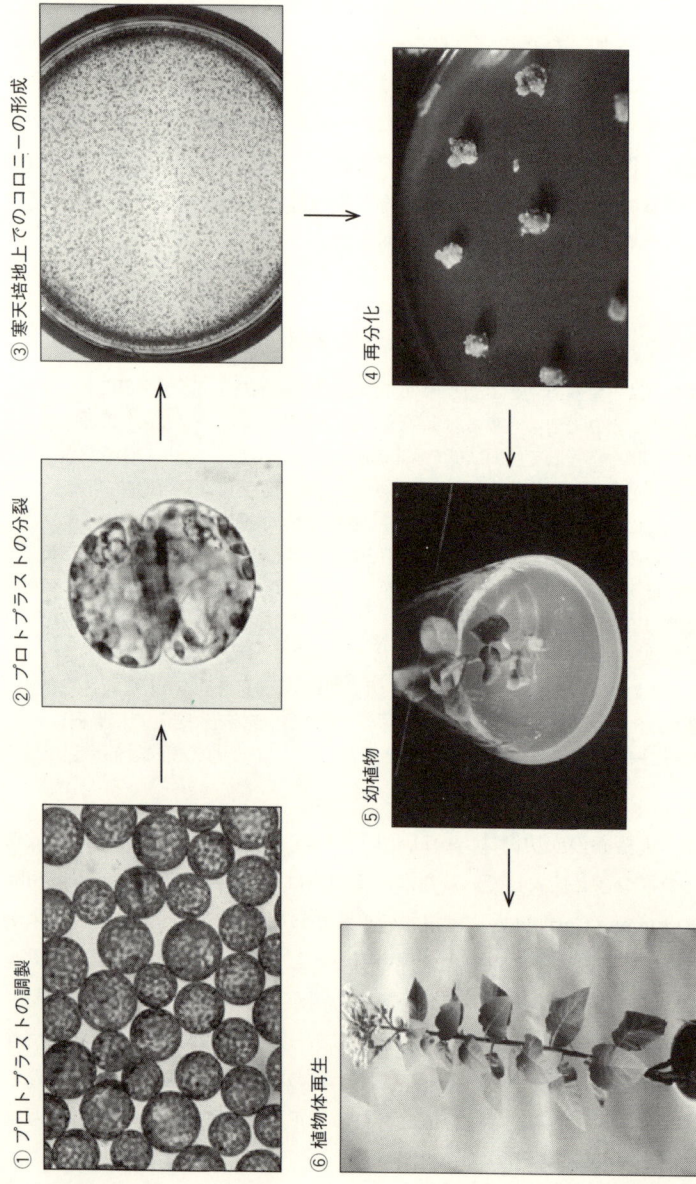

図 2・7 プロトプラストからの植物体再生概念図.①葉肉組織よりプロトプラストの調製.②プロトプラストの分裂.③プロトプラストを寒天培地上に包埋すると高率でコロニーを形成する.④茎葉分化.⑤幼植物の形成.⑥植物体再生.

種々のビタミン，糖類，アミノ酸などを加えた複雑な培地で，これによって培養が可能になった材料も多い．

培養細胞より得たプロトプラストの培養は比較的容易であるが，植物体の再生を目的とすると，元の細胞株が再分化能力を保持しているかが問題となる．

しかしながら，今日に至るまでイネ科植物の葉肉プロトプラストでの成功は一例もなく，組織の特異性にその理由があると想像されている．イネ科植物でも，未熟胚あるいは成熟胚由来の再分化能力の高い培養細胞系を用いることにより，難点は回避され，今日ではイネプロトプラストからの植物体再分化は確立されている．特に，島本らのグループ[22]は，形態形成能の高いイネ培養細胞からプロトプラストを調製し，低融点のアガロースに埋め込み，このブロックを増殖能力の高いイネ培養細胞（Oc 株）をナースとして培養（➡用語解説）することにより高いコロニー形成率を得ている．

また，林木での成功例も徐々に増えているが，この場合も人工的条件で育てた幼苗を用いるなどの，プロトプラスト調製の実験材料をいかに成育させるかがもっとも重要である．これらの現況は，シリーズで刊行されている"Biotechnology in Agriculture and Forestry"（Springer-Verlag）で見ることができる．

2・2・2 細胞融合（cell fusion）

細胞融合が生物材料で実験科学的に始められたのは動物細胞においてで，大阪大学の岡田善雄が，パラインフルエンザウイルスの一種 HVJ（Hemaglutinating virus of Japan，または東北大経由で世界へ出ていったのでセンダイウイルスともいう）によって感染した細胞が融合することを発見して以来である．膜に覆われた HVJ は，動物細胞表層のシアル酸残基を認識することにより細胞接着が起こり，続いて膜の融合を起こし，細胞融合に至る．この結果，いくつかの重要な発見とバイオテクノロジーの見地から重要な貢献がなされた．成書[23]があるので詳しくは立ち入らないが，ヒトとネズミの細胞融合の結果，ヒトの染色体の一部が脱落することを利用し，突然変異をしたネズミ細胞に残ったヒトの染色体の同定から，ヒト染色体上に存在する遺伝子の同定がなされた．また，ハイブリドーマ（➡用語解説）によるモノクローナル抗体の生産もこの応用である．ところが，植物プロトプラストは，HVJ で処理することによっても融合することはない．この理由は植物細胞の表層にはシアル酸残基が認められないので，ウイルスは細胞の表層に付着することもなく，したがって融合することもないからである．

植物プロトプラストの細胞融合は，1970 年に Cocking のグループ（J. B. Power ら）により硝酸ナトリウムを用いて行われた．この実験は 1910 年の E. Küster による同種のプロトプラスト間の融合，あるいは 1937 年の W. Michel による異種間のプロトプラストの融合に用いられた方法を適用したものである．また，その後の P. Carlson らのセンセイショナルな体細胞雑種の報告があったが，再現性に欠けるということから，他のより再現性のある方法の探索がなされた．その結果，最初に再現性の高い方法として報告されたのは，1973 年に発表された高 pH‐高 Ca 法であるが，細胞によっては融合反応を示さないものもあった．続いて，1974 年に K. N. Kao ら[24]が，高濃度のポリエチレングリコール（PEG）により，細胞融合が誘導できること発見したことは，その後の大きな発展へとつながった．ほぼ，同時に T. Eriksson のグループ[25]によっても同様な報告がなされたが，この発見にはいくつかのエピソードがある．まず，スウェーデンのウプサラ大学の Eriksson は，1972 年に PEG を少量の培地に加えるとプロトプラストのコロニー形成率が高くなることを発表している．その後，彼は研究のためカナダの国立研究所（サスカチュワン）に滞在し，やがて帰国した．ところが，彼は実験に使用した試薬をすべて残していったので，それを同研究所の Kao は，片っ端からプロトプラストへ及ぼす効果を調べた．その結果，PEG に細胞融合活性があることを発見することになった．では，なぜ Eriksson は，その効果を見逃してしまったのか．当初彼の用いた濃度は低濃度（5％ 程度）であり，植物遺伝学者として，台湾で教育を受けてカナダに渡った Kao は，化学物質に対する感覚が異なり，きわめて高濃度 [33 %（w/w）] の PEG を用いたことがこの発見につながったのであろうと推定されている．実際，高濃度の PEG のみで融合を誘導できる．また，PEG の重合度も細胞接着活性に関係があり，分子量 1540～6000 の範囲で融合活性が見られる．

1974 年にこの高濃度の PEG を使用する方法が発表されると，まさに燎原の火のごとく，植物プロトプラストはもちろん他の生物種へ適用されていった．すなわち，微生物（カビ，細菌）のプロトプラストの融合などであるが，何といっても，耳目をそばだてるのはミエローマと T 細胞との融合によるモノクローナル抗体を生産するハイブリドーマ（➡用語解説）の作製で，1975 年のことである[26]．しかも，G. Köhler と C. Milstein の最初の実験では HVJ を用いたが，再現性が良くないので 2 番目の実験からはその直前に発表された PEG を用いた．このためか，Köhler と Milstein は N. Jerne とともに 1984 年にノーベル医学生理学賞に輝くのであったが，そこには岡田の名前はなかった．このことからわかるように PEG の融合活性

(正確には細胞接着活性)は種を選ばないが,HVJ は動物細胞のしかも接着性の細胞に適しているということができる.HVJ は,弱いながらも病原性があり,宿主細胞との間には宿主–寄生の関係があることが,融合のための必要条件であるといい換えることもできる.なお,多くの場合 HVJ は感染性を失活させて用いられている.このため動物細胞と植物プロトプラストの融合も PEG によって行われた.このほかに水溶性の高分子であるポリビニルアルコール (PVA) やデキストランによる融合も報告されている.

融合機構 これらの物質の細胞膜に対する効果は,基本的に細胞表層の荷電に由来する反発力の緩和に作用していることが実験科学的にもほぼ確かめられており,コロイド理論に基づく考え方で説明することができる.具体的には,細胞同士の相互作用は表層の電荷による反発力と分子間力のポテンシャルの総和で決まるとされている.分子間力は基本的に不変であると考えられ,引力として働くので,細胞相互の引力と反発力は実質表面電荷のレベルで決定される.したがって,表面電荷が低下すると細胞同士は凝集を始め,細胞同士は接着する.細胞接着とその後の膜の融合は,理論的には独立な現象と考えられている.膜の融合は膜の物性に基づくものであり,融合条件は基本的に膜の相転移と密接にかかわっているといえる.膜融合が1価の陽イオンであるカリウムイオンやイオン濃度により促進的であることは,これらの原理で説明可能である.プロトプラスト融合の実際に即すると,PEG などで処理した後に,これら高分子を洗い落とす過程で膜融合が起こり,やがて細胞融合が起こる[27]ので,接着と融合は見かけ上一体とも見える.

一方,まったく異なった原理による細胞融合も開発された.物理現象として,ある粒子をサイズの異なる電極の間において高周波を流すと,粒子の表面荷電はすべて中和し,電極のサイズの違いにより生じる電場により新たに粒子の両面に分極が生じる.この分極によって生じる荷電のために粒子は相互に接着することが知られており,**誘電電気泳動**(dielectrophoresis)とよばれている.この原理は細胞でも当然成立し,誘電電気泳動の結果,細胞は電極の表面に一端を付けて一列に並んで接着することになる.これを特に真珠の首飾りに見立てて"パールチェーン"とよぶ.与える高周波は 0.5 MHz 程度で,電位勾配はおよそ 200 V/cm 程度である.接着した時点で,高電圧のパルス(電位勾配 750 V/cm 程度)をきわめて短い時間(10 μs 程度)細胞に加えると,細胞膜は瞬間的に局所の破壊を起こすが,ただちに修復することができて膜融合が起こり,細胞融合に至る(図2・8).ただしパルスが長時間になると,膜が破壊されて細胞死に至る.この方法はまったく物理学的

原理によるために細胞への障害が少なく，処理が簡単であるので，現在では細胞融合法の主流となっている．最近発表された研究のほとんどがこの方法によっている．なお，この実験には，U. Zimmermann の考案[28]によるかなり高価な装置の利用が前提となる．

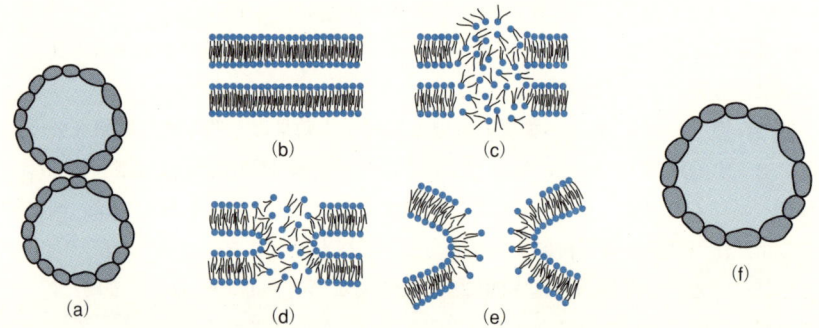

図 2・8 **誘電電気泳動の概略**．電気融合では，まず最初誘電電気泳動により，細胞同士が接着する (a), (b)．つぎに，短時間のパルスが細胞に掛けられると細胞膜上の脂質膜で誘電崩壊が起こり，膜構造が一時的に破壊される (c), (d)．その結果，エネルギー的により安定な方向に膜の修復が起こりプロトプラスト融合が起こる (e), (f)．等しいサイズのプロトプラストが融合すると，融合産物のサイズは直径が元の細胞のおよそ 1.3 倍となる．

細 胞 融 合 法 例

10^5/ml の密度の二種のプロトプラストを等量混合し，その 0.15 ml を表面加工した，直径 6 cm のプラスチックシャーレの中心に滴下する．5 分間そのままにし，0.45 ml の PEG 溶液 [PEG1540 33 % (w/w), $CaCl_2$, KH_2PO_4, pH 5.5] をプロトプラストの液滴の周囲より 1 滴ずつ滴下する．20 分後に高 pH-高 Ca 液を 0.2 ml 滴下し，さらに 20 分後に 0.5 ml 加え，あふれてくる液はパスツールピペットで除く．つぎに，50 mM の CaCl を加えた 0.6 M マンニトールを 0.5 ml ずつ 10 分間隔で 4 回加え，あふれる溶液はパスツールピペットで除く．さらに，0.5 ml の培地を加え，進行の様子を顕微鏡下で観察しながら培地を加えると，プロトプラストの融合が起こる（図 2・9）．

2・2・3 融合産物の選抜

プロトプラストの細胞接着条件は，原理的に細胞の表面電荷を低下させることに

よっているので，相互の識別はされない．したがって，接着・融合産物では同種の融合と異種の融合は同頻度の確率で起こる．また，多重に融合した産物は培養困

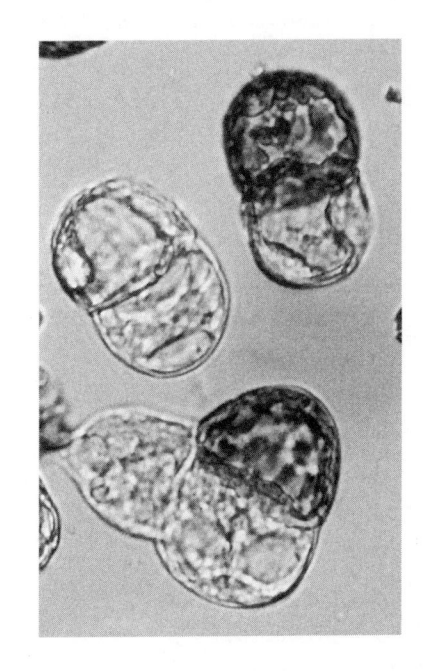

図2・9 **ポリエチレングリコール（PEG）によるプロトプラスト融合**．タバコ葉肉プロトプラストと培養細胞（BY-2）プロトプラストとを PEG で融合させた初期段階．

難であることが経験的に知られている．融合産物には同種と異種が同じ割合で存在するので，目的の雑種細胞を取得するためには，異種の組合わせを選抜する必要がある．一方の細胞を A，もう一方を B とすると，AB が求めるものであるが，実際には AA も BB も存在するので，そこから AB を取出す必要がある．このため，異種の融合産物のみを特異的に選抜する工夫が必要であり，いくつかの試みがなされている．いずれもオールマイティーの方法というのはなく，それぞれの特性に応じて使い分けられる．大別すると，融合直後に行う方法と融合産物の培養過程に行う方法があるので，それらの代表的なものについてふれる．

a. セルソーター その一つは，セルソーター（cell sorter）によるものであるが，原理は完全に物理学的性質に基づいている．すなわち，セルソーターとは，あらかじめ細胞に特別な光学的特性（多くは人工的な蛍光標識試薬である FITC（フルオレセインイソチオシアネート）や RITC（ローダミンイソチオシアネート）で細胞を染色するか，細胞自体が特別な蛍光を発する場合にはそれを利用）を付与

することにより細胞を分取する装置である．それらの細胞を含む液滴を高速で噴射するが，その際超音波により微小液滴とする．そこにレーザー光を照射し，発する蛍光に応じて，飛行する液滴に適当な電荷を与え，電場により移動した場所が異なることを利用して細胞を分別する．あらかじめ指示した情報に基づいて，雑種細胞のみを集めることが可能であり，細胞の処理能力は毎秒5000個以上であるので，短時間に多量の細胞を取扱うことができる（図2・10）．これだけの情報だと，万能の響きもあるが，噴射のノズルのサイズは標準仕様が50 μm 程度であり，植物プロトプラストの用途には，やや小さく，ノズルを大きくすると分離能力が下がるという難点がある．また，この装置は，FACS 社，EPICS 社などで製造しているが，

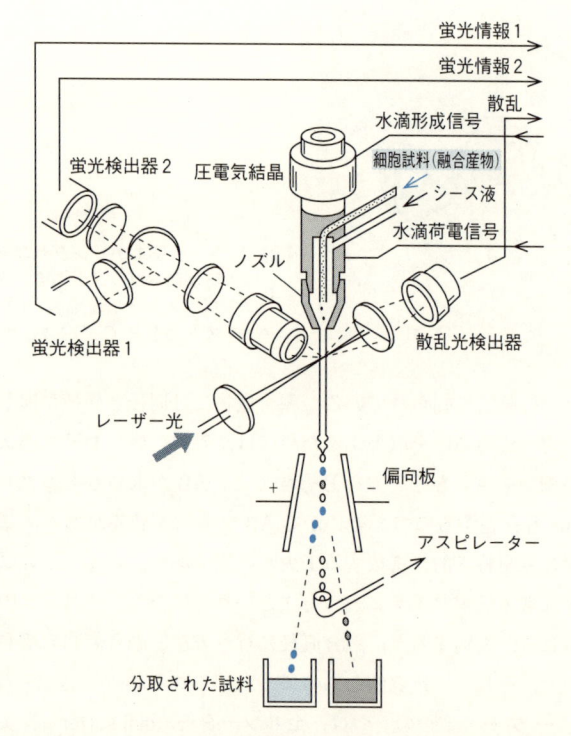

図 2・10　セルソーター概念図．① プロトプラストの融合産物を細胞試料としてノズルに供給する．ノズルでは超音波をかけて，細胞を小滴とする．② レーザー光を照射して発する蛍光情報1および2に基づいて，偏向板で与える荷電を調節する．③ コンピュータ制御の情報に基づき，必要な細胞を分取する．④ 必要でない試料はアスピレーターにより除かれる．

非常に高価であることももう一つの難点である．この方法を利用して，植物プロトプラストの融合産物を分離し，培養した例も知られているので[29] 目的によっては有用であろう．

b. 遠心分離法　　細胞の比重の違いを利用して分取する方法も開発されている．原理は，通例葉肉細胞プロトプラストの方が表皮のプロトプラストより必ず比重が大きいことに着目し，融合産物の比重は両者の中間となることを利用して，非連続の密度勾配遠心で分取しようというものである．このために，海水とパーコールを用いた非連続の密度勾配を作製し，そこに融合産物を載せて，遠心し，雑種細胞を分取する．この方法を実際に適用して融合産物を選抜したところ，80％の確率で異種の組合わせが選抜された．具体的には図2・11にあるように，タバコ属 *N. langsdorffii* の表皮プロトプラストは比重 1.033〜1.038 g/ml で，*N. glauca* の葉肉プロトプラストは比重 1.044〜1.049 g/ml である．融合産物は 1.038〜1.044 g/ml の分画に存在し，その分画の 80％ 以上が雑種細胞であった[30]．しかも，その融合産物はほとんどが1対1の融合産物である．この方法は表皮と葉肉細胞の分取が可

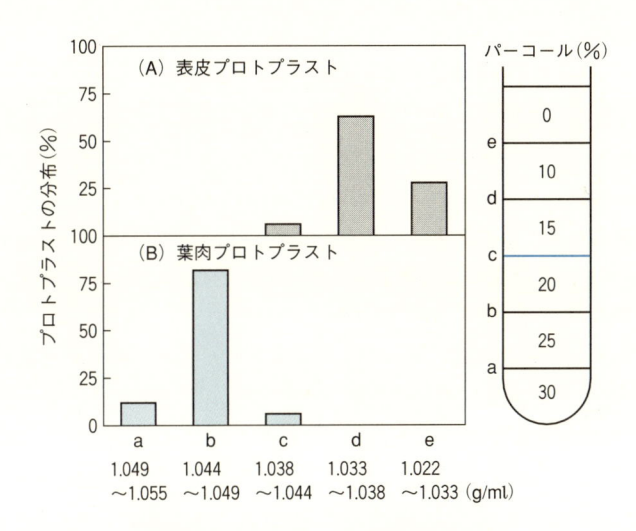

図 2・11　**非連続密度勾配遠心による雑種細胞の選抜．**(A) は *N. langsdorffii* の表皮プロトプラストの比重の分布を示し，(B) は *N. glauca* の葉肉プロトプラストの比重分布を示す．(A) の d 分画のプロトプラストと (B) の b 分画プロトプラストとを細胞融合すると，雑種細胞の比重は，両者の中間の c 分画より得られる．非連続の密度勾配は，パーコールと海水によりつくる．

能であればどのような植物の組合わせでも可能であり，特別な機器を必要としないのが特徴である．

c. 顕微分取法　両者が何らかの特徴により（色など）見分けがつくと，顕微鏡下でパスツールピペットで拾い上げる方法も行われている．より組織的に行うためには，実体顕微鏡下でのミクロマニプレーターの操作をビデオ画面に投影して，雑種細胞を拾い上げる方法が導入されている．具体的な例としては，タバコ硝酸レダクターゼ欠損株 cnx 68 のプロトプラストと野生種タバコの葉肉プロトプラストとを融合させ，それを顕微鏡下でミクロマニプレーターで拾い上げ，cnx 68 をナースとして培養する（➡用語解説）．当初はアミノ酸を加えた培地でコロニーを形成させ，つぎに通常の培地で培養してやることにより雑種細胞の選抜がなされたが，雑種細胞のコロニー形成率は 10～20％ であった[31]．

d. 微小滴培養法　シャーレ上に多くの小孔をもつ Cuprak シャーレ（Coster）では，小孔に入った融合産物はそのままクローンとして培養可能であり，このようにして融合産物よりコロニーを形成させた例もいくつか知られている[32]．ただし，現在では Cuprak シャーレは入手しにくいことが難点であるが，要は懸濁される細胞液の容積を小さくすることが目的であるので，必ずしもこのシャーレにこだわる必要はない．なお，このようなスモールスケールの培養という発想では，電気融合を 1：1 の組合わせで行い，それをそのまま培養する方法も考案されている．

2・2・4　融合産物の培養過程における選抜

a. 代謝系の相補による選抜　より一般的な選抜法は，突然変異の相補を利用する方法であり，その標準は動物細胞での，DNA 合成のいわゆるサルベージ経路（➡用語解説）の相補による HAT 法である．HAT 法とは，融合しようとする二つの細胞株にサルベージ経路の変異である TK⁻（チミジンキナーゼ欠損株）と HGPRT⁻（ヒポキサンチングアニンホスホリボシルトランスフェラーゼ欠損株）を付与し，細胞融合処理後アミノプテリンで *de novo*（デノボ）での DNA 合成経路を停止すると，サルベージ経路である TK⁻ 経路と HGPRT⁻ 経路の相補した融合細胞のみが生存できることによる雑種細胞を選抜する細胞融合法である．しかしながら，植物細胞での適用例はなく，今日もっとも広く行われているのは硝酸レダクターゼのサブユニットの遺伝子が欠損した株の間の相補を利用したものである．硝酸レダクターゼは，植物，菌類に普遍的に存在し，硝酸体窒素を還元してアンモニア体にし，アミノ酸の合成に至る段階を触媒する重要な酵素である．構造的にはア

ポタンパク質（NIA と略す）とモリブデン共役因子（CNX と略す）とから成り，それぞれ異なったシストロン（→用語解説）に属している．したがって，それぞれに機能的欠陥があっても産物のレベルでは相補できる．これらの欠損株の作製法は，まず細胞を突然変異誘起剤（たとえばニトロソ尿素）で処理後，塩素酸イオン ClO_3^- とアミノ酸（通例，6 mM グルタミン，2 mM アスパラギン酸，1 mM アルギニン，0.1 mM グリシンを加える）を加えた培地で選抜すると，硝酸レダクターゼ欠損株 NR^- が得られる．その原理は，塩素酸存在下では，ClO_3^- は硝酸レダクターゼの基質として働くので，細胞に有害な亜塩素酸イオン ClO_2^- が生じる．この

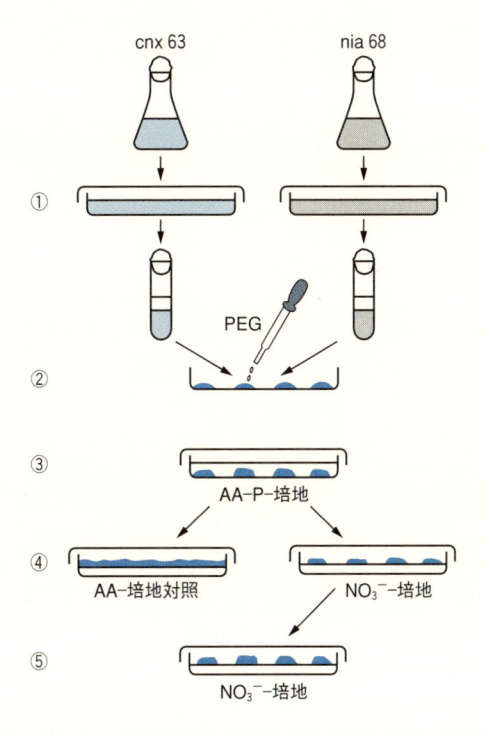

図 2・12　硝酸レダクターゼ欠損株 cnx 63 と nia 68 のプロトプラスト融合産物の選抜の模式図．① アポタンパク質に欠損のある nia 68 と，モリブデン共役因子欠損の cnx 63 のタバコ培養細胞株より得たプロトプラスト間で，② PEG により融合させ，③ アミノ酸を加えた培地（AA-P-培地）で培養してコロニーを形成させた後，④ 窒素源が硝酸のみの培地で選抜すると，⑤ 双方の遺伝子欠損を相補したコロニーのみが得られる．PEG は，シャーレの上にプロトプラストを置いた後に，滴下することにより細胞接着・細胞融合を誘導する．

条件では，NR⁻ のみが生存できるからである[33]．図 2・12 には，nia 63 と cnx 68 の変異株より得たプロトプラストを融合し，その融合産物を窒素源が硝酸のみの培地で選抜して得られる模式図を示す．

これまでの報告によると，モリブデン共役因子には少なくとも 6 種類のシストロンが識別されている．したがって，これらの間では，相互に欠損のある突然変異の間で機能相補が成立する．実際，表 2・1 に示されるように多くの相補の例が報告されている．

なお，NR⁻ と他の代謝系欠損株との相補による組合わせの例も報告されており，さまざまな応用の可能性が考えられる．

表 2・1　NR⁻ 細胞株より得たプロトプラストの細胞融合による相補[†]

細胞融合の組合わせ	相補性	NR活性	植物体再生
NA 1　+ NA 2	−	−	−
NA 1　+ NA 9	−	−	−
NA 1　+ NA 18	−	−	−
NA 1　+ NA 36	−	−	−
NA 2　+ NX 1	+	+	+
NA 2　+ NX 9	+	+	+
NA 2　+ NX 21	+	+	+
NX 2　+ NX 24	+	+	+
NX 1　+ NX 9	−	−	−
NX 1　+ NX 21	+	+	+
NX 1　+ NX 24	+	+	+
NX 9　+ NX 21	+	+	+
NX 9　+ NX 21	+	+	+
NX 21 + NX 24	+	+	+

[†] NA 株間では相補しないが，NA 株と NX 株の間では相補する．NX 株のうち，NX 1 と NX 9 は相補しないことから対立遺伝子であることがわかるが，NX 1 および NX 9 と NX 21，NX 24 とはそれぞれ相補するので異なった相補群に入ることがわかる．

b. 葉緑体突然変異の相補　光合成機能に欠陥のある細胞間の機能相補を利用して雑種細胞を選抜する方法で，これまでにいくつかの適用例がある．この場合には元の細胞の多くは葉緑体が機能欠陥のため緑色の程度が低いが，相補したものは通常の緑色である．そのため光照射下で融合産物の示す色調の特性を選抜要因とするが，この変異株は，通常致死ではないので融合産物のなかから野生株のような濃い緑色の細胞株を選抜する必要がある．この場合も他の機能欠損と組合わせることが可能である．

c. 薬剤耐性の相補 細胞株はある種の化学物質に対して耐性をもっている場合があり，これを応用した選抜の例も試みられている．ニンジンや野生のタバコの細胞株をアミノ酸誘導体アミノエチルシステイン（$S-(2-\text{aminoethyl})$ cysteine, AEC）の存在下で培養して耐性株 AEC^R が得られている．一方，メチルトリプトファン（5-methyltryptophan, 5MT）を加えた培地で細胞を培養することによっても耐性株 5MT^R が得られている．それぞれの細胞株よりプロトプラストを調製し，細胞融合させて，その融合産物をそれぞれへの耐性（$\text{AEC}^R + 5\text{MT}^R$）を指標にして選抜を行うことにより，両種の薬剤に対する耐性を手段に雑種細胞が得られている[34]．さらに，これを一般化すると種々の抗生物質に対する耐性を付与した細胞間で融合させ，双方に耐性の株を雑種細胞として得ることが可能である．この方法の特徴はいわゆるポジティブ選抜（➡用語解説）が可能なことである．

d. ユニバーサルハイブリダイザー（universal hybridizer） この性質をもった細胞と他の細胞を融合させると，必ず雑種細胞が得られるということで，この名前が付けられた．まず，この細胞には硝酸レダクターゼ欠損の NR^- の性質が付与されている．さらに，形質転換により細菌起源のカナマイシン耐性遺伝子（Kan^+）を導入して，カナマイシンの存在下でも成育できるようにする．その結果，この細胞のプロトプラストと任意の細胞より得たプロトプラストとを融合させ，カナマイシン存在下で培養すると，ユニバーサルハイブリダイザーは，NR^- のため通常の培地では生存できない．また，培地にカナマイシンを加えておくと，融合相手の細胞も死滅する．生存できるのは，唯一雑種細胞のみということになる[35]（図 2・13）．しかしながら，このような細胞はあらかじめ作っておかねばならないので，伴う性質が雑種細胞の目的に支障がないという前提を必要とする．したがって，ユニバーサルといってもその範囲には自ずと限界がある．

e. 雑種強勢 なお，雑種細胞の増殖性は，元の細胞より良い場合があり，育種でいうところの雑種強勢がしばしば観察され，このような場合はこの性質を選抜手段にすることができる．

2・2・5 対称的融合

本章の初めにもふれたように細胞融合の目的は，植物に遺伝子交換の機会を増やすことにあるので，この手法が実験科学的に利用できるようになった時点で，交配できない組合わせでの融合がただちに試みられた．このような研究のなかでの先駆的な研究は，G. Melchers らによる，ジャガイモとトマトの組合わせでの雑種植物

の育成である[36]．Melchers は，いずれもナス科に属するが交配できない組合わせのトマトとジャガイモより得たプロトプラストの間で融合産物を得て培養し，植物体を再生した．ただしジャガイモは，通常の栽培されているジャガイモに野生のジャガイモ *S. phureja* の花粉をかけてやることによって，ジャガイモに単為生殖を起こさせて，染色体数が半減した半数体（dihaploid）から由来する培養細胞をプロトプラストの供給源とした．この理由は，それぞれの細胞の染色体数を 24 本に合わせるためである．その結果，得られた雑種植物は形態的に両者の中間的な性質を示し，果実を付け，塊茎様のストローンを形成したが，当初より，この果実も塊茎様の組織も目的とするものではなかった．体細胞雑種植物であることは，葉緑体のリブロース–ビスリン酸カルボキシラーゼ（RubisCO，➡用語解説）の組成より，遺伝子レベルでもタンパク質レベルでも確かめられた．ただし，葉緑体はどちらか一方の植物由来であり，ジャガイモ由来の葉緑体をもつものを"ポマト"とよび，トマト由来の葉緑体をもつものを"トパト"とよんだ．本来の目的は，この植物を介在して両種植物における種々の遺伝子の交換を可能にすることが目的であったが，こ

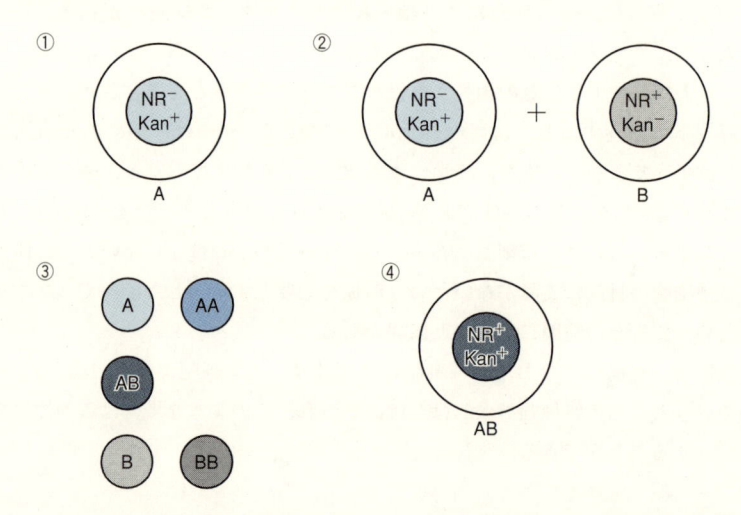

図 2・13　ユニバーサルハイブリダイザー．① 硝酸レダクターゼ欠損株 NR^- を細菌由来の Kan^+ 遺伝子で形質転換し，この細胞よりプロトプラスト A を調製する．② 別の植物の野生型プロトプラスト B（NR^+，Kan^-）とを融合する．③ 融合産物のなかには，A または AA，AB，B または BB が存在する．④ 窒素源を硝酸とし，カナマイシンを加えた培地で培養すると，生存できるのは，NR^+，Kan^+ の AB のみである．A と組合わせると，どのような細胞からも雑種細胞が得られるので，A をユニバーサルハイブリダイザーとよぶ．

の植物体は不稔であり，ジャガイモあるいはトマトの花粉をかけてやっても稔性の獲得に至らなかった．この結果は，いくつかの教訓を与えてくれる．双方の染色体が保持され，形態形成に異常がなくても，稔性が保証されるものではないことである．

このような事例はほかでも多く報告されているが，ここではもう少し期待を抱かせるような結果についてふれるが，結論としてはなお否定的であった．K. Sakamoto と T. Taguchi[37] は，やはり属を越える組合わせのトマトとペピーノ（*Solanum muricatum*）の間での体細胞雑種を再生し，この植物にトマトの花粉をかけてやることによりある程度の数の種子が得られた．しかしながら，なおその種子は発芽することはなかった．このように，形態形成能と稔性ある種子の取得との間にはまだ相当な隔たりがあるというのが現実である．

それでは，対称的体細胞雑種が育種的に意味があるかどうかについてだが，少なくともアブラナでは，その意義が認められている．セイヨウアブラナ（*Brassica napus*）は，カブラ（*B. rapa* または *B. campestris* ともよばれる）とキャベツの類（*B. oleracea*）の複二倍体（➡用語解説）と推定されており，実際交配の成立の頻度はやや低いが実験的にアブラナの合成が知られている．ところが，なお交配によっては遺伝子交換の範囲が限られているので，細胞融合による体細胞雑種は，より広範な遺伝子組換えの手段を与えてくれると期待されている[38]．さらに，あとでふれるように，細胞質の置換あるいは細胞質の組換えによる育種効果も期待されるので，この手法は品種改良の手段としてなお有効であり，実際の育種手段と直結し得る．

2・2・6　非対称体細胞雑種

対称的体細胞雑種では，遠縁の組合わせになると植物体が再生されても，これまでのところ稔性が得られていない場合がほとんどであり，育種手段には直結していない．ところが，遠縁の組合わせでも，体細胞雑種において一方の染色体のみが脱落して，もう一方に偏った植物体再生の例は多く報告され，稔性が獲得されているものもある．また，組合わせの一方を X 線あるいは γ 線で照射して，遺伝子レベルの分断を起こし，限定的に一方の遺伝子を他方へ導入した植物体を再生する方法も行われている．導入する側を**ドナー**（donor，供与体）とよび，導入される側を**レシピエント**（recipient，受容体）という．これらの研究で，興味ある結果が報告されつつあるので以下にまとめる．

a. 染色体脱落の場合

亀谷ら[39]は，形態形成能を失ったイネ培養細胞プロトプラストとオオムギの若い葉より得たプロトプラストとを融合させ，植物体を再生した．この植物体は，イネに形態的に似ているが，染色体レベルおよび遺伝子レベルでもオオムギ由来の遺伝子がこの雑種植物に認められた．染色体の形態から雑種細胞ではオオムギの染色体が脱落していったが，オオムギの染色体のうち一部が残っているものがあると判断された．雑種細胞の選抜を低温で行ったが，得られた植物体が低温耐性かつ耐塩性であることは興味深く，この形質がどのような遺伝子群に依存しているかの判定は興味ある点である．ただし，現在のところこの植物体の稔性は確認されていない．

b. ドナーーレシピエント体細胞雑種

まず，ドナー側は，X線ないしγ線で照射されるが，ある程度の照射でドナーの生物活性が失われる．ところが，照射する照射量と残る遺伝子の量はそれほど関係なく，むしろ植物学的類縁の距離が関係して，組合わせの距離が遠いほど脱落しやすいという傾向が見られる．また，世代を重ねるとともに，徐々に脱落することも観察されている．一方，レシピエント側は，ヨードアセトアミド（30 mM程度）で不活化されることが定法となっている[40]

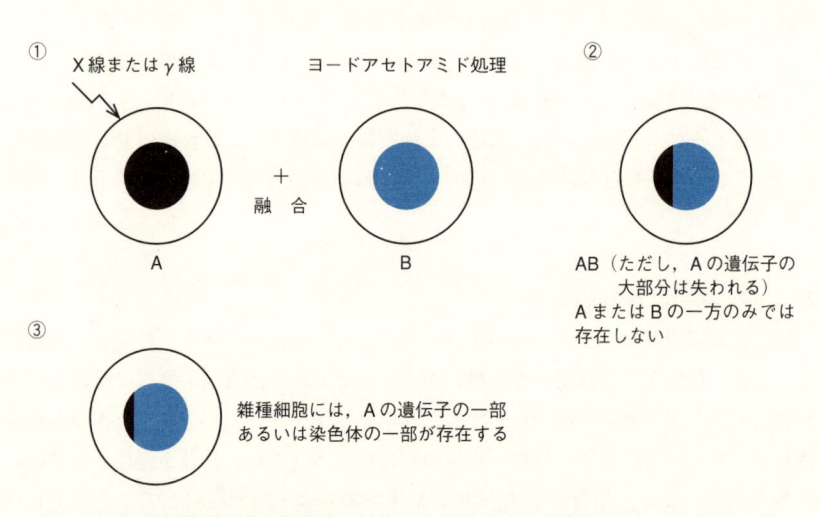

図 2・14 非対称細胞融合概念図．植物Aと植物Bより調製したプロトプラストを融合させる．①この際，AはX線あるいはγ線で照射し，細胞分裂能力は失活させる．Bは，ヨードアセトアミドで処理する．ヨードアセトアミドは，ミトコンドリアに障害を与え，コロニー形成能力を失わせるが，遺伝子には変化を与えない．②融合産物のうちABのみが生存できる．③ABの遺伝子組成のうち，Bはほとんどもち込まれるが，Aの遺伝子は一部のみもち込まれる．

(図2・14).

これまで多くの組合わせが試みられているが，遠縁の間で安定して遺伝子が伝えられたという具体的報告は少なく，これらについてはなお試行錯誤の状況である．

c. **サイブリッド**（cybrid） 細胞融合に際して，核遺伝子以外の組換えが研究の初期から観察されてきた．葉緑体DNAの組換えの報告例は少ないが，ミトコンドリアDNAの組換えは高頻度で起こることが報告されている．特に，このDNAの組換えにより**細胞質性の雄性不稔**（cytoplasmic male sterility，CMSと略す）が誘導された[41]．雄性不稔とは，雄性器官が不完全かあるいは完全に欠損している突然変異で，雄性不稔を用いると自殖性植物においても容易に交配により雑種が得られるので育種的に有用な形質である．雄性不稔には核支配の場合と細胞質支配の場合があるが，細胞質雄性不稔はミトコンドリア遺伝子の変異によっている．いずれの場合でも稔性を復活する系統が必要である．細胞質雄性不稔は，育種において自殖性植物の雑種形成に有用であり，この目的の実用化を使用した研究が進められているのでその例にふれる．

赤木ら[42]は，ドナー–レシピエント法によりイネのサイブリッドを作製した．すなわち，ドナーのCMSプロトプラストをX線照射した後，ヨードアセトアミドで不活化したレシピエント稔性をもつイネ品種プロトプラストとを細胞融合させた．なお，この組合わせにおいて，ドナーは，インディカタイプのイネに起源するChinsurah Boro IIのCMSを用いた．その融合産物を選抜し，植物体を再生したところ，雄性不稔形質が一段階で稔性をもつ目的の植物に導入でき，これは8カ月で達成された．なお，品種の確立のためにはソマクローナル変異の可能性を排除する手順が必要であったが，それでも2年間で新品種を得ることができ，通常の場合3年は必要であることに比べると期間の短縮が可能である（図2・15）．

また，G. Melchersら[43]は，野生のジャガイモ（*Solanum acaule*）をX線あるいはγ線で照射した植物体より得たプロトプラストと，ヨードアセトアミド処理したトマトプロトプラストとを融合させた．得られた植物体は形態的にほとんどトマトであったが細胞質雄性不稔性を示し，一段階で雄性不稔植物が得られた．

サイブリッドは，林木の育種にも拡大されているので，ここではミカンの例を取上げる．ミカンでは，種なしが重要な形質であり，これは雄性不稔と単為生殖が組合わせられてはじめて得られる．雄性不稔形質の供給源は，わが国で作られるウンシュウミカン（*Citrus unshiu*）がほとんどであるが，ウンシュウミカンが生産性，耐病性，品質で優れていることは研究者の意欲をおおいに促す要因である．一方，

世界的には，ミカン類の生産は大部分が *Citrus sinensis* である．したがって，ウンシュウミカンの CMS を，*C. sinensis* へ導入することは，育種的に有意義である．これは，山本ら[44]により，ドナー—レシピエントシステムで達成された．いったん導入されれば，あとはつぎつぎと CMS の誘導が可能である．

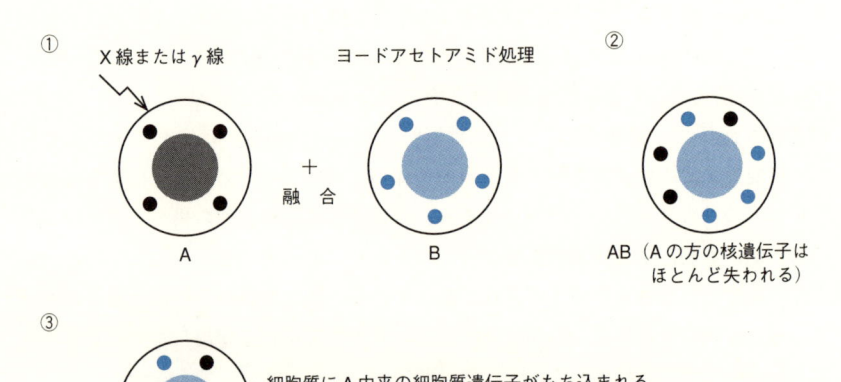

図 2・15 **サイブリッドの概念図**. 原理的には，図 2・13 とほとんど同様な実験であるが，サイブリッドは細胞質遺伝子のみに着目する．① 植物 A と植物 B より調製したプロトプラストを融合させる．この際，A は X 線あるいは γ 線で照射し，細胞分裂能力は失活させる．B はヨードアセトアミドで処理する．アセトアミドはミトコンドリアに障害を与え，コロニー形成能力を失わせるが，遺伝子には変化を与えない．② 融合産物のうち AB のみが生存できる．③ AB の遺伝子組成のうち，A の細胞質遺伝子（葉緑体，あるいはミトコンドリア）のみ AB にもち込まれる．また，ミトコンドリアはしばしば融合して，雑種のミトコンドリアを生ずる．

2・3 遺伝子導入 (gene transfer)

遺伝子導入法によると，直接的かつ明確に目指すターゲットに対して，遺伝子レベルで操作が可能で，これはただちに育種目的に利用できる．このためには，いくつかの前提条件が必要であるが，最低限，まず形質転換法が確立していること，導入すべき遺伝子が目的にかなうことなどである．今日の状況でいうと，まず形質転換法はアグロバクテリウムツメファシエンス (*Agrobacterium tumefaciens*, 邦訳では根頭がん腫菌) を利用した系においてほとんどの植物で可能である．形質転換は一部この方法が不都合な植物でもプロトプラストにして遺伝子を導入するか，その

他の方法で達成されている．また，導入すべき遺伝子についてもゲノムプロジェクトにより広い範囲で可能であり，cDNA（➡用語解説）も広範に利用できるので，たいへん速い速度でこの点は解決されつつある．しかしながら，導入された遺伝子の発現については，なおも解決されるべき問題があり，遺伝子のサイレンシング（gene silencing），メチル化，あるいはコピー数の制御などである．

2・3・1 形質転換法（transformation）

今日行われている植物細胞の形質転換法は，大きく分けてアグロバクテリウムを用いた導入系と直接遺伝子を細胞内へ導入するという二つの方法があり，それぞれに長所と短所がある．したがって，それぞれの特徴について解説するが，アグロバクテリウムを用いる形質転換法については，まず，その背景として植物腫瘍の一種クラウンゴールについて述べる必要があるので，以下にまとめる．

2・3・2 クラウンゴール

グラム陰性の土壌細菌であるアグロバクテリウムが植物に感染すると，**クラウンゴール**（crown gall，邦訳根頭がん腫）とよばれる腫瘍組織が形成されることは（図2・16），1906年に米国農務省の研究員であるE. F. Smithによって報告されている．クラウンとは根から茎への移行部であり，そこにできる腫瘍ということでクラウンゴールと名付けられた．興味あることには，このクラウンゴールはいったん形成されると，感染組織から細菌を除去しても，その腫瘍の性質が保持されていることで，20世紀初頭の観察からすでに知られていた．ヒナギクやサトウダイコンにおいて，最初の菌の感染部位から離れたところにときどき見られる二次腫瘍形成には最早菌は検出されないにもかかわらず，腫瘍の性質が保持されているという報告があった．腫瘍の性質とは，培養に際して植物ホルモンを必要としないこと，腫瘍組織の転移性・移植能（健全な組織に移植するとそこで腫瘍として成長すること）である．今日この点については，細菌を抗生物質で殺すことが容易にできるので，実験科学的にも容易に再現可能である．ということは，クラウンゴールの成立には，細菌の存在が必要であるが，成立後はその性質の維持には細菌は不要ということから，何らかの因子が細菌から植物体に移行していることが想像されていた．しかし，その正体は長いこと不明であった．また，このような研究の初期には動植物を含む一般的腫瘍形成のモデル系の研究対象としても研究が盛んに行われてきた．その分子機構が解き明かされる切っかけは，1974年にベルギーのゲント大学

のJ. SchellとM. Van Montaguのグループが細菌のもつ巨大プラスミドこそ，その原因であることを明らかにして以降である[45]．しかし，これに先立つことおよそ30年前にロックフェラー研究所のA. C. Braunは，腫瘍形成の生物学的機構に関して重要な仮説を提出していた．

図2・16　**クラウンゴール**．コダカラベンケイソウにアグロバクテリウムツメファシエンスを接種して誘導された．

A. C. Braunは，亜熱帯起源で比較的高温でも培養可能なニチニチソウ（*Catharanthus roseus*，文献によっては*Vinca rosea*ともいう）を用いてアグロバクテリウムの感染実験を行った．この細菌は比較的熱に弱いため感染時の熱処理で菌を殺すことができるので，感染の制御がある程度可能である．その結果，植物体の茎に傷を付けてから，菌の接種までに要する時間が腫瘍形成に重要であることがわかった．腫瘍は植物体の傷害を受けた後の癒傷に伴う植物側のDNA合成と密接に関係しており，この時間の長さに依存して腫瘍のサイズが決まることを見いだした．これらの生理学的研究の結果の総括として，1948年に，アグロバクテリウムが植物に腫瘍を起こすのは何らかの因子が細菌から植物細胞へ移行するのであろうということで，この仮想的因子に対して**腫瘍誘導因子**（tumor‐inducing principle; TIP）という名を付けた[46]．まさに，その26年後に発見されるTiプラスミド（後述）の予言

をしたことになる．また，彼は一部の腫瘍には形態形成能を保持しているものがあり，奇形を形成することからテラトーマ（奇形種）とよばれていたが（後述のように，その後の分類によるとこれはノパリン型Tiプラスミドにより誘導されたクラウンゴールの一つのタイプである），この形態形成能を有するカルスより植物体再生を達成させた．この一連の研究のなかで，これらのクラウンゴールに由来する単細胞からも植物体を再生させ，腫瘍細胞が正常に戻るという発表も行っている[47]．しかしながら，これらは発表された時点では，批判として，たまたま存在する正常細胞を再生させたのではないかというものもあったが，その時点では証明の方法がなかった．その後の一連の研究の進歩は，この観察は正しく，この植物腫瘍クラウンゴールより植物体再生が可能であることは，その後の応用的発展へとつながる重要な発見であった．その後，Tiプラスミドの発見までに，ブラウンの予見したTIPはタンパク質である，あるいはファージ，あるいはRNAであるというきわめて多くの論文が発表されたが，いずれもTIPにつながるものではなかった．

そして，1974年にTIPは，アグロバクテリウム中に見られる巨大プラスミドであり，**Tiプラスミド**（Ti plasmid）と名付けられたが（図2・17），その名前はTIP

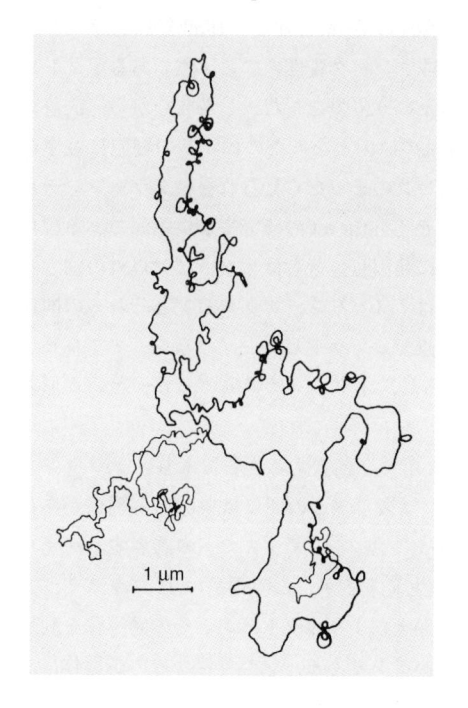

図2・17 **Ti**プラスミド．

を意識して付けられたものである．最近，筆者はこの発見の顛末を聞く機会があった．2000年7月にJ. Schell教授はマックスプランク育種学研究所を公式に引退されたが，それを記念して開かれたシンポジウムで当時大学院生として直接研究にかかわり，発見に立ち会ったA. Depicker女史（現在ゲント大学教授）は，当初の作業仮説はTIPとは細菌のファージではないかということで研究を進めていたが，1973年の実験で非常に巨大なプラスミドが発見され，それが結局TIPにつながる本命であったということを当時の実験ノートを示しながら説明された．この巨大プラスミドこそTIPであるという実験的証拠は，このプラスミドをもつアグロバクテリウムは腫瘍誘導能があるが，なくなると失われ，再度導入すると腫瘍誘導能が復活するという実験事実からである．その機構の全容の解明までには，なお詳細な研究が必要であった．

a. 腫瘍マーカーとしてのオパイン　アグロバクテリウムにより植物細胞が形質転換してクラウンゴールとなったとき，植物細胞側では植物ホルモンの独立栄養のほかに，どのような形質の変化が起こるかという研究は1950年代より行われていた．いわば**腫瘍マーカー**(tumor marker)の探索である．これについて，2・1・3節および2・1・4節でも登場したINRAのG. Morelは，1956年にクラウンゴールには，通常の細胞には見いだせない非タンパク質性のアミノ酸であるオクトピンがあり，これこそ腫瘍マーカーであるという主張をした．しかしながら，決着がついたのは1976年になってからで，混乱の原因となったのは正常の細胞にもオクトピンが見られるということと，オクトピンのまったく見られないクラウンゴールが存在することであった．前者は，実はR. Gautheretの研究室が供給源である馴化細胞が実はクラウンゴールであったことに起因し，後者はオクトピン以外の別の関連物質が存在することがわかり，それらは，ノパリン，アグロピンとそれらの関連物質である．全体像が明らかになった時点で，オクトピン，ノパリン，アグロピンの総称としてオパイン（opine）が与えられ，オパインは腫瘍マーカーという形で統一された[48]（図2・18）．

オパインは，Tiプラスミドのサブタイプを代表する物質であり，クラウンゴールの生産するオパインと誘導するTiプラスミドとの間には興味ある関係があることがわかっている．すなわち，オクトピン型のTiプラスミドの誘導するクラウンゴールは，オクトピンとその誘導体を生産するが，この細菌はTiプラスミド上にあるオクトピンを利用する遺伝子群の働きによりオクトピンとその誘導体を利用することができる．この関係は，他のオパインである，ノパリンとその誘導体，アグ

ロピンとその誘導体にも適用できる．それぞれオクトピン型 Ti プラスミド，ノパリン型 Ti プラスミド，アグロピン型プラスミドは，プラスミドの構造上もそれぞれのグループ間での類似性が高かった．このことを示すためにオクトピン型 Ti プラスミドとノパリン型 Ti プラスミドの物理マップを図 2・19 に示すが，T-DNA と vir 領域（後述）は，いずれも共通であり，T-DNA 上にはオパインシンターゼがあり Ti プラスミド上にはオパインの利用の遺伝子がある．また，オパインの生産と利用の模式図を図 2・20 に示す．

b. 遺伝的植民地化　また，このような事実が明らかになった時点で，興味ある可能性が指摘された．アグロバクテリウムは感染によりクラウンゴールを形成す

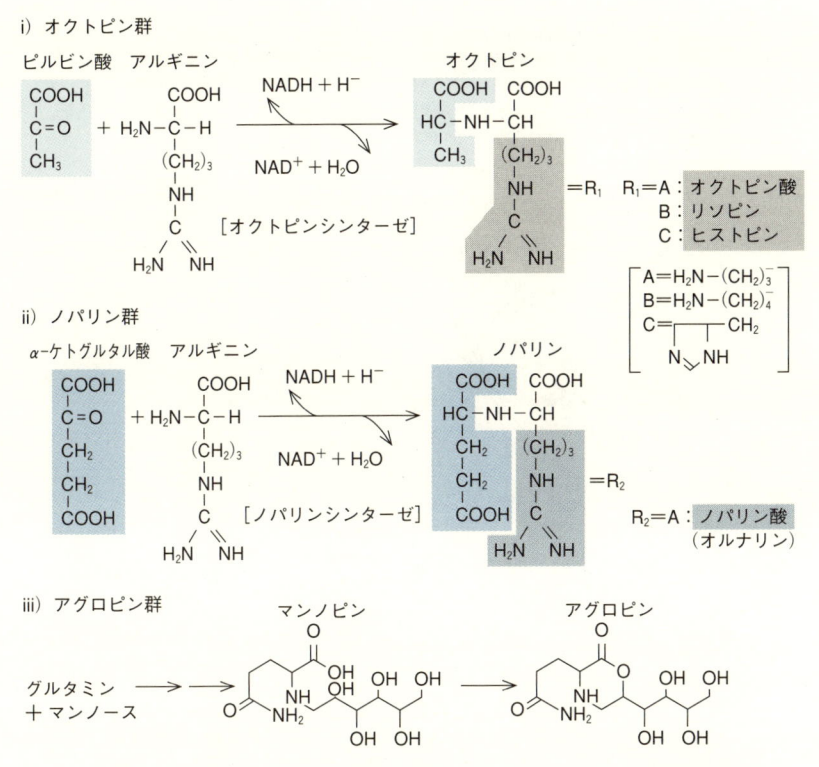

図 2・18　**オパイン類**．i) オクトピン群，ii) ノパリン群，iii) アグロピン群を示し，それぞれの群の代表的なオパインの生合成経路を示す．このほかリン酸基をもつアグロシノピン A, B, C, D およびサクシナモピンも知られている．

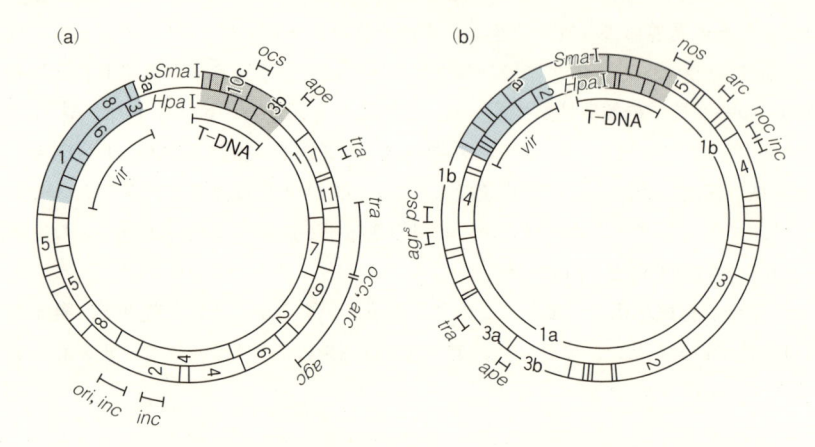

図 2・19　**Ti プラスミドの物理的地図**．(a) オクトピン型 pTiB6 806，(b) ノパリン型 pTi C58．*agc*：アグロピン利用能，*agr*^{s}：アグロシン感受性およびアグロシノピン利用能，*ape*：バクテリオファージ API 排除，*arc*：アルギニン利用能，*nos*：ノパリンシンターゼ，*occ*：オクトピン利用能，*inc*：不和合性，*noc*：ノパリン利用能，*ori*：複製起点，*psc*：アグロシノピン生産，*tra*：転移，*vir*：vir 機能．

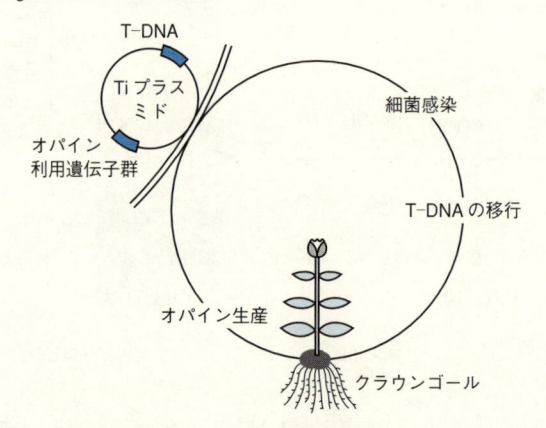

図 2・20　**遺伝的植民地化または遺伝的寄生模式図**．*A. tumefaciens* が植物体に感染すると，Ti プラスミドの一部である T-DNA が植物細胞に移行し，T-DNA 状のオパイン合成系が働き，オパインが生産される．このオパインは，細菌に取込まれ，Ti プラスミド上のオパイン利用遺伝子群が誘導的に発現して利用される．

ると，形成したクラウンゴールは，アグロバクテリウムが優先的に利用できるオパインを分泌する．擬人化していうとアグロバクテリウムは自らの生存のために，植物を使って一種の遺伝子工学をしているわけで，このことに気付いた研究者は**遺伝的植民地化**（genetic colonization）あるいは**遺伝的寄生**（genetic parasitism）とよんだ（図2・20参照）．これはこのシステムを改変すればアグロバクテリウムを用いた遺伝子工学が可能であることを示しており，その後の発展はまさにそのようになっていった．また，オパインを植物に生産させることは，ある極限的状況では細菌の生存に有利に働くと考えられており，生態的棲み分け（➡用語解説）の例と考えられる．さらに，この現象は，後述するように真核細胞と原核細胞の間での遺伝子の交換という点でもきわめて興味深い．

c. 宿主範囲 アグロバクテリウムは，もともと植物に対する病原菌として単離同定されたので，宿主範囲が存在する．多くは，栽培作物の病原菌として単離されたもので，それらの植物は，リンゴ，トマト，キイチゴ，サクラ，バラ，クルミ，ホップ，ポプラ，ダリアなどである．また，菌株によっては特定の宿主（たとえばブドウ）にしか感染しないような菌株も知られている．初期の文献では，感染範囲の広い菌株でも，双子葉植物と裸子植物が宿主範囲として知られていたが，単子葉植物ではごく一部のものしか宿主になり得ないとされてきた．この点は，あとでふれるように，古典的意味の宿主範囲は修正の必要があり，人工的感染によると宿主範囲は今日ずっと広がっている．

d. T–DNA（transferred DNA） Tiプラスミドが，クラウンゴールの原因物質，すなわち腫瘍誘導因子（TIP）とわかった時点で巨大なプラスミドであるTiプラスミドのどの部分が植物体へ移行するのかが最大の関心事となった．筆者は，1977年の年頭に届いたシアトルグループのM. P. GordonのカードでTiプラスミドの一部が植物に移行することを知った．その内容は「われわれは遂に，Tiプラスミドの一部が植物細胞に移行しているという決定的な証拠をつかんだ」というものである．すなわち，M.-D. Chiltonら[49]は，クラウンゴールのクローンにおいて，200 kbpのTiプラスミドから10〜20 kbpが植物側へ移行することを示した．その時点では，いわゆるサザン法の発表以前であったので，液相系でのハイブリダイゼーションの結果を速度論的に解析するCot分析（➡用語解説）で行われたために，多大の労力が要された．そして，サザン法（コラム参照）によりT–DNAの両端が確定され，両端の配列が決定されると，図2・21に示すようにT–DNAの両端には，25 bpの正方向での反復配列があることがわかった．また，このT–DNA領

域へトランスポゾン（➡用語解説）を挿入して，誘導した Ti プラスミドにより誘導されるクラウンゴールの形態とその機能を解析した．図 2・22 に示すように腫瘍

```
GCTGG  TGGCAGGATATATTG  TG  GTGTAAAC  AAATT  ノパリンL
GTGTT  TGⒶCAGGATATATTG  GC  GⒼGTAAAC  CTAAG  ノパリンR
AGCGG  ⒸGGCAGGATATATTC  AA  TTGTAAAT  GGCTT  オクトピンL(T_L)
CTGAC  TGGCAGGATATATⒶC  CG  TTGTAAⓉT  TGAGC  オクトピンR(T_L)
```

図 2・21　**T-DNA の両端に見られる 25 塩基対の反復配列**．上 2 列はノパリン型 Ti プラスミド C58，T-37 の T-DNA の両端を示し，下 2 列はオクトピン型 Ti プラスミド Ach5, A6S2 の T-DNA（T_L）の両端を示す．このよく保存された配列は *vir* 領域の活性化による T 鎖の切り出しに必要でここにニック（➡用語解説）が入る．もし，左右の塩基配列がわずかに欠失してもニックは入らなくなる．

の形質の維持に関係する領域があり，そこには植物ホルモン生産の遺伝子が存在していた．これでクラウンゴールが植物ホルモンに対して独立栄養であることは説明され，腫瘍的成長は植物ホルモンの過剰生産であることがわかった．興味あることに，オーキシン生産遺伝子（*iaaA*：トリプトファンモノオキシゲナーゼ遺伝子，*iaaH*：インドールアセトアミドヒドロラーゼ遺伝子）を破壊した Ti プラスミドで誘導したクラウンゴールは，茎葉分化を示し，サイトカイニン生産遺伝子（*ipT*：イソペンテニルトランフェラーゼ遺伝子）をつぶしたものでは発根した．これは，

サ ザ ン 法

　アガロースゲルで電気泳動した DNA 断片をアルカリ変性させたのち，その泳動パターンのままニトロセルロースあるいはナイロン膜に吸着させ，固定する．この上に，この DNA 断片に相補的な DNA あるいは RNA プローブをハイブリッド形成させることにより DNA 断片上の特定な塩基配列の存在を知る方法である．1975 年に E. Southern により開発されたが，筆者はその威力を T-DNA の同定とその構造の解明の進歩に目をみはる思いで目撃した．すなわち，1977 年の T-DNA の存在は，Cot 分析（➡用語解説）で発表されたが，その後の T-DNA 領域の確定，ボーダーの決定などはすべてサザン法でなされたからである．さらに，RNA に関する Northern 法，タンパク質に関する Western 法は，Southern は人名であるが，南を意味することから，それをもじって北，西というように一種の言葉の遊びで付けられたものである．

まさに1・1・2節でふれたオーキシンとサイトカイニンの量的相対比で形態形成が決定されるという原理に従っている．さらに，これらに相当する転写産物も存在することが確かめられた．

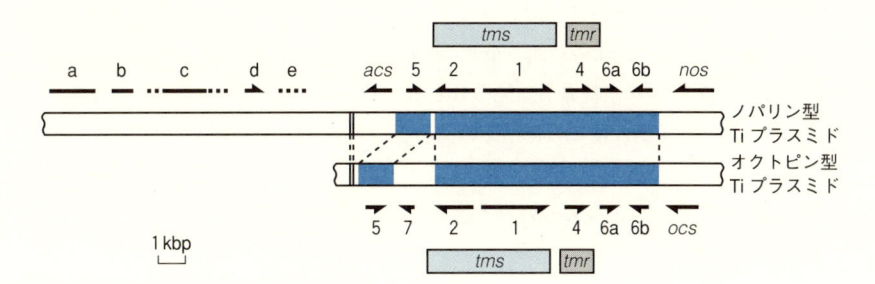

図2・22 **T-DNA上の遺伝子群**．ノパリン型TiプラスミドT-DNA（上）とオクトピン型TiプラスミドT-DNA（下）には，相同性の高い領域（■）があり，そのうち，1は iaaM，2は iaaH でオーキシン生合成の遺伝子で両者の働きによってインドール-3-酢酸（IAA）が合成される（tms 領域）．4は ipT でサイトカイニンの生合成遺伝子である（tmr 領域）（略号は本文参照）．ocs, nos, acs は，それぞれオクトピンシンターゼ，ノパリンシンターゼ，アグロシノピンシンターゼの遺伝子を示す．

これらの研究過程で明らかになったことは，T-DNA上の遺伝子をつぶしても，T-DNAの転移は可能であることで，T-DNAの転移に必要な条件は，つぎの三つの条件であることがわかった．すなわち，1) T-DNAの両端の25塩基の正の反復配列，2) T-DNAの外にあって20 kbpを占める vir（病原性を意味する virulence の略で，腫瘍誘導にかかわる遺伝子領域を表す）領域の存在，3) 細菌に存在する，植物細胞への接着に関する遺伝子（chv, chromosome virulence の略），である．

1) T-DNAの両端の25 bpの配列があれば，遺伝子は細菌より植物へ移行するが，特に右端の25 bpが重要である．右端を欠損すると移行が起こらないが，右端だけの場合では，移行の頻度は下がるものの移行は成立した．
2) vir 領域は，やはり丹念な vir 領域の遺伝子群の不活化により同定された．図2・23に模式的に示されるように，まず，植物より分泌されるアセトシリンゴンなどのフェノール性化合物がVirAに働きかけるとVirGが活性型になり，その結果，それ以外の遺伝子が誘導される．そして，VirD2によりT-DNAにニック（➡用語解説）が入り，T-DNAの二重鎖の一方であるT鎖（T-strand）が切り出され，そこにVirD2やVirE2が結合して，T鎖複合体を形成して植物細胞

に移行する．また，VirD2 や VirE2 などには核移行シグナルが存在するので，T鎖複合体は細胞核へ導入される[50]．

3) 植物細胞への接着因子：アグロバクテリウムの染色体上に腫瘍誘導にかかわる遺伝子 chv がのっていることは，トランスポゾンの挿入による遺伝子の失活により同定された．それらは chvA, chvB, exoC (pscA), att である．chvB と exoC はアグロバクテリウムに特異的に見られる β-1,2-グルカン鎖の生合成にかかわる遺伝子であり，ChvA はこの糖鎖を細菌の細胞質より表層へ輸送することにかかわるタンパク質と推定されている．結果として，この β-1,2-グルカンは細菌の植物細胞への接着に関与していると推定される[50]．

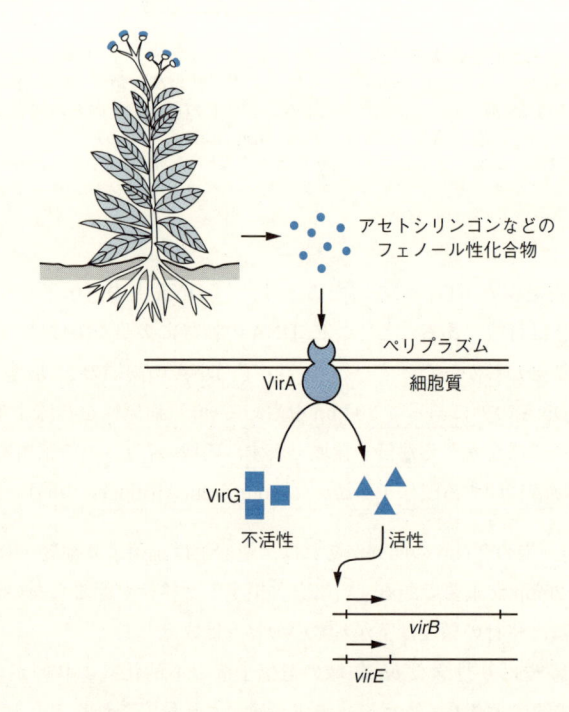

図 2・23　**植物とアグロバクテリウムの相互作用**．植物より分泌されるフェノール性化合物が，アグロバクテリウムの VirA タンパク質に働きかけて VirG タンパク質を活性化すると，vir 領域の遺伝子群が一連のシストロンとして活性化され，T鎖の切り出しと，その植物細胞への移行が起こる．

2・3・3 遺伝子導入ベクター

上記三つの条件を備え,しかも腫瘍遺伝子を除いた,導入ベクターが開発されている.形質転換細胞の選抜のために,植物細胞で機能するように構築したカナマイシン耐性あるいはハイグロマイシン耐性遺伝子が挿入されている.このプラスミドをもつアグロバクテリウムを,2・3・5節でふれるリーフディスク(葉片)培養法あるいは共存培養法により形質転換させ,カナマイシンあるいはハイグロマイシンの培地で選抜して,形質転換体を得る.

a. pGV3850 このプラスミドは,図2・24に示すようにT-DNAの腫瘍遺伝子群 (*onc*, oncogenes の略) を除き,代わりに標準的なクローニングベクターの一種 pBR322 を挿入したもので,pBR322 にクローン化した導入すべき遺伝子を大腸菌よりヘルパープラスミド pR64drd と pGJ28 の手助けのもとにアグロバクテリウムに導入する.ついで,抗生物質マーカーとの組合わせで選抜を行うと,T-DNA上の pBR322 領域と新たに導入した pBR322 との間で相同組換えが起こり,導入すべき遺伝子は T-DNA へ挿入される.形質転換後の形質転換細胞の選抜は,培地中の薬剤耐性マーカーに応じて,カナマイシンなどの抗生物質を加えて行う[51].

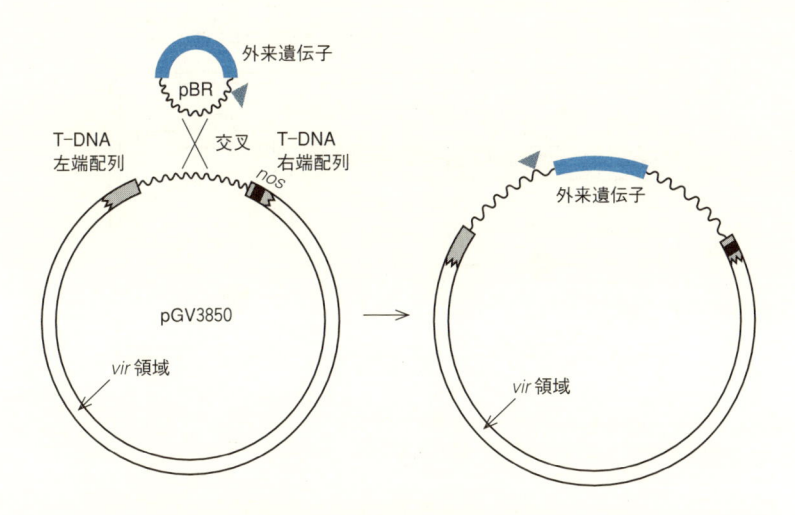

図2・24 **pGV3850 に外来遺伝子を挿入する模式図.** pBR322 にクローンした外来遺伝子を,ヘルパープラスミドにより大腸菌からアグロバクテリウムへ導入すると,pGV3850 に挿入された pBR322 と外来遺伝子が導入された pBR322 の間で相同組換えが起こり,外来遺伝子は pGV3850 へ挿入される.

b. バイナリーベクター（binary vector）　バイナリーベクター構築の原理は，Tiプラスミド上のT-DNAの植物細胞への移行と，T-DNAの切り出しを開始し一連の過程を支配する遺伝子群が位置する vir 領域は，必ずしも同一のプラスミド上にある必要はなく，相互にトランスの位置にあっても機能することによっている．このためT-DNAをまったく欠いたTiプラスミドpAL4404をもつアグロバクテリウムに対して，独自のレプリコン（→用語解説）をもち，T-DNAの両端の25 bpの間に適当なクローニングサイトを配し，かつ植物細胞中での抗生物質耐性マーカーをもったプラスミドを導入する．つまり導入した遺伝子をプラスミドに挿入して，これをアグロバクテリウムへ導入することで，ただちに求める菌株が得られる[52]（図2・25参照）．この遺伝子導入ベクターは使い勝手が良いので市販され，

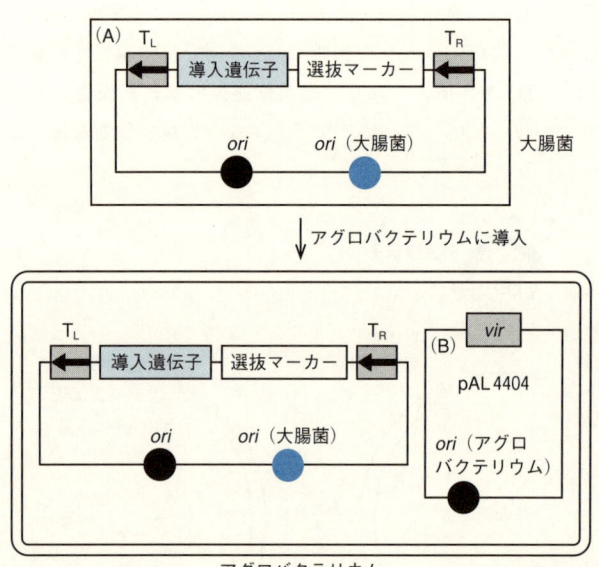

図2・25　**バイナリーベクター**．まず，アグロバクテリウムでも大腸菌でも増殖できるプラスミド（A）の適当な挿入サイトに導入すべき遺伝子を挿入する．このプラスミドをアグロバクテリウムに導入する．アグロバクテリウムには，T-DNAを欠くが，vir 領域は保存された欠損Tiプラスミド（B）が存在する．vir の機能は，トランスであっても機能するので，プラスミド（A）上のT_L-T_RにはさまれたT-DNA領域は植物細胞へ導入され，形質転換が起こる．ori はDNAの複製を開始するのに必要な塩基配列で，大腸菌とアグロバクテリウムの両方で複製できるように，それぞれ組込まれている．

容易に入手できる.

c. 再度ホストレンジについて　2・3・2c節でもふれたように,古典的な意味でのホストレンジ(宿主範囲)は,今日改変されたTiプラスミドでは,ずっと広くなっている.その理由はまずアグロバクテリウムを人工的にアセトシリンゴンで処理して*vir*の機能を活性化させることによっている.もう一つは,アグロピン型Tiプラスミドに見いだされた*vir*機能を強力にする領域の導入によってである.その結果,従来はホストレンジに入らないとされたイネ科植物(イネ,トウモロコシなど)でも遺伝子導入できるようになった.

2・3・4　Riプラスミド

Riプラスミドは,主として双子葉植物に毛根病(hairy root disease)を誘導することで同定されてきた土壌細菌アグロバクテリウムリゾゲネス(*Agrobacterium rhizogenes*)において発見された大型プラスミドで,毛根病の原因となるプラスミドであることから**Riプラスミド**(root-inducing plasmid)と名付けられた.Riプラスミドは,基本的にこれまで述べてきたTiプラスミドについての特性がほとんどそのまま当てはまる.すなわち,感染によりT-DNAが植物細胞へ組込まれ,形質転換細胞はオパインとしてアグロピン,マンノピン,ミキモピンなどを生産する.Riプラスミドの代表例であるpRiA4bに見られるように,Tiプラスミドとの共通性が見られるが,若干異なるのはT-DNAにのっている遺伝子で,オーキシン生産に関する*tms*領域のほかに,Riプラスミドに独特の*rol*遺伝子群がのっている(図2・26).したがって,Riプラスミドは基本的にTiプラスミドに適用される手法はそのまますべて適用可能である[53].

a. *rol*遺伝子　*rol*領域は,毛状根の発現に著しく影響を与える領域として同定され,*rol*はroot loci(発根領域)の略である.遺伝子機能の失活と転写産物を対比した結果,この領域に*rolA*,*rolB*,*rolC*,*rolD*があり,*rolB*単独で植物細胞に導入しても発根を著しく促進したが,そのほかは協調的に働いて発根を促進した.それぞれの機能については,まだ不明の部分が多い.*rolB*産物はインドール化合物のグルコシダーゼの活性があり,*rolC*産物にはサイトカイニンのグルコシダーゼ活性が認められているが,その生理的意義はまだ明らかでない.

なお,野生のタバコ属植物*Nicotiana glauca*に*rol*領域と相同性のある領域が見いだされ,*ngrol*と名付けられたが,この遺伝子はタバコ属の種間雑種で見られる遺伝的腫瘍の形成にかかわっていることが示されている.これらの遺伝子の起源は,

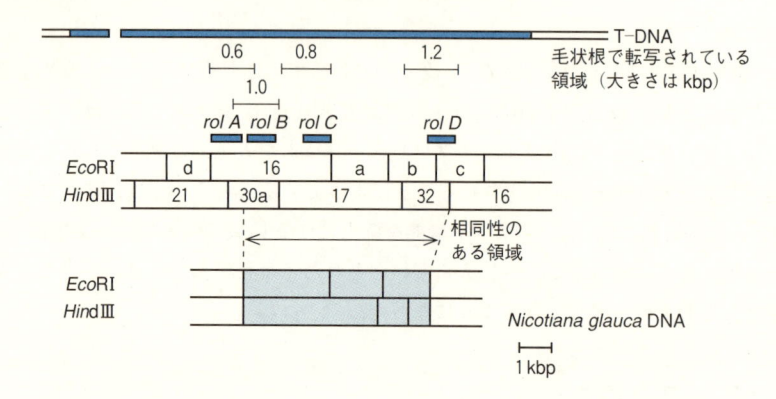

```
                                              T-DNA
       0.6    0.8      1.2      毛状根で転写されている
              1.0               領域（大きさは kbp）
       rol A rol B  rol C      rol D
EcoRI    d   │ 16  │ a │ b │ c │
HindⅢ   21  │ 30a │ 17│ 32│ 16│
                                  相同性の
                                  ある領域
EcoRI
HindⅢ
                            Nicotiana glauca DNA
                            ├──┤
                            1 kbp
```

図 2・26 **Ri プラスミドの T-DNA．** Ri プラスミドの両端に 25 bp の反復配列があることは，Ti プラスミドと同じであるが，特徴的なのは *rol* 領域があることである．この領域が毛状根を生じさせる．しかも *rol* 領域と高い相同性のある領域が野生タバコである．*Nicotiana glauca* とその関連植物の DNA 中に発見された．かつて Ri プラスミドの感染により植物中にもち込まれたこの領域が種分化とともにその子孫に保持されたものと考えられている．

タバコ属の種分化のある段階でアグロバクテリウムリゾゲネスの感染により T-DNA として植物体へ導入されたものが，その種分化とともに，その子孫に伝わったものではないかと推定されている．真核細胞の種分化に原核細胞が関係しているわけで，これは特に遺伝子の**水平共進化**（horizontal co-evolution）とよばれ[54]，きわめてユニークな現象というべきであろう．

2・3・5 植物細胞の形質転換法
a. アグロバクテリウムを用いた形質転換法
i) **リーフディスク（葉片）法**（leaf disc method） 植物の葉を無菌で育成するか，あるいは表面殺菌して無菌化した葉を材料とし，これをおよそ 1 cm × 1 cm の大きさにカミソリで切り取る．これを LB 培地で 28 ℃で一晩培養したアグロバクテリウム（上記の pGV3850 あるいはバイナリーベクターをもつもの）の懸濁液に浸ける．その後，葉片をナース培養上（たとえばタバコ BY-2 細胞の上に沪紙を置く）で培養し，2，3 日後に除菌用に抗生物質としてカルベニシリン（500 mg/l）と選抜マーカー用の抗生物質としてカナマイシン（300 mg/l）を加えた茎葉分化培地で培養する．2〜4 週間で茎葉が分化したら，これらを切り出して，さらにカルベニシリンとカナマイシンの入った培地に入れて培養を続けると発根す

る.これでトランスジェニック植物が得られる(図2・27).

この方法は,当初タバコやペチュニアにおいて開発されたものであったが,その後他の植物にも適用されており,当初困難といわれたものでも形質転換が達成されている.要は,植物側の育成条件が関係しており,この条件の検討でほとんどの植物で形質転換体が得られると思われる.

ii) **共存培養法** 葉肉プロトプラストを3日間培養した後,アグロバクテリウムを加え,36〜48時間共存培養するとこの間に形質転換が成立するので,その後細菌を洗って除去し,抗生物質としてカルベニシリン(500 mg/l)とバンコマイシン(200 mg/l)を加えた培地で培養するとアグロバクテリウムは除かれ,形質転換細胞が得られる.これをカルスとして増殖し,植物体として再分化させると形質転換体が得られる.

共存培養は培養細胞でも容易に行うことができ,1週間周期で継代培養されるタ

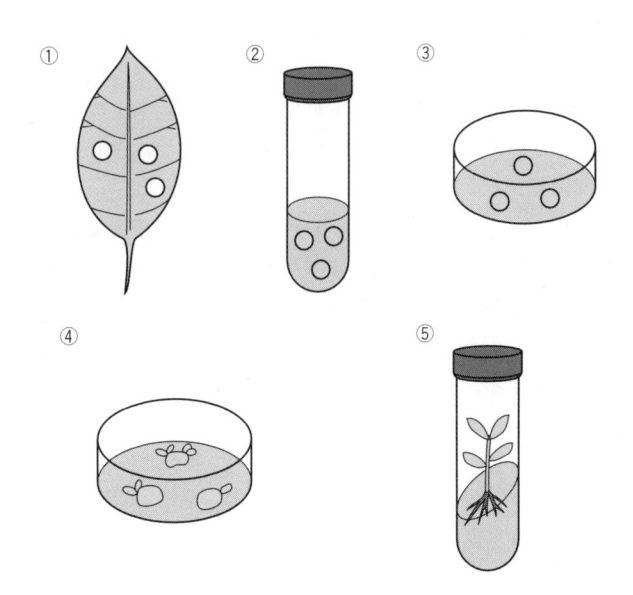

図 2・27 リーフディスク形質転換法の模式図.①葉よりリーフパンチでディスクを切り取る.②ディスクをアグロバクテリウムに接触させる.③クラフォランなどの抗生物質で処理して,アグロバクテリウムをできるだけ殺す.④クラフォランと形質転換体の選抜マーカーである別の抗生物質カナマイシンを加えた培地で培養する.植物ホルモンは茎葉分化条件に設定する.⑤分化してきた幼植物を分離し,植物体とする.

バコ BY-2 細胞の対数増殖期の細胞をアグロバクテリウムと共存培養することで，至適条件では 50％ もの値が測定されている．なお，形質転換率は培養のステージに依存しており，至適条件を外れると形質転換率は著しく低下する．

b. 直接導入法（direct gene transfer method）

ベクターなしで直接 DNA を細胞内へ導入する方法であり，導入するべき遺伝子は植物体で発現するように適当なプロモーターの下流に置かれ，また，下流にはポリ A シグナル（➡用語解説）が置かれる．これらの遺伝子と選抜マーカーとしての抗生物質耐性遺伝子と組合わせて一つのプラスミドにして導入される場合も多いが，形質転換ではある遺伝子で形質転換すると他の遺伝子の形質転換を伴うことが多いので，直接導入の場合にはしばしば単にプラスミドを混合して行うことが可能である．これは，細胞が形質転換するときには特別の状態にあり（コンピテンスとよぶ），同時に他の DNA も取込んで，形質転換すると考えられている（co-transformation とよぶ）．

i) **ポリエチレングリコール（PEG）法，またはポリビニルアルコール（PVA）法**　PEG 法や PVA 法は 2・2・2 節でもふれたように，本来細胞融合法として開発されたが，細胞融合に用いる濃度より下げてプロトプラストに作用させると，高分子をエンドサイトーシス様（➡用語解説）の過程で細胞内へ取込み，形質転換法の手段として使用できることがわかった．

葉肉プロトプラストに，導入すべき遺伝子と植物細胞での選抜マーカーを組合わせた，プラスミド DNA（1～100 μg）にキャリヤー DNA 50 μg を加え，PEG6000 を最終的に 13％ になるように加え，20℃ で 10 分間処理する．つぎに，培地に懸濁し，培養は 0.3％ の低融点アガロース（LMT など）に包埋し，アガロースをブロック状に切り，抗生物質を入れた液体培地で緩やかに旋回培養し，毎週抗生物質を更新して抗生物質耐性コロニーを選抜する．得られたコロニーは，再分化培地で植物体として再生する．

PVA でもほぼ同様な効果を示す．10^6 個の葉肉プロトプラストに 1 ml の DNA とリン酸カルシウムの共沈殿物を加え，10 分間してから，PVA（重合度 300）を最終濃度 10％ になるように加え，10 分間静置する．PVA 除去は，5 ml の高 pH-高 Ca 液を加えて行い，あとの培養の手順は PEG 法と同じである．

ii) **エレクトロポレーション法**（electroporation, **電気穿孔法**ともいう）　プロトプラスト懸濁液に電気パルスをかけて，遺伝子を細胞内へ導入する方法である．パルスをかけたときに細胞には細孔があくと推定されるので，この名称が与えられ

た．簡単な原理を初めに述べると，細胞にかかる電圧と細胞内を通ずる電束の流れは，つぎの式で表される．

$$V = \frac{3}{2} aE \cos\theta$$

この式で，V は膜にかかる電圧で，この電圧が 1 V 程度で細胞膜に小孔を生じ，誘電破壊が起こり，物質の通過が可能となる．この電圧は，ほぼ一定であるので，細胞のサイズ a と電圧 E とは反比例する関係にある．したがって，小さい細胞ほど物質を取込ませるのに高い電圧をかける必要がある．また，θ は細胞のある点での電界方向に対する角度であるので，膜にかかる電圧 V は場所により異なり，生ずる小孔も異なる[55]（図 2・28 参照）．

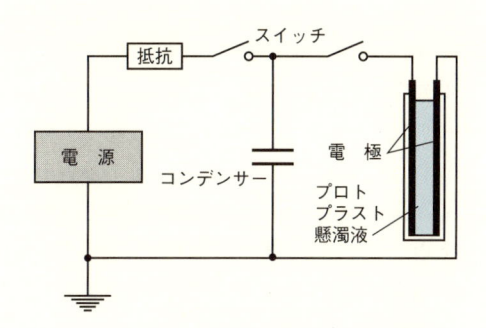

図 2・28　エレクトロポレーションの模式図．

ところで，パルス発生装置はさまざまな設計に基づくものがあるので，ここでは三つのタイプについて紹介する．

減衰波タイプ I　　容量 1 ml のキュベットに電極間の間隔を 4 mm とした平行電極を挿入し，ここにプロトプラスト懸濁液（3×10^6/ml）[MES 緩衝液（pH 5.6），70 mM KCl，0.3 M マンニトール] を入れ，10 μg のプラスミド DNA を加え，コンデンサー（容量 100 μF）に直流電源から 300 V をかけ，スイッチの切り替えで放電させる．キュベットは氷冷し，エレクトロポレーション前後も細胞は氷冷しておく．装置の概念図は図 2・28 に示してあるが，ほぼ同じ設計になる装置はジーンパルサー（日本バイオラッド）として売られている．

減衰波タイプ II　　また，前者よりイオン強度を低くした条件でのエレクト

ロポレーションの報告もある．容量 0.32 ml のキュベットに，プロトプラスト懸濁液（$5×10^5/0.32$ ml）［5 mM MES 緩衝液（pH 5.6），6 mM $MgCl_2$，0.4 M マンニトール］を入れ，1.25 kV/ml のパルス波を与えるものである．なお，この場合 DNA を加えた後に，13% PEG を加えると形質転換率が向上すると報告されている[56]．

<u>矩形波を与えるタイプ</u>　プロトプラスト懸濁液にまったく電解質を加えずに，10 kV/cm，90 μs の矩形波を 9 回繰返すというもので，細胞は相当障害を受けるが，TMV-RNA を導入した場合 75% の細胞に導入された[57]．

iii）**マイクロプロジェクタイル法**（microprojectile method）〔**パーティクルガン法**（particle gun method）〕　原理的には火薬の爆発を利用して，径 1〜3 μm のタングステンあるいは金粒子に DNA をまぶしたものを細胞内へ打ち込み，形質転換させる方法である[58]．粒子の加速は空気圧などによっても可能であり，たとえば Biolistic パーティクルデリバリーシステム（日本バイオラッド）などとして売られている．なお，粒子の加速度が小さいため，細胞壁があっても細胞内へ導入することが可能であるという利点がある反面，細胞に何らかの障害を与えることが欠点である．したがってこの方法は，プロトプラスト化が困難な材料，必ずしも均一に導入される必要がないものなどに有用である．単子葉植物のうち，当初形質転換が困難であったイネ科植物（たとえばトウモロコシ）の器官に打ち込んで形質転換体を得る先駆的な例はこの方法で達成された．

2・4　形質転換の具体例とトランスジェニック植物

形質転換の目的は，遺伝子を導入してその一過性の発現を見る場合もあるが，多くは導入した遺伝子により形質転換した植物を再生させ，再生されたトランスジェニック植物において，導入した遺伝子がどのように発現するか，その遺伝子が植物体にどのような影響を与えるかを見ることである．さらには，その再生個体が育種目的にかなうかなどである．ここではその代表的な例を紹介する．

2・4・1　イ　ネ

イネプロトプラストからの個体再生は，主としてわが国の研究者の努力で確立されたが，イネの形質転換もその発展のうえにわが国の研究者によりなされた．島本らは，イネプロトプラストへエレクトロポレーションでハイグロマイシン耐性遺伝

子 *hph* を導入し，ハイグロマイシン耐性コロニーを得て，さらにそれを再生してトランスジェニックイネを得た．また，この際 *hph* 遺伝子と他の選抜マーカーなしの遺伝子を共存させたところそれらによっても形質転換されていた[59]．

なお，イネの形質転換は，2・3・3c節でふれたようにホストレンジの克服の結果，アグロバクテリウムによって達成され，いまや日常的な手法となっている[60]．

2・4・2 花色の操作

植物にとって，ある種の色調は交配・突然変異などの通常の育種手段では得ることができない場合があり，何らかの手段による花色の制御と新しい花色の付与は古くからの園芸家の課題であるが，これらへ回答を与える成果が出されている．ところで，花色はアントシアンにより決定されているが，これはフラボノイド配糖体で液胞中に溶けており，その色調はpHにより大きく影響される．ペチュニアでは，アントシアンのうち，シアニジン3-グルコシド（赤みがかった茶色）やデルフィニジン3-グルコシド（深い紫）は知られていたが，ペラルゴニン（茶がかった赤色）は知られていなかった．その理由は，ペチュニアでのアントシアン合成における最後のステップの酵素であるジヒドロケルセチン4-レダクターゼ（DQR）の基質特異性のゆえに，ジヒドロケンペロールを代謝できないためである（図2・29）．そこで，より広く基質を認識するトウモロコシのジヒドロケルセチン4-レダクターゼをペチュニアに導入したところ，形質転換体はペラルゴニンを作り，今までペチュニアでは知られていなかった，ペラルゴニンの茶がかった赤色を賦与することができた[61]．なお，これはモデル実験であるため，用いたペチュニアは突然変異株で，前駆体のケンペロール含量が高いものであったが，この原理は広範に適用可能である．また，形質転換法はPEG法を用いているが，プロトプラストはアフィディコリンにより細胞周期の同調化を図って，形質転換の効率を高める努力をしている（いわゆるコンピテンスの付与）．いずれにせよ，この方向での花色の操作が可能となり，バイオテクノロジーの実用的課題となっている．

2・4・3 遺伝子操作による雄性不稔の付与

細胞融合により細胞質雄性不稔を付与することが実用化されていることは，細胞融合の項（2・2・6節）でふれた通りであるが，植物によってはなかなか得にくいものもある．このような雄性不稔を遺伝子の導入で解決しようという試みがある．花粉の発達過程に重要と考えられる組織であるタペータム組織（➡用語解説）で

選択的に働く遺伝子 T29 を単離し，この遺伝子のプロモーターの下流に RNase T_1 遺伝子あるいは *Bacillus amyloliquifaciens* の RNase の遺伝子である *Banase* を結合し，リーフディスク形質転換法でタバコのトランスジェニック植物を得たところ，この植物は雄性不稔となった．さらに，同様な手法はアブラナ，レタス，チコリ，カリフラワー，トマト，ワタ，トウモロコシにも適用可能であった[62]．なお雄性不稔品種には，稔性回復遺伝子が必要であるが，*B. amyloliquifaciens* の RNase である Banase の阻害作用タンパク質をコードする遺伝子 *Barstar* を発現するトランスジェニック植物を得，この植物体の花粉を先に述べた Banase のトランスジェニック植物に受粉したところ，稔性の回復を見た[63]．

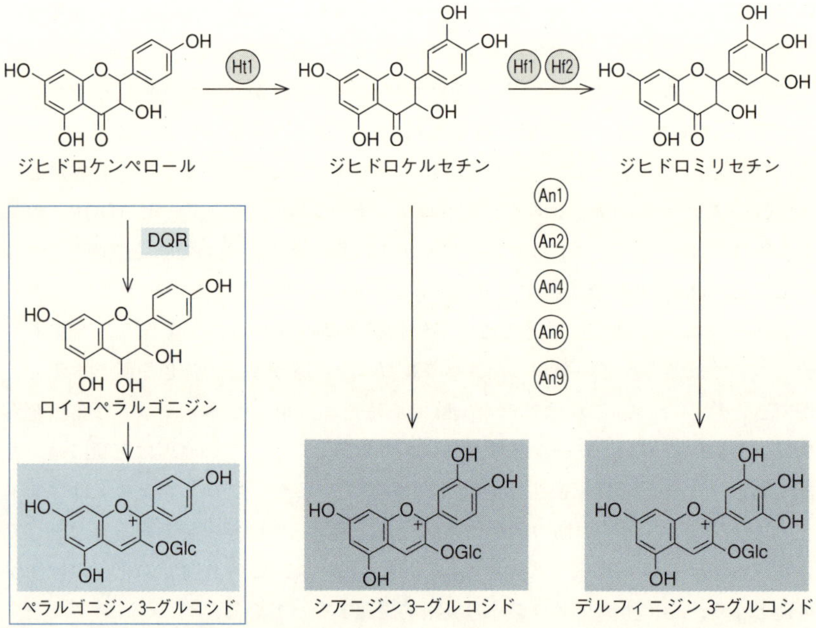

図 2・29 ペチュニアの花色変異の誘導．この実験に使われたペチュニアは，フラボノイド 3′-ヒドロキシラーゼ（Ht1）とフラボノイド 3′-, 5′-ヒドロキシラーゼ（Hf1, Hf2）の突然変異のためジヒドロケルセチンやジヒドロミリセチンの蓄積が少なく，ジヒドロケンペロールが多く蓄積された花色はほぼ白色であった．この突然変異のペチュニアにトウモロコシの DQR を導入したところ，ジヒドロケンペロールはこの酵素により変換されてペラルゴニジン 3-グルコシド（＝ペラルゴニン）が生成され，ペチュニアにはこれまで知られていなかった茶がかった赤色の花が形成された．An1, An2, An4, An6, An9 は他の微量に形成されたアントシアンを示す．

2・4・4 植物による医薬品の生産

植物細胞において医薬用に有用と見なされる成分は多くが二次代謝産物であり，従来は増殖の良い細胞にはそれらの物質は認められないことが多かった．しかしながら，研究の進展とともに培養植物細胞にも認められるようになり，これらの個別例は "Biotechnology in Agriculture and Forestry", Vol. 37, 41, 43, 51, 64, Springer-Verlag（1988～1999）に見ることができる．植物細胞培養には培養自体にコストがかかることから，2・1・8節で述べたように，大量培養による物質生産には生産される産物に高い経済効果がある必要がある．これまで行われた成功例は，ムラサキ（*Lithosperum purpurea*）の細胞培養によるシコニンの生産で，ひたすら選抜を繰返すことにより，増殖が速く，しかもシコニンの含量が高い細胞株が得られ，その生産物は医薬品，口紅などに用いられた．一方，漢方で広く愛用されるチョウセンニンジン（*Panax ginseng*）の主要有効成分はサポニンであることから，チョウセンニンジンの細胞培養によるサポニンの生産も行われ，実用的な物質生産まで到達し，その製品は市場に出ている．しかし，現在最も期待されているのは，イチイ属の一種（*Taxus brevifolia* や *T. sinensis*）の培養細胞によるパクリタキセル（paclitaxel, タキソール（taxol）ともいう）の生産である．細胞生物学研究において微小管の重合促進と脱重合抑制作用が知られているパクリタキセルには制がん効果が顕著に認められているからであり，この物質の他の方法での合成が容易ではないからである．

パクリタキセル（タキソール）

これらの研究の進展が，今後いっそう加速される可能性があるのは，第5章でふれるように，シロイヌナズナの全塩基配列が決定されたので，たとえば増殖の速いモデル細胞であるタバコ BY-2 細胞にこれらの生合成系の遺伝子を導入して，人工的に目的の産物を作るような研究開発の可能性が開けたからである．つまり，増殖機能は維持したまま前駆体を与えて，植物細胞に新規の能力を付与し，新機能を

付与する可能性が開けたのである．

ところで，植物を用いた医薬品の生産にはもう一つの可能性が示されている．トランスジェニック植物を利用して抗体など本来動物細胞が作る物質を，植物細胞あるいは植物体に作らせることである．これは植物細胞の増殖が動物細胞よりは安価に増殖できることによる．なお，これらの物質の生産は細胞外へ分泌されるか，あるいは液胞に貯えられるなどの性質が付与されていることが望ましい．

参 考 文 献

1) 原田 宏，駒嶺 穆 編，"植物細胞組織培養"，理工学社（1979）．
2) F. Skoog, C. O. Miller, *Soc. Exp. Biol. Symp.*, **11**, 118（1957）．
3) F. C. Steward, *et al.*, *Brookhaven Symp. Biol.*, **16**, 73（1962）．
4) J. Reinert, *Ber. Dtsch. Bot. Ges.*, **71**, 65（1958）．
5) T. Murashige, *Annu. Rev. Plant Physiol.*, **25**, 135（1974）．
6) 大沢勝次，田村賢治，"バイテク農業"，家の光協会（1992）．
7) 加古舜治，"園芸植物の器官と組織培養"，誠文堂新光社（1985）．
8) S. Guha, M. C. Maheshwari, *Nature*, 204（1964）．
9) K. J. Kasha, ed., "Haploids in Higher Plants", Univ. Guelph.（1974）．
10) J. F. Shepard, *et al.*, *Science*, **208**, 17（1980）．
11) 高辻正基，"入門バイオテクノロジー"，日本工業新聞社（1991）．
12) 加藤 陽，醗酵工学，**60**, 105（1982）．
13) T. Nagata, *et al.*, *Int. Rev. Cytol.*, **132**, 1（1992）．
14) E. C. Cocking, *Nature*, **187**, 962（1960）．
15) I. Takebe, *et al.*, *Plant Cell Physiol.*, **9**, 115（1968）．
16) T. Takebe, *Annu. Rev. Phytopathol.*, **13**, 125（1978）．
17) P. R. White, "The Cultivation of animal and plant cells", 2nd ed., Ronald Press（1966）．
18) T. Nagata, I. Takebe, *Planta*, **92**, 301（1970）．
19) T. Nagata, I. Takebe, *Planta*, **99**, 12（1971）．
20) E. Garfield, Current Contents, Vol. 25, No. 14, 5（1982）．
21) K. N. Kao, M. R. Michayluk, *Planta*, **126**, 105（1975）．
22) J. Kyozuka, *et al.*, *Mol. Gen. Genet.*, **206**, 408（1987）．
23) 岡田善雄，"細胞融合と細胞工学"，講談社サイエンティフィク（1976）．
24) K. N. Kao, M. R. Michayluk, *Planta*, **115**, 355（1974）．
25) A. Wallin, *et al.*, *Z. Pflanzenphysiol.*, **74**, 64（1974）．
26) G. Köhler, C. Milstein, *Nature*, **256**, 495（1975）．
27) T. Nagata, "Encycloped. Plant Physiol., New Ser.", H. P. Linskens, J. Heslop-Harrison, ed., Vol. 17, p. 491, Springer-Verlag, Berlin, Heidelberg（1984）．
28) U. Zimmermann, *et al.*, *Angew. Chem. Int. Ed. Engl.*, **20**, 325（1981）．
29) K. R. Harkins, D. W. Galbraith, *Physiol. Plant.*, **60**, 43（1984）．
30) Y. Kamata, T. Nagata, *Theor. Appl. Genet.*, **75**, 26（1987）．

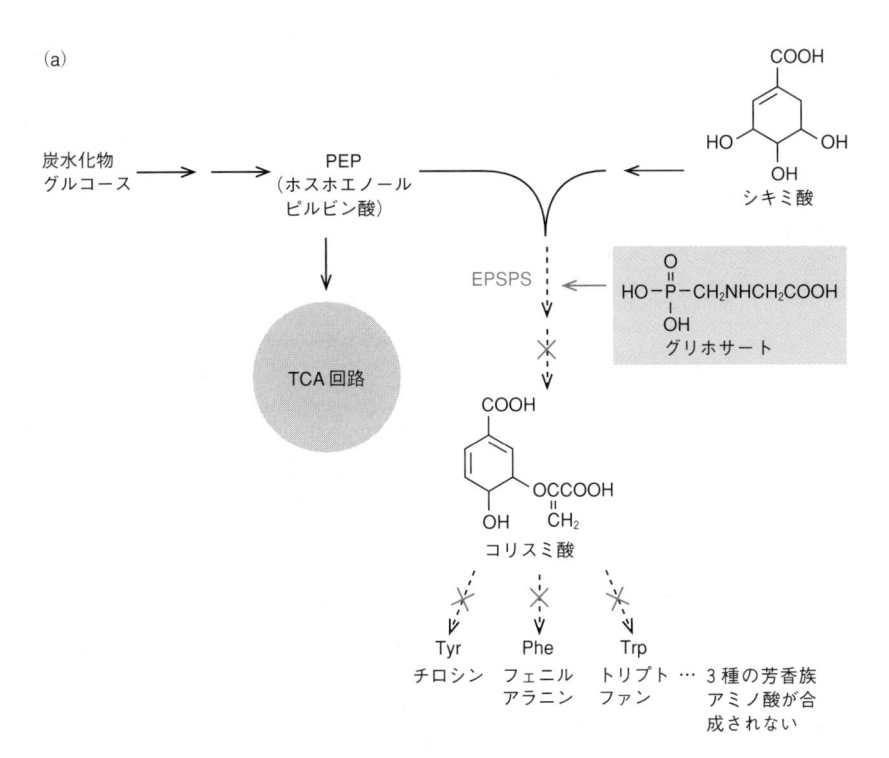

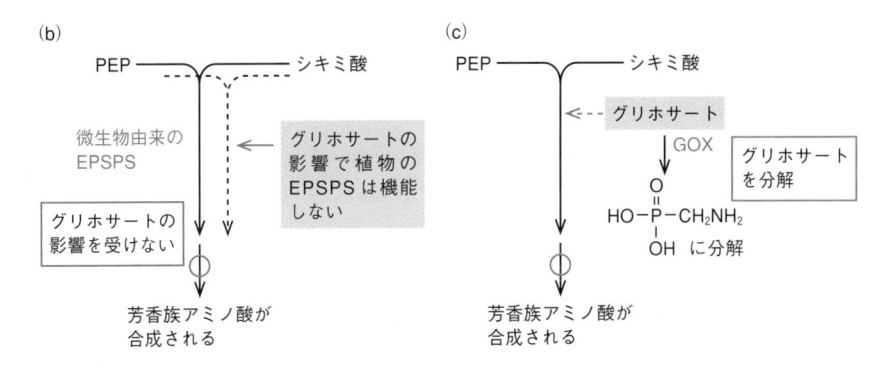

図 3・2 グリホサートの作用するシキミ酸経路 (a) とグリホサート耐性植物ができる原理 (b), (c). シキミ酸経路によって芳香族アミノ酸であるチロシン, フェニルアラニン, トリプトファンが合成される. この経路のなかで重要な位置を占める EPSPS がグリホサートの標的であり, 阻害を受けると芳香族アミノ酸が合成できなくなり植物は枯れる.

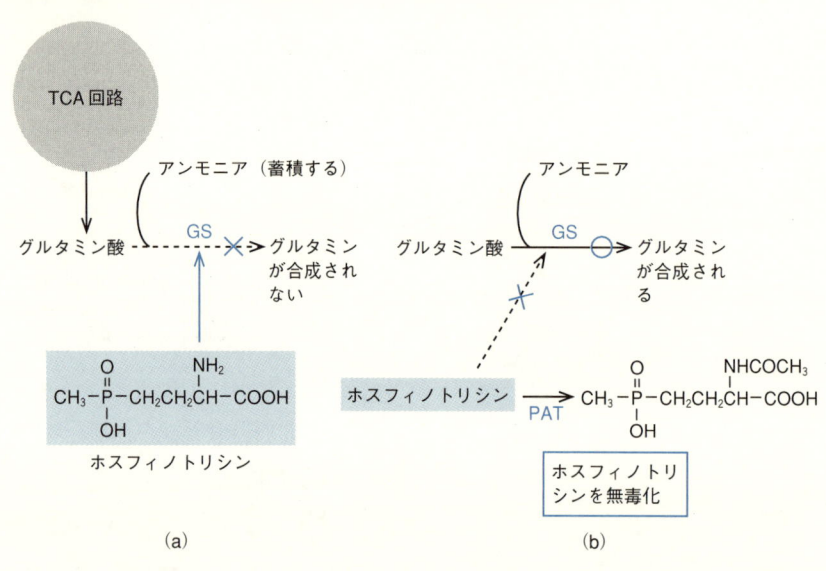

図 3・3 ホスフィノトリシン（グリホシネート）の作用点（a）とグリホシネート耐性植物ができる原理（b）．

3・2 耐病性・耐虫性因子の生産による抵抗性の付与

　生態系では高等植物とほかの植物，昆虫，病原微生物・ウイルスとの間に，一定のバランスが保たれている．しかし，農業の営みはそのバランスを崩して人為的にコントロールすることによって特定の植物を集約的に生産しようとするものである．ヒトの食物となる植物は，他の生物たちの食物にもなる．したがって，さまざまな害虫や病原体と戦うこととなる．

3・2・1 ウイルス抵抗性を付与する方法（病原体由来抵抗性）

　ウイルスを抑えるのに，そのウイルス自身の遺伝子を利用する**病原体由来抵抗性**（pathogen derived resistance）とよばれる方向性を紹介する．考え方として毒をもって毒を制すとでもいうと，わかりやすいであろうか．

　この方向性は 1986 年の R. N. Beachy らのグループの仕事に始まる．タバコモザイクウイルス（TMV）の**コートタンパク質**（coat protein；CP）（➡用語解説）を発現する植物が TMV に対して抵抗性となることが報告された[8),9)]（図 3・4）．この例にとどまらず TMV 以外の植物ウイルスについてもそのコートタンパク質遺伝子

を発現する植物体を作製すると、元のウイルスの感染に対して抵抗性を示すという報告例が数多くつづいた．ただ実用的には効果が出せるウイルスの範囲が狭いなどの問題点がないわけではない．たとえばTMVの仲間（トバモウイルス，➡用語解説）でも種々のウイルス株が存在し，トランスジェニック植物に導入されたコートタンパク質の由来となったウイルス株に対しては抵抗性を示すが，遠縁の株のウイルス感染に対しては抵抗性を示さない．

従来の育種では野生種が偶然にもつ病害抵抗性に頼るので，そうした抵抗性の形質が遺伝資源の中に見いだされない植物の場合には，その病原体に対しては無力であった．その点，ウイルス由来の遺伝子を導入して作物に抵抗性を付与できるこの方法は，ウイルス抵抗性を示す形質をもつ植物が見いだされていない場合にも応用が可能である．従来の育種で用いられる野生種由来の抵抗性は，ウイルスのなか

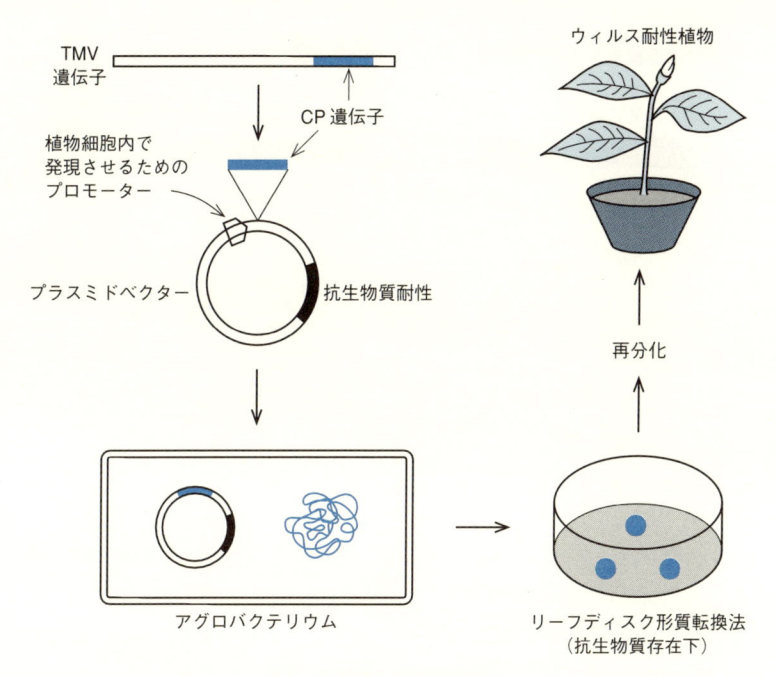

図3・4 **タバコモザイクウイルス（TMV）耐性植物ができるまで．** TMVの遺伝子にコードされるコートタンパク質（CP）の遺伝子cDNA（➡用語解説）をTiプラスミドベクターに組込む．そのベクターをもったアグロバクテリウムを植物の葉をくり抜いたリーフディスクに感染させることで，生まれながらにしてTMVのCPを発現する植物を作製できる．

ら突然変異によって"抵抗性破り"のものが現れ，結局苦労が報われないことが多い．それに対し，**コートタンパク質の発現による抵抗性**（coat protein-mediated resistance；CP-MR）植物ではこの"抵抗性破り"変異株は報告されていない．

ウイルス抵抗性のメカニズムは図3・5のように考えられている．ウイルスが細胞に侵略して，遺伝情報が発現し複製を開始するにはウイルス粒子のまわりのコートタンパク質が遺伝子RNAからはがれるステップ（脱外被といわれる）が必要である．コートタンパク質が構成的に発現している植物では，すでにコートタンパク質が蓄積しているために脱外被とは逆の粒子形成へと向かいウイルス遺伝子が機能発現できない．しかし，こうした植物は裸のウイルスRNAによる感染に対しては感受性である．それは裸のRNAでは脱外被のステップは不要なので，抵抗性を示さないと説明できる[10]．

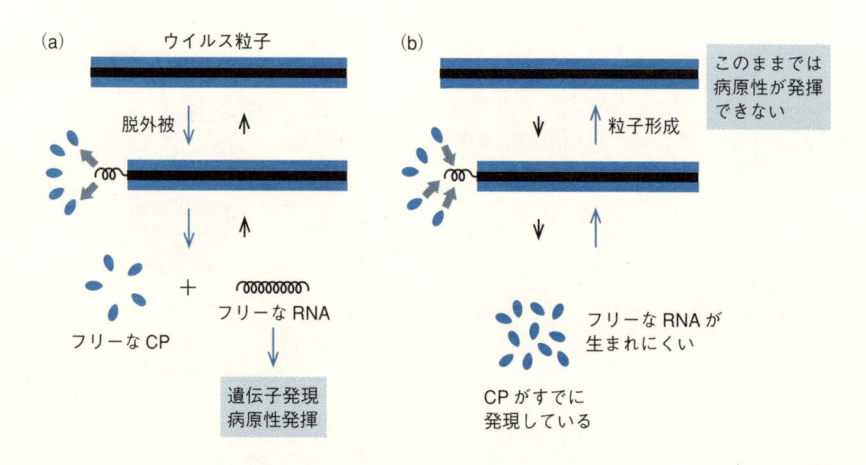

図3・5 コートタンパク質（CP）の発現による抵抗性を説明するモデル．(a) 通常の植物への感染，(b) CPを発現する植物への感染．

ウイルスのコートタンパク質以外の遺伝子を発現するトランスジェニック植物でのウイルス抵抗性について述べよう．TMVがコードする126 kDa/183 kDaレプリカーゼ（図3・6）は複製の過程に関与している．D. B. Golemboskiらはこれらのタンパク質全体またはその一部を発現する植物を作製した．126 kDaレプリカーゼを発現するようにした植物ではウイルスの感染に対して通常の植物となんら差はなかったが，183 kDaレプリカーゼのうちRNAポリメラーゼドメイン（図3・6）を発現するトランスジェニック植物が元のウイルスの感染に対し抵抗性を示したので

ある[11]. トランスジェニック植物由来のプロトプラスト内においても抵抗性が見られ，ウイルスの複製が抑えられていることが確認された．ただし，遠縁の株のウ

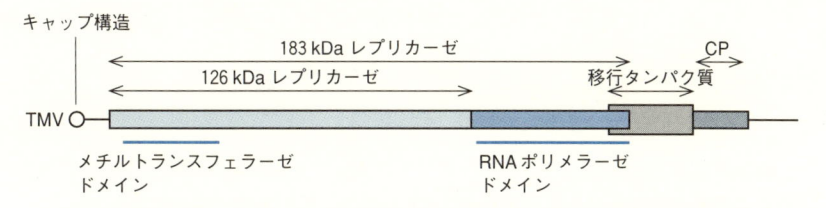

図 3・6 TMV の遺伝子構造と抵抗性育種に用いられたウイルスの産物との対応．内容については本文参照．

イルスに対しては効果が弱い．J. Donson らは 183 kDa レプリカーゼを合成するような植物をいくつか作製した．その多くには抵抗性は見られなかったが，なかに強い抵抗性を示す植物があった[12]．その導入遺伝子を改めて解析するとポリメラーゼドメインに挿入配列が見いだされ，翻訳が途中で止まるようになっていた．その個体はそれまでの例と異なり，種々のトバモウイルス（➡用語解説）の感染に対して抵抗性を示した．いずれの抵抗性も導入遺伝子から発現するポリメラーゼドメインのタンパク質が後から感染したウイルスに由来する 183 kDa レプリカーゼの機能を拮抗的に阻害しているためと解釈できる[11],[12]．つまり 183 kDa レプリカーゼが相互作用すると予想される植物の因子を導入遺伝子から発現するポリメラーゼドメインをもつタンパク質が先取りしていることなどが予想されるのである．最近，韓国のグループはメチルトランスフェラーゼドメイン（図 3・6）の部分タンパク質を発現するトランスジェニック植物もトバモウイルスの感染に対して抵抗性を示すことを報告している[13]．ウイルス抵抗性の機構について遺伝子サイレンシング現象も関与している可能性もあるが，3・3・2 節でふれることにする[14a),b)]．

こうしてある作物に病害を与える植物ウイルス遺伝子がいったんクローニングされるとウイルスに対する抵抗性を付与する試みとして，育種家にとっては一つの方向性がもてるようになった．そのウイルスのコートタンパク質やレプリカーゼの遺伝子，あるいはその一部の配列をカリフラワーモザイクウイルスの 35S プロモーターの下流につないで構成的に発現する植物を作製してやれば，元のウイルスの攻撃から守ることができるようになる．従来の育種方法で，野生種などからウイルス抵抗性の形質を求めて栽培種に時間と労力をかけて交配導入することと比較する

と，戦略として実験計画や新たな品種の確立までに要する時間の予想が非常にたてやすく，多くの穀物，作物に対してこの方法が試されている．現在多くのアジア，アフリカの研究者たちがキャッサバ，ヤムイモ（タロイモ）などの現地の主要作物にウイルス遺伝子を導入しようとしている．

ウイルス

　植物ウイルスとは遺伝子である核酸分子と構成タンパク質（コートタンパク質）からなる分子集合体である．電子顕微鏡を用いないと見えず，宿主である生物がいなければ何もできない．ただ，遺伝情報を担う核酸分子をもっているので，宿主生物の体の中に入ればタンパク質を発現し，宿主が病徴を示す．その途中の営みは限りなく生物に近い存在である．植物への感染が起こると，細胞内にそれまでまったく存在しなかったウイルス遺伝子やタンパク質が登場する．感染によって突然ウイルスに関係した分子が登場し，それに対し植物は抵抗性反応などをひき起こすこととなる．

　ウイルスの遺伝子は生物のとは異なり，非常にコンパクトである．図1のタバコモザイクウイルス(TMV)などは約6400のヌクレオチドからなるRNAを遺伝子としてもち，遺伝子産物も4種しかない．全ゲノムが明らかとなったシロイヌナズナのゲノムサイズ1.5×10^8，遺伝子数約25 000に比べれば桁違いに小さい．そのTMVのゲノムは1982年にはすべて決定されている．ゲノム情報が明らかであると同時に，電子顕微鏡による観察，精製RNAとコートタンパク質からのウイルス粒子の再構成の実験などで高次構造も明らかとなっている．感染植物内でのウイルスタン

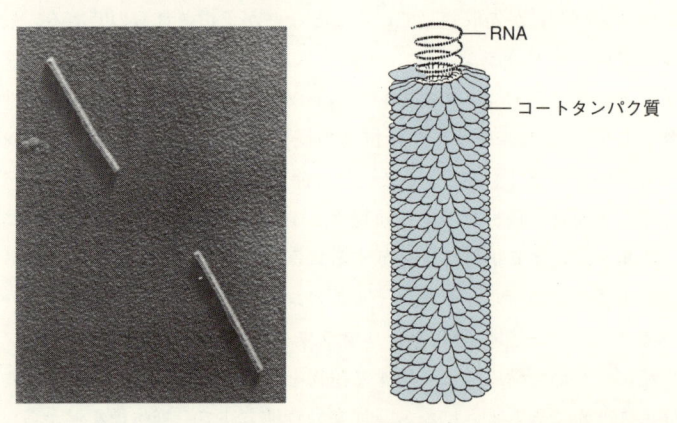

図1　タバコモザイクウイルス．左は電子顕微鏡写真．右はその構造の模式図．

3・2 耐病性・耐虫性因子の生産による抵抗性の付与

パク質の合成量・時期の情報などが出そろった時点で，ウイルス感染にともなう研究，解析は非常に原始的なプロテオーム解析へとたどる流れを，何年もまえから経験してきた領域ともいえる．この20年ほどのウイルス研究の歴史は，分子生物学での技術の進歩とちょうど並行して進んできた．今ではウイルスの遺伝子の扱いは学生実習でも充分に行える．現在そうした知識・技術のうえに，ウイルスがどのように病気を植物に起こすのか，植物はウイルスとどう付きあっているのかについて多くの研究がなされている．植物は種々の環境の変化に対抗して生きており，ウイルスなどの病原体の侵略は環境からの刺激の一つであるという認識がなされている．

ウイルスはやっかいな存在である．1種類のウイルスを扱っていても，ある頻度で突然変異を獲得したものが集団のなかに出現する．育種の場で，せっかくウイルス抵抗性の形質を作物に導入しても，簡単にその抵抗性を破るものが登場する．変異したものがたとえ最初少数でもウイルスは大量に増殖するので，被害は迅速に広がる．ただこの身代わりの速さは，研究者にとっては面白い．植物と病原体であるウイルスの共進化が，われわれヒトが研究する年単位でも，追うことができるからである．ウイルスの遺伝子の変化は速く，全ゲノムも小さいので変化を読みとるのも容易である．

パパイアの栽培が盛んなハワイではこうした方策がパパイアリングスポットウイルス（PRSV）による被害を減らすために真剣に行われている．このウイルスは先に紹介したトバモウイルスとは異なり，ポティウイルス（Potyvirus，➡用語解説）という分類に属し，パパイアに感染すると，果実に輪点（リングスポット）とよばれる病斑を起こし商品価値を失わせる．しかも葉の色が落ちて生育が抑えられ，果実の肥大も抑えられ味もおちてしまう．従来は弱毒ウイルスを開発し，その前処理による干渉作用によって被害を抑えること（3・3・2節参照），野生種で見いだされた抵抗性種の形質を導入することなどが試されていたが，その努力は報われなかった．そこで米国農務省，コーネル大学，ハワイ大学の共同研究グループはPRSVのCP遺伝子をパーティクルガン法（2・3・5節参照）で導入し，その遺伝子を発現させて抵抗性を付与することを試みた[15]（図3・7）．1992年以来こうして得られた55-1系統パパイアについて，従来からのパパイアと比較しながら，ウイルス抵抗性に関する実験が野外で行われた．PRSVを人工的に接種しても，アブラムシによって感染させても抵抗性を安定に示すことが実証された．

これまでに述べた病原体由来抵抗性のアプローチで指摘されている問題点と，それに対する実際の55-1系統パパイアに対する実験的評価を以下に紹介する．

図 3・7　**PRSV に対する抵抗性の評価.** 左がトランスジェニック植物. 右が従来のパパイヤ. 双方とも同じハワイの PRSV が接種されている. トランスジェニック植物では発病が抑えられていることに注目. 参考文献 18 より転載.

i) このような植物が野外，圃場に出た場合に，組換え植物が発現する mRNA と従来のウイルスとが遺伝子上の組換え，交換を起こし，新たなウイルス（病原性をもったウイルス）が出現する危険性が A. E. Greene と R. F. Allison によってククモウイルス（Cucumovirus，➡用語解説）のケースで 1994 年に報告された[16]（図 3・8）．トバモウイルスの場合でも 2000 年に報告されている[17]．
　➡育成されるハワイでは PRSV 以外にはパパイアのウイルスが知られておらず，ウイルス同士の遺伝子交換が起きても野生型ウイルスのものしか現れず，実質上問題ないと判断された．
ii) 植物体に複数のウイルスが感染した際に，それぞれが単独に感染したときより激しい病徴が出るシナジー（synergy）とよぶ現象が知られている．組換え植物に別のウイルスが感染した際にシナジーと同様の現象が起こることが懸念された．
　➡PRSV が属するポティウイルスという一族は他のウイルスと混合感染すると病徴が激しくなることが知られている．その原因はここで発現させている CP 以外の遺伝子産物の機能によるので問題ないと判断される．
iii) 組換え植物が近くの近縁種と交雑することで雑草化することが懸念される．

3・2 耐病性・耐虫性因子の生産による抵抗性の付与   71

⟶ パパイア属と近縁の種は野生化しておらず，組換えパパイアのウイルス抵抗性の形質が近縁野生種に伝搬することは考えにくい．

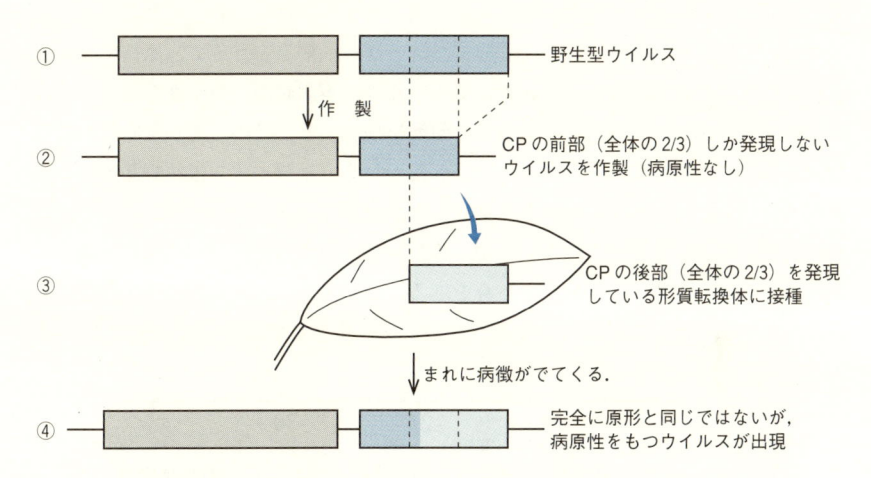

① ─── 野生型ウイルス

↓作 製

② CP の前部（全体の 2/3）しか発現しないウイルスを作製（病原性なし）

③ CP の後部（全体の 2/3）を発現している形質転換体に接種

↓まれに病徴がでてくる．

④ 完全に原形と同じではないが，病原性をもつウイルスが出現

図 3・8 Greene らの CCMV（cowpea chlorotic mottle virsus）を用いて得られた実験結果の概略．① は野生型 CCMV の遺伝子の構造．それをもとに ② のように CP 遺伝子の後部 1/3 を欠落させたウイルスが作製された．CP 遺伝子後部 2/3 の部分を発現する形質転換体 ③ に ② のウイルスを感染させると，まれに ② のウイルス RNA と形質転換体が発現する mRNA との間で組換えを起こして生じたと思われる病原性をもったウイルス ④ が現れた．

3・2・2 抗菌タンパク質，解毒酵素遺伝子の導入

　植物由来の抗菌性をもつデフェンシン，マガイニン，プロテグリン，タキプレシン，ホルドチオニン，チオニンといった種々のペプチドを植物自ら合成することが知られている[19),20)]．こうしたペプチドを発現するトランスジェニック植物が作製されたが，いずれも防御できる相手の病原体の種類が狭いという難点があった[21),22)]．
　昆虫は脊椎動物とは異なった，病原体から身を守る系をもっている．免疫グロブリンなどはもち合わせていない代わりに，独自の殺菌作用をもつ殺菌タンパク質を合成することが知られている．ニクバエがもっているサルコトキシン IA[23)]，カイコがもっているセクロピン B[24)]といったペプチド遺伝子を転写効率の高いプロモーター下流につないで導入したトランスジェニック植物が，タバコ野火病菌（*Pseudomonas syringae* pv. *tabaci*）によるタバコ野火病，軟腐病菌（*Erwinia carotovora* subsp. *carotovora*）による軟腐病[23)]，イネ白葉枯病菌（*Xanthomonas*

oryzae pv. *oryzae*) によるイネ白葉枯病に対する抵抗性[24] を示したことが報告されている．こうして種々の生物がもつ抗菌性ペプチドの探索，そしてその遺伝子の導入による応用研究が生まれた．これらの抗菌性ペプチドはいずれもわりに短いアミノ酸配列であるが，αヘリックス構造またはβシート構造をとって，原核生物の細胞膜に特異的に入り込んでイオンチャネルとなり，本来細胞の恒常性を維持するために厳密に調節されているイオン濃度の勾配を崩壊する．そのことが細胞膜の機能を阻止して，細菌を死に至らせる．こうしたペプチドは**陽イオン性抗菌性ペプチド**（cationic antimicrobial peptide，CAP）とよばれている（図3・9）．これまでは生物農薬の可能性が模索されていたが，作物自体がこうしたタンパク質を発現するようにすれば，細菌による病気から身を守ることが可能になるであろう．最近，複数のペプチドの配列を前後につなぎ，さらに試行錯誤して配列を改変した34のア

```
                      10        20        30        40
    cecropin   NKNAEGEDKWK---KIX                              14
    melittin   ----------------GIGAILKVLATGLPTLISWIKNKRKQ     26
    CEMA       --------KWKLFKKIGIGAVLKVLTTGLPAL------KLTK     28
    MsrA1      M--ALEHMKWKLFKKIGIGAVLKVLTTGLPAL------KLTK     34
```

図 3・9　**種々の抗細菌性ペプチドのアミノ酸配列の比較**．天然ペプチド（セクロピンとメリチン）の配列をもとに人工ペプチドMsrA1（最下段）が開発された．セクロピンはカイコ，メリチンはハチがつくるペプチド．アミノ酸配列は一文字表記による．CEMAは中間段階で試された人工ペプチド．

ミノ酸配列をもったペプチドMsrA1が開発された[25]（図3・9）．このペプチドを発現するように作製されたトランスジェニックジャガイモはそれまでのトランスジェニック植物と異なり，根腐病菌（*Phytophthora cactorum, Fusarium solani*），軟腐病菌などの複数の病原体による感染に対して抵抗性を示すことが報告されている[25]．今のところ，MsrA1を発現する植物に見かけ上の変化はなく，動物に対しても毒性などは見られない．

　病原菌が宿主生物に接触をした場合に，植物に害を与えるある種の毒素を合成する場合がある．毒素を合成できなくなった病原菌は病原性を失うので，この毒素の合成能力を抑えるか，もしくはその毒素の毒性を抑えることができれば，病気から植物を守ることができるだろう．*Xanthomonas albilineans* という細菌はサトウキビに感染すると，道管に侵入しアルビシジンという毒素を合成して病気を起こす（図3・10）．この毒素は細菌や植物の葉緑体中のDNA複製を阻害する．この細菌がト

ウモロコシに感染するとかなりの潜伏期間を経て,退緑,萎縮,壊死を引き起こす.この毒素を合成できない菌は病原性をもたない.一方で Pantoea dispersa という細菌が合成するある種のエステラーゼ酵素がこのアルビシジンに作用して無毒化することが発見された[26].この酵素の遺伝子 albD をトウモロコシ由来のユビキチン (ubi) プロモーター下流につないで,サトウキビにパーティクルガン法 (2・3・5 節参照) によって導入し,発現してやると,得られたトランスジェニック植物はこの細菌による病気に対して耐性となった[27].野火病菌の解毒酵素遺伝子を導入した野火病抵抗性組換えタバコも同様の原理で作製されている.

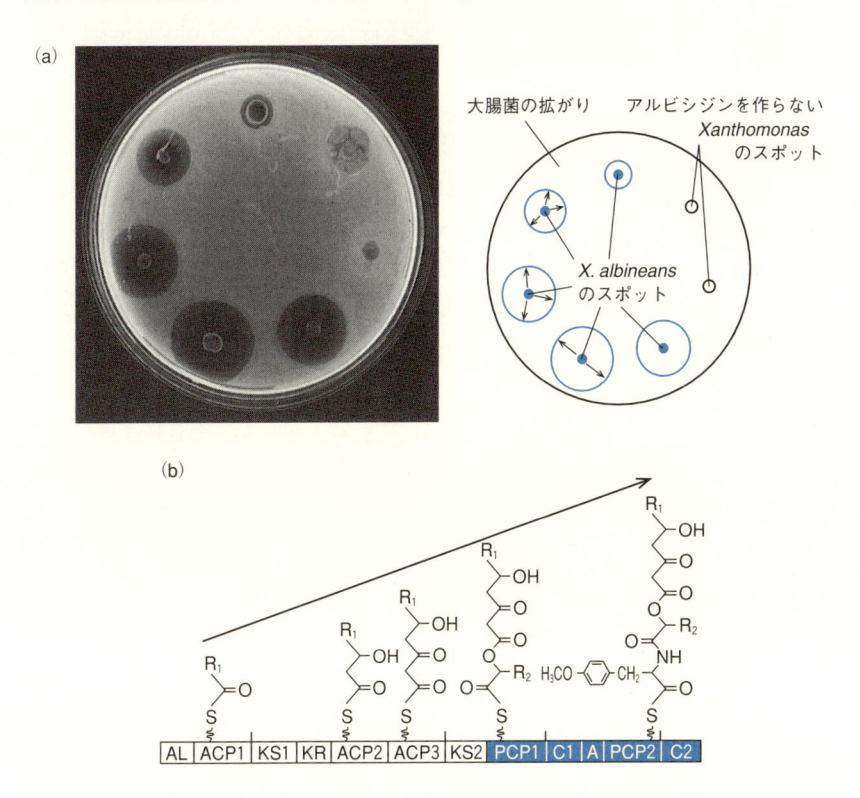

図 3・10 アルビシジン.(a) 大腸菌に対する効果.Xanthomonas albineans をスポットした部分には大腸菌が拡がらない.右 2 箇所にはアルビシジンを産出しない Xanthomonas をスポットしてある.そこには大腸菌が拡がっている.(b) アルビシジンが合成されるまでの反応と酵素のドメイン構造(最下部の四角内に示した記号で示す).4801 アミノ酸からなる XabB という巨大なタンパク質上で順に流れ作業のように前駆体から最終産物へと反応が進むと考えられている.参考文献 28 より転載.

種々の病原微生物によって N-アシルホモセリンラクトン（AHL）という一群の物質（下に一例を示した．アシル基部分が微生物によって異なる．この場合は N-(3-オキソデカノイル)-ホモセリンラクトン）が合成されることが知られている．

ホモセリンラクトン　　アシル基 (R) 部分

そして，この AHL の蓄積によって，微生物自身が周囲の環境にどれだけ集まっているか，増殖しているかを知り，AHL がある濃度に達すると集団で宿主を攻撃し始めるのに必要な種々の遺伝子の合成を誘導することが明らかとなった．病原微生物も孤軍奮闘したのでは，宿主の防御反応の餌食となるだけである．このことはある数の病原微生物が集まったところで，宿主へ攻撃を始めるという合目的適応の一例といってよい．R. G. Fray らは AHL を合成する酵素遺伝子 *yenI* を *Yersinia enterocolitica* から単離し，葉緑体に導入して発現させ，この AHL を合成するようになったタバコを作製した[29]．こうした植物は侵入してきた微生物をある意味でだまして，時期尚早の段階で病原性を発揮させ，その結果植物自身の抵抗性反応を優位に働かせ微生物の攻撃を防ぐことができるであろうと期待される．

3・2・3　殺虫タンパク質遺伝子の導入

米国のトウモロコシに最大の被害を与える害虫としてヨーロッパから北米大陸に侵入したヨーロッパアワノメイガ（*Ostrinia nubilalis* (Hubner)；European corn borer）が知られている．イネ科作物の葉に産み付けられた卵から孵化した幼虫は多数で葉を食して成長し，殺虫剤も作用しにくい茎，雌穂の内部に侵入するために，被害を拡げる．そのため茎が倒れやすくなり，傷口から病原体の侵入が進むことでさらに収穫がおちる．

米国では 1950 年代中ごろからの化学合成農薬に対する反省から，生物学的防除という考え方が現れた．そのなかで，バシラス・チュリンジェンシス（*Bacillus thuringiensis*；Bt）という細菌が胞子体をつくる際に昆虫に毒性を示す Cry タンパク質というタンパク質（または Bt タンパク質）を結晶状に産出する（図 3・11a）ことが注目された．いずれの Cry タンパク質も昆虫の腸内に入り，プロテアーゼ（タンパク質分解酵素）によって一部のペプチド配列が切断されて成熟型となる．すると上皮細胞に存在する受容体タンパク質の助けを借りて，Cry タンパク質がオ

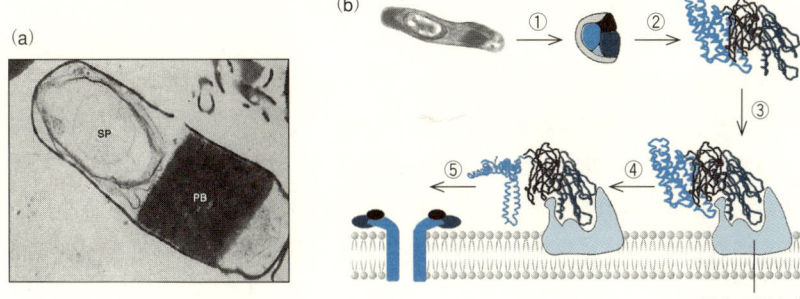

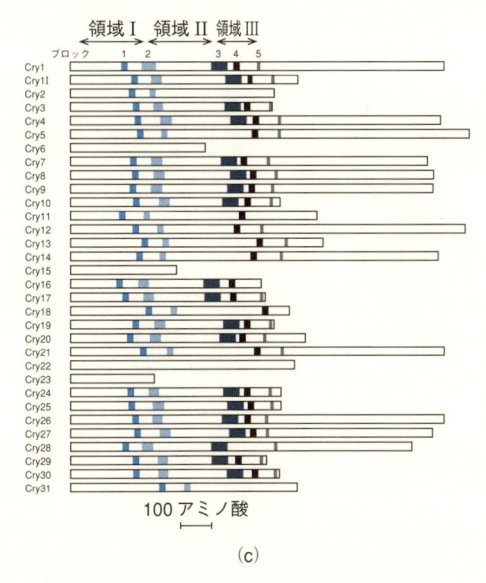

図 3・11 **Cry タンパク質**. (a) 胞子体を作っているバシラス・チュリンジェンシスの電子顕微鏡写真. Cry タンパク質が結晶を作っている (PB) 様子が見える. SP：胞子の部分. (b) Cry タンパク質の作用. ①昆虫体内に入ると腸内に結晶が溶け出す. ②プロテアーゼの作用でプロセッシングを受けて分子の形が変わる. ③活性化されたタンパク質は上皮細胞にある受容体と結合する. ④分子の形が変化し, ⑤オリゴマー構造を形成して細胞膜に"穴"を形成すると考えられている. (c) Cry タンパク質の一次構造. 番号によって分子種が異なることを示す. ここに描かれた一つの分子種にもさらに細かい違いをもつものか見いだされており, そうしたものの区別には番号のつぎにアルファベット（大文字, さらにつぎの段階で小文字）を添えて別の名を与える例. 本文中の Cry1Ab と Cry1Ac, Cry2A など, 各分子間で保存性の性の高い部分には同じ色を付けて示してある. 機能との関連で領域 I, II, III の名付けられた配列部分をもつ. 参考文献 30 より転載.

リゴマーを形成し細胞膜に穴をあけてしまい，昆虫を殺してしまう（図3・11b）．2001年1月までに，バシラス・チュリンジェンシスから89種類もの異なるBtタンパク質が報告されている（図3・11c）．現在，Btタンパク質は製剤のかたちで安全な農薬として農作物に散布することなども認可されている．このタンパク質が毒性を示す相手となる昆虫は非常に限られていること，紫外線などで短時間に不活性化されやすいことは利点である．ただBtタンパク質を農作物に散布するのでは，時期の選択の難しさ，散布のむらによる生き残りの出現などの問題が残る．そこで遺伝子操作の技術で，生まれながらにしてそのタンパク質を産出するようにしたいくつかの組換え作物が作製され，昆虫耐性となったことが報告された[28]．

ワタ，ジャガイモでは害虫としてオオタバコガ（*Heliothis virescens*（F.））， コロラドハムシが想定され，これらの虫に毒性を示すBtタンパク質であるCry1 Acが導入され抵抗性を示すものが育成されている．

1種類のCryタンパク質の使用ではそれに対する耐性を獲得した害虫の出現を誘発する危険性がある．また，Cry1AbとCry1Ac両タンパク質のアミノ酸配列間で90%以上の相同性が見られることから，同時に複数のCryタンパク質に対する耐性を獲得する危険性もある．多くはCry1Aタンパク質などについて遺伝子が大きいために成熟型の遺伝子配列が導入されているが，活性に必要なプロセッシングが起こらないために効果が弱められている可能性がある．Cry 1Aタンパク質と相同性が低く，やはり鱗翅目（Lepidoptera）の昆虫に対して効果をもつCry 2Aタンパク質（図3・11c）が現在注目されている．前駆体タンパク質としても65 kDaの大きさしかないので，前駆体のかたちで発現させることができる．昆虫の組織に入り込む段階で選択性が生じるために特異性の高い効果が期待できる．Btタンパク質は小腸の膜上に存在するアミノペプチダーゼまたはカドヘリンタンパク質（→用語解説）と結合することが知られていた．Btタンパク質耐性を劣性変異としてもつオオタバコガから，DNAマーカーを駆使したかたちで，耐性の原因遺伝子がマッピングされた[31]．その遺伝子は，HevCaLPと名付けられたカドヘリン様タンパク質をコードしていた．耐性となったガがもっていたHevCaLPの遺伝子を調べると，レトロポゾン様の配列がC末側に近い領域に挿入しており，その結果HevCaLPのアミノ酸配列が途中から変化してしまい，Btタンパク質と結合しなくなり，その作用を受けなくなることが推測された．今後，こうした機構が明らかとなったうえで，耐性が出にくい使用方法が確立されることによって，より長くBtタンパク質の使用が可能になることが期待される．

3・2 耐病性・耐虫性因子の生産による抵抗性の付与

1999年コーネル大学のグループが *Nature* 誌に発表した短い報告がこうした作物に対する拒否感を生みだすことになる[32]．Btトウモロコシの花粉が付いたトウワタを食べたオオカバマダラ（北米の移動チョウ）への影響が報告されたのである．これは特定の"害虫"に対してのみの効果への疑念をあおることになった．ただ，この実験は自然界ではトウモロコシの花粉が飛散する時期にはオオカバマダラの幼虫は存在しないことなどの，批判が後に続いていることを知る必要はあるだろう[33),34]．米国の人々に非常に親近感をもたれているオオカバマダラを取上げたところも事を大きくした原因と思われる．

3・2・4 ヒトのウイルス抵抗性遺伝子の導入

ウイルスは多くの場面で宿主生物の営みを利用している．ウイルスの増殖だけを抑えウイルス感染から植物を守るためにはウイルス増殖に特異な過程があれば，それを標的としたい．植物ウイルスの多くはRNAウイルスであり，少量ではあるが

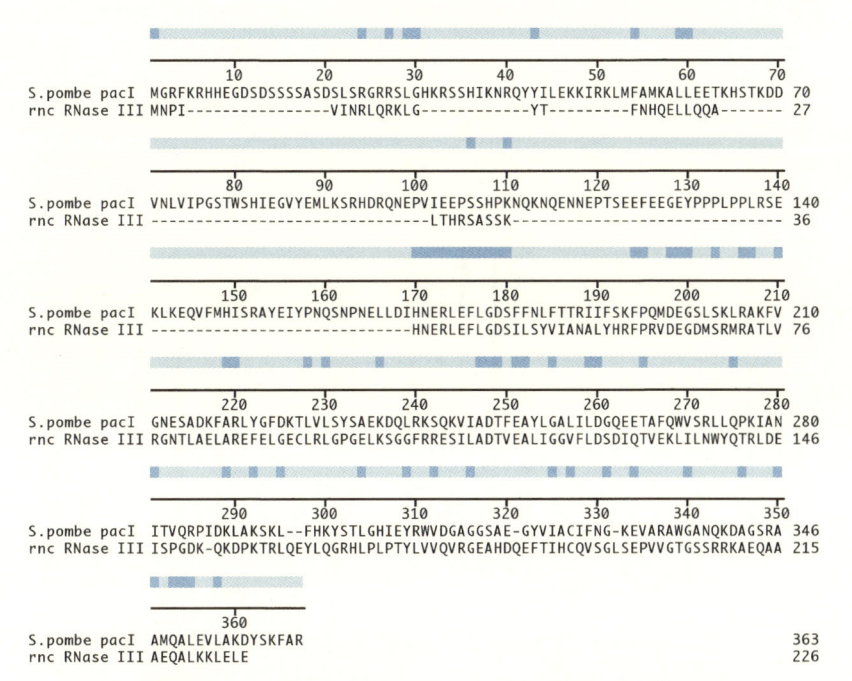

```
                      10        20        30        40        50        60        70
S.pombe pacI   MGRFKRHHEGDSDSSSSASDSLSRGRRSLGHKRSSHIKNRQYYILEKKIRKLMFAMKALLEETKHSTKDD  70
rnc RNase III  MNPI---------------VINRLQRKLG------------YT---------FNHQELLQQA-------  27

                      80        90       100       110       120       130       140
S.pombe pacI   VNLVIPGSTWSHIEGVYEMLKSRHDRQNEPVIEEPSSHPKNQKNQENNEPTSEEFEEGEYPPPLPPLRSE 140
rnc RNase III  -------------------------------LTHRSASSK----------------------------  36

                     150       160       170       180       190       200       210
S.pombe pacI   KLKEQVFMHISRAYEIYPNQSNPNELLDIHNERLEFLGDSFFNLFTTRIIFSKFPQMDEGSLSKLRAKFV 210
rnc RNase III  ------------------------HNERLEFLGDSILSYVIANALYHRFPRVDEGDMSRMRATLV     76

                     220       230       240       250       260       270       280
S.pombe pacI   GNESADKFARLYGFDKTLVLSYSAEKDQLRKSQKVIADTFEAYLGALILDGQEETAFQWVSRLLQPKIAN 280
rnc RNase III  RGNTLAELAREFELGECLRLGPGELKSGGFRRESILADTVEALIGGVFLDSDIQTVEKLILNWYQTRLDE 146

                     290       300       310       320       330       340       350
S.pombe pacI   ITVQRPIDKLAKSKL--FHKYSTLGHIEYRWVDGAGGSAE-GYVIACIFNG-KEVARAWGANQKDAGSRA 346
rnc RNase III  ISPGDK-QKDPKTRLQEYLQGRHLPLPTYLVVQVRGEAHDQEFTIHCQVSGLSEPVVGTGSSRRKAEQAA 215

                     360
S.pombe pacI   AMQALEVLAKDYSKFAR                                                    363
rnc RNase III  AEQALKKLELE                                                          226
```

図 3・12 分裂酵母 *S. pombe* で見いだされた pacI 遺伝子産物と大腸菌リボヌクレアーゼ III との相同性．アミノ酸は一文字表記．

複製の中間体として二本鎖 RNA（➡用語解説）を合成する．この二本鎖 RNA の存在はウイルスには必要であるが通常の植物の営みには不要である．二本鎖 RNA だけを特異的に分解することができれば，ウイルスの増殖を特異的に抑えて，病気を抑えることができるのではないだろうか．

分裂酵母（*Schizosaccharomyces pombe*）の *pacI* とよばれる遺伝子配列から予想されるアミノ酸配列が大腸菌の RNase III と相同性を示すことから（図 3・12），pacI タンパク質が二本鎖の RNA を分解することが期待された[35]．RNase III は RNA 配列のなかでも高次構造を多くとる部分を認識し，大腸菌のなかのリボソーム RNA，または tRNA のプロセッシングに関与する．分裂酵母の中で天然の基質分子は不明であるが，精製された組換え pacI タンパク質は，実際に人工基質として加えた二本鎖の RNA を切断する活性を示した[35]．35S プロモーター下流につながれた *pacI* 遺伝子を導入したトランスジェニックタバコが作出された[36]．

遺伝子産物の発現量が多いトランスジェニックタバコが選抜された．こうしたタバコを用いて接種実験による検定を行うと，遺伝子を導入していない非トランスジェニックタバコと比べて，タバコモザイクウイルス（TMV），キュウリモザイクウイルス（CMV），ジャガイモ Y ウイルス（PVY）の感染に対して病徴が現れないまたは，その発病が遅くなることが認められた[36]（図 3・13）．裸の RNA のみで病原体となっているウイロイドの感染に対する効果はどうであろうか．この遺伝子を

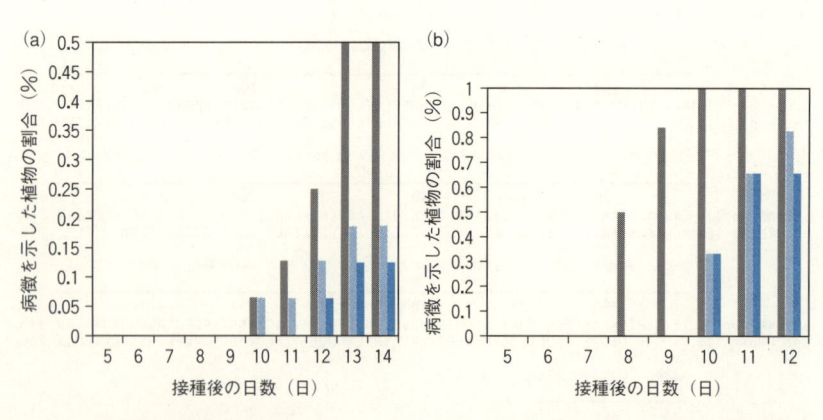

図 3・13 *pacI* を発現させたタバコに CMV（a）および PVY（b）を接種した際の病徴を示した植物体の推移．■ コントロール（非トランスジェニック），■ T8，■ H8．T8，H8 植物が *pacI* 遺伝子を発現しているトランスジェニック植物．病徴が現れるのが遅くなっているのがわかる．

導入したトランスジェニックジャガイモを用いた実験で，ジャガイモやせ芋病ウイロイド（potato spindle tuber viroid, PSTV）による病徴発現が抑えられることが示された[37]．このことから RNA を遺伝子としてもつ植物ウイルス全般に対する一般的な効果が期待される．

　動物細胞内でウイルスに感染した際にその抑制因子としてインターフェロンなどのタンパク質が合成されることが知られている．動物の RNA ウイルスでも宿主動物細胞内に感染すると複製過程で複製中間体の二本鎖の RNA が合成される．そして動物細胞では二本鎖 RNA が引き金となってインターフェロンが合成されるのである．そのつぎに，2,5′-オリゴアデニル酸シンターゼ（2-5A シンターゼ）という遺伝子が発現し，2-5 オリゴアデニル酸（2-5A）という変則的なヌクレオチドが合成される．これが感染シグナルとなり，リボヌクレアーゼ L（RNase L）という酵素を活性化する[38]．活性化した RNase L は感染ウイルスの遺伝子 RNA を標的として分解するようになり，ウイルス感染から細胞を守る[38]（図 3・14）．

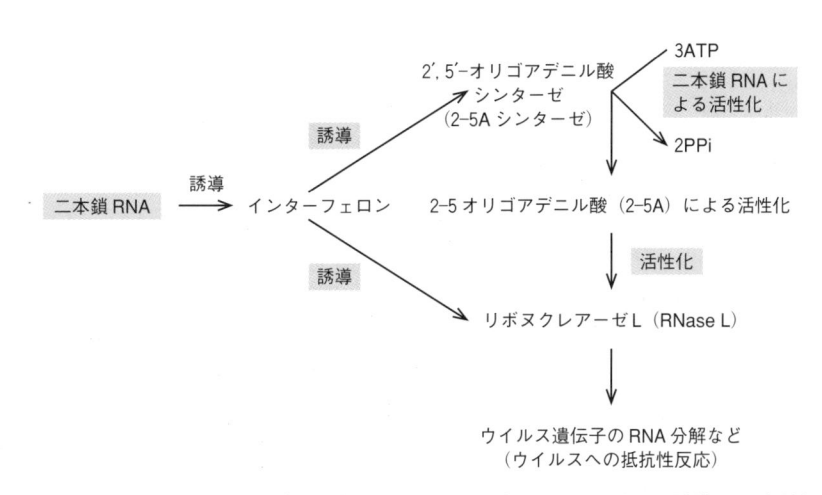

図 3・14　**2′,5′-オリゴアデニル酸シンターゼとリボヌクレアーゼ L の誘導および活性化の経路．**（ヒトなどで知られている．）

　ヒトから単離された RNase L および 2-5A シンターゼの遺伝子を導入したトランスジェニックタバコが作出され，植物ウイルス感染に対する反応が検討された[39]．まず，RNase L，または 2-5A シンターゼの遺伝子それぞれを単独で導入したトランスジェニックタバコは，TMV, CMV, PVY などの感染に対する反応性は特に非

トランスジェニックタバコと差異はなかった．ところが，二つのトランスジェニックタバコ同士を交配して両遺伝子をもつようになったタバコでは，新奇な現象が見いだされた．これまでどのようなタバコにも過敏感反応（3・3・1節参照）を引き起こすことが知られていなかった CMV, PVY の感染に対して過敏感反応を引き起こすようになったのである[39]（図3・15参照）．この事実は植物ウイルス感染予防のために非常に有効な手段となり得ることを示している．CMV に対しては接種葉で壊死斑ができ，その拡大は5日のうちに止まり，ウイルスが見事に封じ込まれた．PVY の感染の場合には，壊死の出現が誘導されたが，その拡大は止まらなかった．結局全身に壊死が広がり，接種後12日目には個体が枯死してしまった．おそらく，ウイルスが壊死によって封じ込められるより速くその外に広がってしまう結果，反応が後手に回った結果であろう．圃場でたまたまウイルスに感染した個体が現れた際に，自発的にその個体が死んでしまうことで周囲の他の作物への被害が未然に防ぐことができれば，利用価値があるのではないだろうか．別のグループによる，ほぼ同様のトランスジェニックタバコでも，タバコエッチウイルス（TEV），TMV，アルファルファモザイクウイルス（AlMV）に対して同様の抵抗性が確認されている[40),41)]．

さてこうした結果は実験を行って初めて明らかとなった現象で，動物界にしか存在しない遺伝子を植物に導入して新奇に得られた結果としてとらえることができる．しかし，最近明らかとなったシロイヌナズナの全ゲノム配列の情報[42)] をひもとくと，ヒト由来の RNase L のインヒビターとアミノ酸配列が 75％ 一致している At4g19210 と名付けられたコンピュータが予測した遺伝子が4番染色体上に見いだされた．この事実は RNase L のようなタンパク質が関与する防御反応が植物にも存在する可能性を示している．ここで紹介した抵抗性発揮の機構は不明な点が多いが，植物内に存在していた何らかの防御反応を利用したのかもしれない．

3・3　植物自身がもつ能力の利用
3・3・1　抵抗性遺伝子の移植による耐病性育種

従来の育種の世界で乗越えられなかった種の壁を破って，最近では単離された抵抗性遺伝子を作物に直接導入する試みがなされている．以下に紹介しよう．

宿主植物内で病原体がある遺伝子（非病原性遺伝子または Avr（avirulent, 非病原性の略）遺伝子）の産物を発現すると，自らの侵入を感知させてしまって宿主の防御反応を引き起こす場合がある．タバコモザイクウイルス（TMV）が N と名付

けられた抵抗性遺伝子をもち合わせたタバコに感染すると，その周囲の植物細胞が侵略を感知して，**過敏感反応**（hypersensitive reaction；HR）という現象を起こす（図3・15）．この壊死斑は植物側の防衛反応の結果生じたもので，全身感染から身を守っている．最初の感染細胞とその周囲の細胞は他の細胞，組織のために身を挺して犠牲的に死んでしまう．結果的にウイルスは壊死斑の中に封じ込められ，他の組織への移行が阻害され，植物全体が病気を免れる．種々の病原体に対する抵抗性遺伝子を総称して **R 遺伝子**（resistancegene）と略される．植物がある病原体，昆虫，線虫などの侵略を受けた際に，その侵略をくい止める反応を引き起こすことが知られている．広義には**抵抗性**（resistance）とは，結果として外敵の侵略の拡大を抑えることに寄与する形質を総称する．ただ，最近では特定の病原体の侵入を感知して，この図3・15のように過敏感反応を引き起こす場合を抵抗性と呼ぶ感があ

図 3・15　**タバコモザイクウイルスがタバコの葉に誘導した過敏感反応.**

る．そして病原体を認識して，防御反応を誘導する形質を抵抗性，さらにその形質を与える遺伝子を R 遺伝子と称している．最近，多くの抵抗性遺伝子の産物の構造が明らかとなった．そしてお互いに構造上似たいくつかのグループに分けられる

ことがしだいに明らかとなった（図3・16）．

こうした現象にはR遺伝子産物とAvr遺伝子産物間での特異的な相互作用が想定される（コラム参照）．こうした宿主遺伝子と病原体遺伝子との対決関係を**遺伝子対遺伝子説**（gene-for-gene theory）とよぶ．このような遺伝子は植物にとっての監視機構（surveillance system）を担っていると考えられている．

ここで紹介した N 遺伝子が1994年に1144のアミノ酸残基からなるタンパク質をコードする遺伝子として単離された[43a]．この N 遺伝子が導入されたトマトでも，TMV の感染によって過敏感反応が引き起こされた[43b]．ポテトウイルスXに対するジャガイモの抵抗性遺伝子 Rx が1999年に[44]，カブクリンクルウイルス（turnip crinkle virus, TCV）に対するシロイヌナズナの抵抗性遺伝子 HRT も2000年に単離された[45]（図3・17）．こうした遺伝子をもち合わせていない種に導入したトランスジェニック植物では，優性形質として遺伝子が働き，特定の病原体特異的に過敏感反応を引き起こすことが示された．これは交配育種では乗り越えられなかった種の壁を越えた形質導入の成功を意味し，大きなインパクトをもつ．過敏感反応を引き起こせない植物も最初の侵入の感知ができないだけで，以後のシグナル伝達に必要

R遺伝子とAvr遺伝子

　過敏感反応（HR）という現象がどのように起こるか．まず，病原体が植物に感染して非病原性遺伝子とよばれる産物（Avr遺伝子産物）を感染細胞内で発現すると考える．それが植物の抵抗性遺伝子（R遺伝子）産物によって感知されると，下流のシグナル伝達が起きた後に HR が生じると考えられている．この伝達経路は，病原体によって共通の部分，病原体に特異的な部分に分けられると思われるが，その点に関して現在研究が進められているところである．

　"遺伝子対遺伝子説（gene-for-gene theory）"は特定のR遺伝子をもった宿主に特定のAvr遺伝子をもった病原体が侵入した際に限って HR が引き起こされることを表現している．R遺伝子産物のアミノ酸配列には共通に見られるドメインが認められるが，種々の病原体由来のAvr遺伝子産物間では共通に見いだされる特徴は乏しい．多様なAvr遺伝子産物間を見いだすように，ロイシンリッチリピートを中心にどのように遺伝子配列が進化したのか非常に興味深い．いくつかの事例で，一つのR遺伝子が複数の病原体と反応することが報告されたが，そのAvr遺伝子産物間に共通性があれば，こうした分子間の相互作用が起き，結果として抵抗性反応が起こることはおかしくはないであろう．

3・3 植物自身がもつ能力の利用

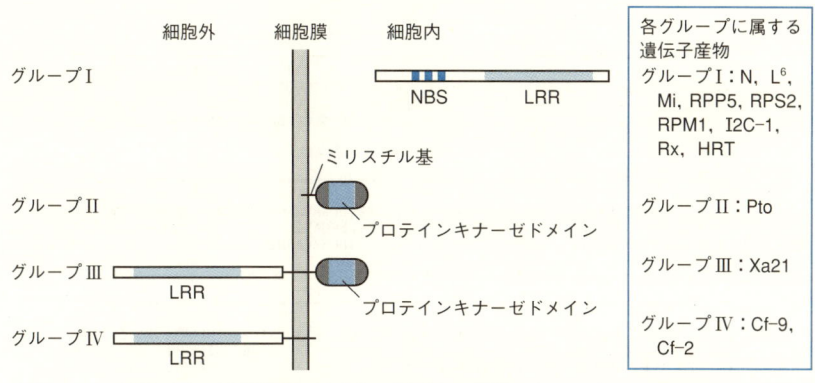

図 3・16 植物がもつ抵抗性遺伝子産物の配列上の特徴. グループⅠ: NBS-LRR, グループⅡ: プロテインキナーゼ, グループⅢ: 細胞外 LRR をもつレセプターキナーゼ, グループⅣ: 細胞外 LRR をもつ膜タンパク質. グループⅠに見られる NBS はヌクレオチド結合部位, LRR はロイシンリッチリピート (ロイシンに富む繰返し) を示す. さまざまなタンパク質-タンパク質相互作用にかかわることが知られているモチーフである. NBS とは種々の ATPase, GTPase などに共通に見られるモチーフである, 具体的なアミノ酸配列の例は図 3・17 を参照. ミリスチル基はタンパク質を膜につなぎとめる修飾基.

な分子種はひとそろいもっていることを示唆している.

　タバコ野火病菌 (*Pseudomonas syringae*) に対する抵抗性遺伝子 RPS2, RPM1, イネ白葉枯病菌 (*Xanthomonas oryzae* pv. *oryzae*) に対する抵抗性遺伝子 Xa21, Xa1, 葉カビ病菌 (*Cladosporium fulvum*) に対する抵抗性遺伝子 Cf9, ベト病菌 (*Peronospora parasitica*) に対する抵抗性遺伝子 RPP8 などがすでに報告されている. このように病原細菌, 病原糸状菌, さらにはアブラムシ, 線虫に対して過敏感反応を引き起こす抵抗性遺伝子が, 時を同じくして単離されてきたが, その産物の多くがヌクレオチド結合部位 (NBS), ロイシンリッチリピート (LRR) とよばれる配列部分をもっていることが明らかとなった (図 3・16 およびコラム参照). この事実は, 少数の祖先遺伝子が重複を繰返し, それぞれが大きく異なる病原体生物の Avr 産物の侵入を感受するように変化してきたことを想像させる.

　病原体は一つの種であってもさらに病原性を獲得したもの, 獲得しなかったものに分かれる. 同じ宿主植物や作物の品種に対して病原性が異なるウイルスを別の株 (strain), 病原菌を別のレース (race) として区別する. Xa21 遺伝子を形質転換したイネは種々のレースのイネ白葉枯病菌の感染に対して抵抗性をもつことが示された[46]. 種々のイネ白葉枯病菌に作用する抗菌スペクトルの幅が大きいこと, 育種

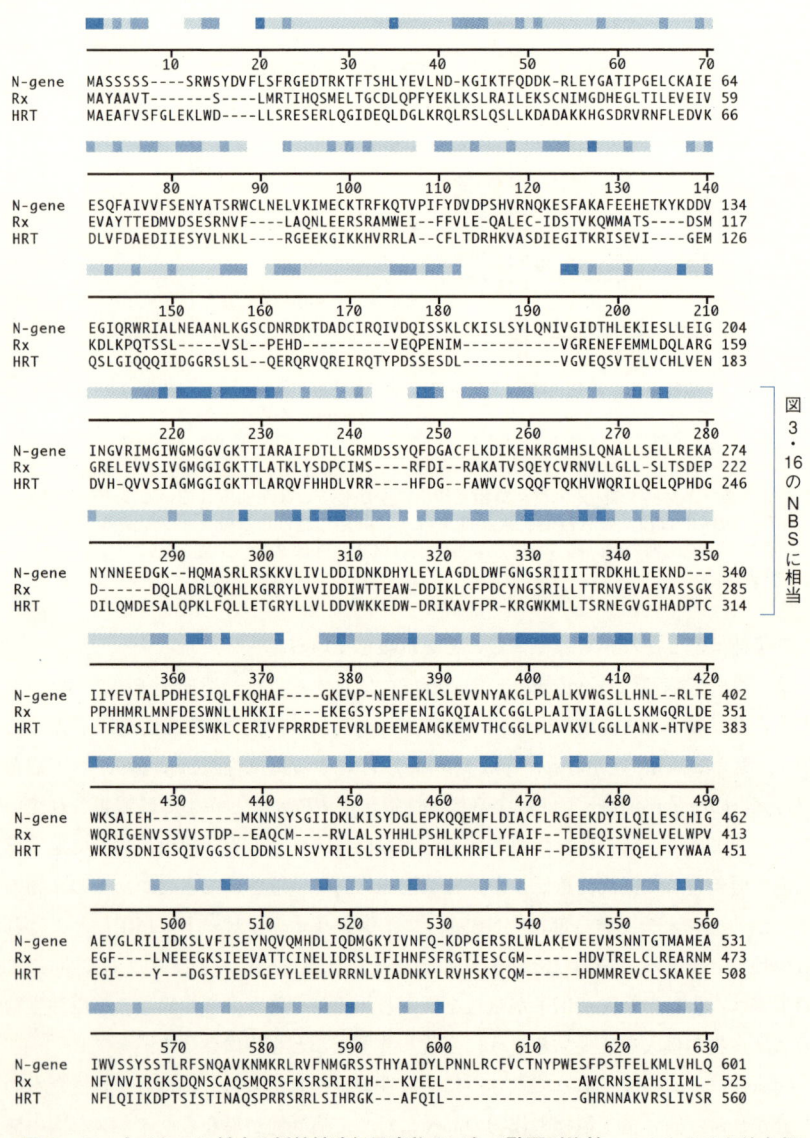

```
                10        20        30        40        50        60        70
N-gene  MASSSSS----SRWSYDVFLSFRGEDTRKTFTSHLYEVLND-KGIKTFQDDK-RLEYGATIPGELCKAIE  64
Rx      MAYAAVT------S----LMRTIHQSMELTGCDLQPFYEKLKSRAILEKSCNIMGDHEGLTILEVEIV  59
HRT     MAEAFVSFGLEKLWD----LLSRESERLQGIDEQLDGLKRQLRSLQSLLKDADAKKHGSDRVRNFLEDVK  66

                80        90       100       110       120       130       140
N-gene  ESQFAIVVFSENYATSRWCLNELVKIMECKTRFKQTVPIFYDVDPSHVRNQKESFAKAFEEHETKYKDDV 134
Rx      EVAYTTEDMVDSESRNVF----LAQNLEERSRAMWEI--FFVLE-QALEC-IDSTVKQWMATS----DSM 117
HRT     DLVFDAEDIIESYVLNKL----RGEEKGIKKHVRRLA--CFLTDRHKVASDIEGITKRISEVI----GEM 126

               150       160       170       180       190       200       210
N-gene  EGIQRWRIALNEAANLKGSCDNRDKTDADCIRQIVDQISSKLCKISLSYLQNIVGIDTHLEKIESLLEIG 204
Rx      KDLKPQTSSL-----VSL--PEHD----------VEQPENIM----------VGRENEFEMMLDQLARG 159
HRT     QSLGIQQQIIDGGRSLSL--QERQRVQREIRQTYPDSSESDL----------VGVEQSVTELVCHLVEN 183

               220       230       240       250       260       270       280
N-gene  INGVRIMGIWGMGGVGKTTIARAIFDTLLGRMDSSYQFDGACFLKDIKENKRGMHSLQNALLSELLREKA 274
Rx      GRELEVVSIVGMGGIGKTTLATKLYSDPCIMS----RFDI--RAKATVSQEYCVRNVLLGLL-SLTSDEP 222
HRT     DVH-QVVSIAGMGGIGKTTLARQVFHHDLVRR----HFDG--FAWVCVSQQFTQKHVWQRILQELQPHDG 246

               290       300       310       320       330       340       350
N-gene  NYNNEEDGK--HQMASRLRSKKVLIVLDDIDNKDHYLEYLAGDLDWFGNGSRIIITTRDKHLIEKND--- 340
Rx      D------DQLADRLQKHLKGRRYLVVIDDIWTTEAW-DDIKLCFPDCYNGSRILLTTRNVEVAEYASSGK 285
HRT     DILQMDESALQPKLFQLLETGRYLLVLDDVWKKEDW-DRIKAVFPR-KRGWKMLLTSRNEGVGIHADPTC 314

               360       370       380       390       400       410       420
N-gene  IIYEVTALPDHESIQLFKQHAF----GKEVP-NENFEKLSLEVVNYAKGLPLALKVWGSLLHNL--RLTE 402
Rx      PPHHMRLMNFDESWNLLHKKIF----EKEGSYSPEFENIGKQIALKCGGLPLAITVIAGLLSKMGQRLDE 351
HRT     LTFRASILNPEESWKLCERIVFPRRDETEVRLDEEMEAMGKEMVTHCGGLPLAVKVLGGLLANK-HTVPE 383

               430       440       450       460       470       480       490
N-gene  WKSAIEH---------MKNNSYSGIIDKLKISYDGLEPKQQEMFLDIACFLRGEEKDYILQILESCHIG 462
Rx      WQRIGENVSSVVSTDP--EAQCM----RVLALSYHHLPSHLKPCFLYFAIF--TEDEQISVNELVELWPV 413
HRT     WKRVSDNIGSQIVGGSCLDDNSLNSVYRILSLSYEDLPTHLKHRFLFLAHF--PEDSKITTQELFYYWAA 451

               500       510       520       530       540       550       560
N-gene  AEYGLRILIDKSLVFISEYNQVQMHDLIQDMGKYIVNFQ-KDPGERSRLWLAKEVEEVMSNNTGTMAMEA 531
Rx      EGF----LNEEEGKSIEEVATTCINELIDRSLIFIHNFSFRGTIESCGM------HDVTRELCLREARNM 473
HRT     EGI----Y---DGSTIEDSGEYYLEELVRRNLVIADNKYLRVHSKYCQM------HDMMREVCLSKAKEE 508

               570       580       590       600       610       620       630
N-gene  IWVSSYSSTLRFSNQAVKNMKRLRVFNMGRSSTHYAIDYLPNNLRCFVCTNYPWESFPSTFELKMLVHLQ 601
Rx      NFVNVIRGKSDQNSCAQSMQRSFKSRSRIRIH---KVEEL---------------AWCRNSEAHSIIML- 525
HRT     NFLQIIKDPTSISTINAQSPRRSRRLSIHRGK---AFQIL--------------GHRNNAKVRSLIVSR 560
```

図 3・17 ウイルスに対する抵抗性遺伝子産物のアミノ酸配列比較. ヌクレオチド結合部位 (NBS), ロイシンリッチリピート (LRR) を図示してある.

3・3 植物自身がもつ能力の利用　　　　　　　　　　　　　　　85

工学的利用のうえでの有用性が確認された.

　R 遺伝子のなかでは例外的にタバコ野火病菌に対する抵抗性遺伝子 *Pto*（図 3・16, グループ II），*Erysiphe cruciferarum* または *E. cichoracearum* によるウドンコ病に対する抵抗性遺伝子 *RPW8* から予想されるアミノ酸配列中には NBS, LRR が見いだされない. 詳細な遺伝子の解析から *RPW* 遺伝子座は二つの遺伝子 *RPW8.1*,

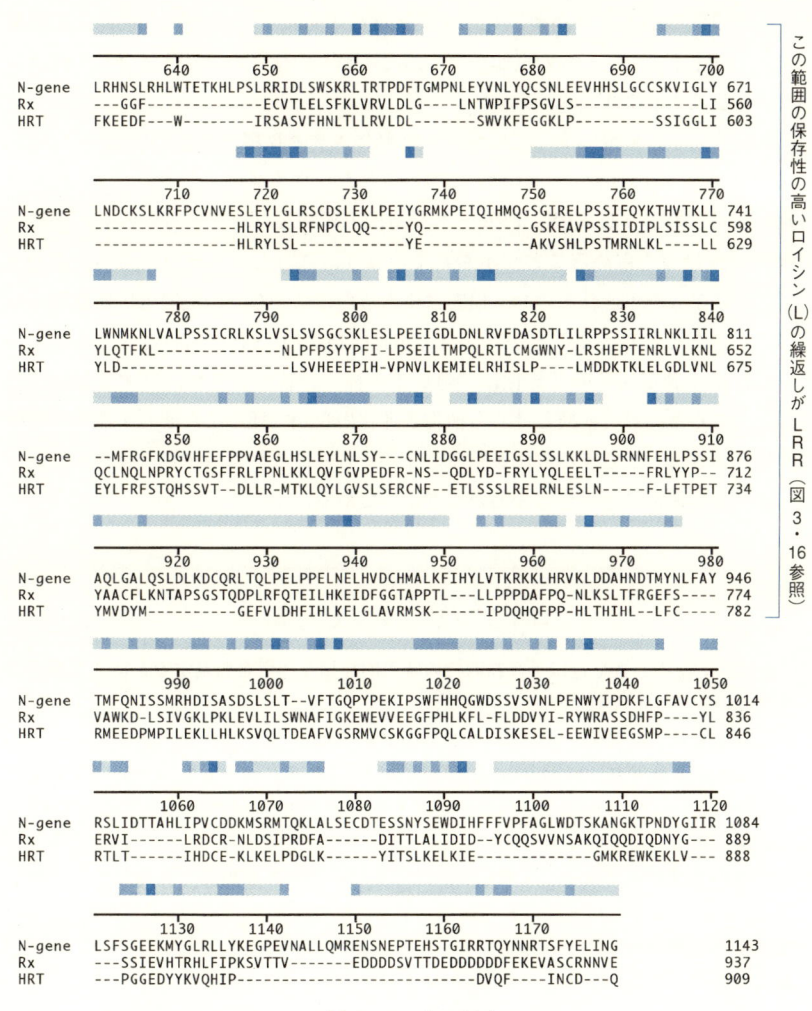

```
              640       650       660       670       680       690       700
N-gene  LRHNSLRHLWTETKHLPSLRRIDLSWSKRLTRTPDFTGMPNLEYVNLYQCSNLEEVHHSLGCCSKVIGLY 671
Rx      ---GGF-------------ECVTLELSFKLVRVLDLG----LNTWPIFPSGVLS-------------LI 560
HRT     FKEEDF---W---------IRSASVFHNLTLLRVLDL------SWVKFEGGKLP---------SSIGGLI 603

              710       720       730       740       750       760       770
N-gene  LNDCKSLKRFPCVNVESLEYLGLRSCDSLEKLPEIYGRMKPEIQIHMQGSGIRELPSSIFQYKTHVTKLL 741
Rx      --------------HLRYLSLRFNPCLQQ----YQ-----------GSKEAVPSSIIDIPLSISSLC 598
HRT     --------------HLRYLSL-----------YE----------AKVSHLPSTMRNLKL----LL 629

              780       790       800       810       820       830       840
N-gene  LWNMKNLVALPSSICRLKSLVSLSVSGCSKLESLPEEIGDLDNLRVFDASDTLILRPPSSIIRLNKLIIL 811
Rx      YLQTFKL-----------NLPFPSYYPFI-LPSEILTMPQLRTLCMGWNY-LRSHEPTENRLVLKNL 652
HRT     YLD--------------LSVHEEEPIH-VPNVLKEMIELRHISLP----LMDDKTKLELGDLVNL 675

              850       860       870       880       890       900       910
N-gene  --MFRGFKDGVHFEFPPVAEGLHSLEYLNLSY----CNLIDGGLPEEIGSLSSLKKLDLSRNNFEHLPSSI 876
Rx      QCLNQLNPRYCTGSFFRLFPNLKKLQVFGVPEDFR-NS--QDLYD-FRYLYQLEELT-----FRLYYP-- 712
HRT     EYLFRFSTQHSSVT--DLLR-MTKLQYLGVSLSERCNF--ETLSSSLRELRNLESLN-----F-LFTPET 734

              920       930       940       950       960       970       980
N-gene  AQLGALQSLDLKDCQRLTQLPELPPELNELHVDCHMALKFIHYLVTKRKKLHRVKLDDAHNDTMYNLFAY 946
Rx      YAACFLKNTAPSGSTQDPLRFQTEILHKEIDFGGTAPPTL---LLPPPDAFPQ-NLKSLTFRGEFS---- 774
HRT     YMVDYM---------GEFVLDHFIHLKELGLAVRMSK------IPDQHQFPP-HLTHIHL--LFC---- 782

              990      1000      1010      1020      1030      1040      1050
N-gene  TMFQNISSMRHDISASDSLSLT--VFTGQPYPEKIPSWFHHQGWDSSVSVNLPENWYIPDKFLGFAVCYS 1014
Rx      VAWKD-LSIVGKPLPKLEVLILSWNAFIGKEWEVVEEGFPHLKFL-FLDDVYI-RYWRASSDHFP----YL 836
HRT     RMEEDPMPILEKLLHLKSVQLTDEAFVGSRMVCSKGGFPQLCALDISKESEL-EEWIVEEGSMP----CL 846

              1060      1070      1080      1090      1100      1110      1120
N-gene  RSLIDTTAHLIPVCDDKMSRMTQKLALSECDTESSNYSEWDIHFFFVPFAGLWDTSKANGKTPNDYGIIR 1084
Rx      ERVI------LRDCR-NLDSIPRDFA------DITTLALIDID--YCQQSVVNSAKQIQQDIQDNYG--- 889
HRT     RTLT------IHDCE-KLKELPDGLK------YITSLKELKIE------------GMKREWKEKLV--- 888

              1130      1140      1150      1160      1170
N-gene  LSFSGEEKMYGLRLLYKEGPEVNALLQMRENSNEPTEHSTGIRRTQYNNRTSFYELING           1143
Rx      ---SSIEVHTRHLFIPKSVTTV------EDDDDSVTTDEDDDDDDFEKEVASCRNNVE            937
HRT     ---PGGEDYYKVQHIP------------------DVQF----INCD---Q                    909
```

この範囲の保存性の高いロイシン（L）の繰返しが LRR（図 3・16 参照）

図 3・17（つづき）

RPW8.2 に分かれ，片方だけでも種々のウドンコ病菌（糸状菌）に対して抵抗性を示すことが明らかとなった[47]．両者の遺伝子産物のアミノ酸配列は互いに 45.2 ％の一致度，それぞれ分子量 17 000，20 000 と小さく，塩基性に富む．既知のタンパク質とのホモロジーは見いだされず，作用機作は不明である．しかし，これらの形質をもたないシロイヌナズナに *RPW8.1* または *RPW8.2* を導入したトランスジェニック植物は，*E. cruciferarum* または *E. cichoracearum*，*E. orontii*，*O. lycopersici* といった複数のウドンコ病菌に対して抵抗性を示した[47]．この抵抗性の分子機構も非常に興味深いが，一つの遺伝子でこれだけ多くの種類の病原体に対して抵抗性を示すことは非常に魅力的である．

　R 遺伝子もその種類によっては種々の病原体生物と反応できるのであろう（3・3・4 節も参照されたい）．2000 年末に報告されたシロイヌナズナの全ゲノム配列の情報から，このような NBS，LRR をもつ遺伝子産物をコードするものが，全遺伝子数の 2 ％ ほどを占めることが示されている[48]．こうしたモチーフをもたない R 遺伝子の存在も予想されるので，植物は生きるためにかなりの数の抵抗性遺伝子を獲得してきたととらえることができる．顕花植物が約 25 000 種あることを考えると，植物界の R 遺伝子の多様性は"遺伝子×種"の数で表され，莫大な遺伝子資源に思えてくる．形質転換とはある植物が進化のなかで獲得した能力を他の植物種に移行させることができる方法とみることができる．これは植物界に存在する能力を，広く他の植物に分け与えるという考え方である．

ロイシンリッチリピート

　R 遺伝子産物と Avr 遺伝子産物間での特異的な相互作用を想定すると宿主と病原体の間の特異性を説明できる．

　長年 R 遺伝子の解明が待たれていたが，1994 年にアメリカの B. Baker によって *N* 遺伝子が単離され，1144 のアミノ酸残基からなるタンパク質をコードすることが示された．この *N* 遺伝子一つを，トマトや栽培タバコへ形質導入すると，TMV の感染によって過敏感反応（HR）が，一遺伝子で優性形質として引き起こせることが証明されたのである．*N* 遺伝子以外にも現在では百種類近く R 遺伝子が単離されている．こうした一群の R 遺伝子が単離されてくると，大きな発見があった．検出する相手の病原体が異なっても，それに対する多くの R 遺伝子産物のアミノ酸配列内に，部分的にお互いが非常によく似たアミノ酸配列が見いだされることが

多いのである．抵抗性の結果として共通して起こる HR 現象を考えると，むしろ構造の共通性がある方が自然なのかもしれない．

N 遺伝子産物の配列中にはショウジョウバエの *Toll*，ほ乳類のインターロイキン 1 レセプターの細胞内ドメイン（TIR ドメイン）との相同性をもつ領域，三重のヌクレオチド結合部位（NBS），ロイシン残基に富む繰返し，つまりロイシンリッチリピート（LRR）といった領域が見いだされる．それぞれの機能については解析が進められている．なかでも NBS, LRR は多くの遺伝子に共通に見いだされるものである．遺伝子によって NBS ドメインまたは LRR ドメインどちらが特定の病原体の Avr 遺伝子産物の認識にかかわるかは異なるらしい．TIR ドメインの意義に関しても興味がもたれる．Toll 遺伝子産物はショウジョウバエの細胞表面にでているタンパク質で，発生過程に関与するのみでなく，無脊椎動物にとっての免疫機構の一端を担い，種々の抗菌性のペプチドの合成を誘導する．植物の病原体抵抗性の現象と無脊椎動物の現象との間に共通性があるというのは興味深い．この 3 種のアミノ酸配列の領域をもった R 遺伝子は TIR-NBS-LRR ファミリーとしてよばれるようになり，ほかにアマさび病菌抵抗性遺伝子 *L6*（宿主はアマ），ウドンコ病菌抵抗性遺伝子 *RPP5*, *RPP1*, *RPP2*（宿主はいずれもシロイヌナズナ），細菌 *Pseudomonas syringae* に対する抵抗性遺伝子 *RPS4*（宿主はシロイヌナズナ）といったものが報告されている．

同じ植物種でもこうした R 遺伝子をもち合わせたもの，もち合わせていないものがあり，一つの植物種が分化した後でこうした耐病性を獲得したことが示されている．R 遺伝子は染色体上で類似遺伝子と連続して並んでいることが多い．非相同的な染色体上の組換えで，多重遺伝子群が形成され，進化的選抜のなかで特定の病原体に対する反応性を獲得したものがそのなかで生み出されたことが推測される．脊椎動物での，数百万といわれる多様な抗体分子を生み出す免疫グロブリン遺伝子の再編成のような現象はないが，R 遺伝子群の多様性がどのように生み出されたかは興味深い．

病原体も病原性を発揮するかなり巧みな機構をもっているので，進化上病原性をもったものがまず現れて，その後で病原性を示す種が（適応上有利で）増大したと思われるかもしれない．しかし，実際には線虫，細菌で見られているが，系統樹のうえで離れた複数の種が植物に病原性を示す能力を獲得しているのである．病原性獲得の適応は進化のなかで割りに最近分化している（recent adaptation）のであろう．そのためもあってか，特定の宿主に病原性を発揮するために病原体が用意している遺伝子産物同士でホモロジーが見られないこともある．宿主寄生性を高め，病原性を発揮するための解決策が単一ではないこと，遺伝子上の手段が複数存在することを暗示している．

3・3・2 内在的なウイルス耐性能力の活用

一つの植物に複数のウイルスが感染すると**干渉現象**（interference phenomena）が起こる．たとえばあるウイルスがすでに感染していた一つの植物体に，類似のウイルスがあとから感染した場合，健全な植物への感染より発病が抑えられる[49]．この干渉作用とよばれる現象は農業で応用されている．ある作物に非常に大きな病害を引き起こすウイルスがあったとしよう．その問題となる野生型のウイルスをもとに，種々の処理によって遺伝子に変異を導入して病原性が弱い**弱毒ウイルス**（attenuated virus）を開発する．そしてこの弱毒ウイルスを幼苗などに感染させておく．すると強毒ウイルスの攻撃を受けても，こうした作物での発病は抑えられ，作物の被害が抑えられる（図3・18a）．この干渉作用は遺伝子上類似であるほど顕著に起き，近縁関係のないウイルス間では見られない．こうした植物では，最初の感染の際に全身に広まるシグナルが植物体に現れ，その情報と類似のものが体内に現れた際に攻撃を加える，ないしはその発現が抑えられると推測されている．ウイルスが感染して塩基配列の情報を運ぶものが合成され，ワクチン効果のような干渉現象を引き起こしているようである．

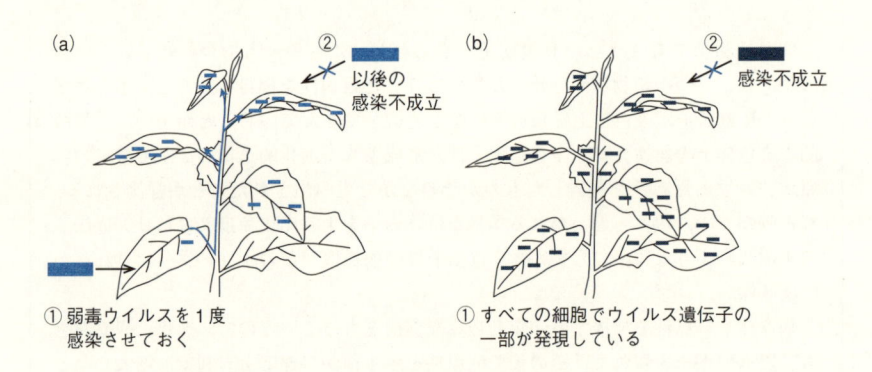

図 3・18 植物が内在的にもつウイルス耐性能力の活用の概略．（a）ウイルスの干渉作用，（b）ウイルス遺伝子の一部を導入した"抵抗性"植物．葉の中に描いた小さな長方形は記憶ないしは免疫のような現象を引き起こすシグナル分子を想定．

植物にカリフラワーモザイクウイルス，ネポウイルス，トブラウイルスなどが感染して病徴がでた後，しばらく日が経つと病徴が弱まることがある[50],[51]．こうした植物では一度見られたウイルスの蓄積が減少し，そのときにはウイルスの遺伝子RNAも分解されていた．このように植物がウイルスの蓄積を抑える現象はウイル

スに対する植物側の抵抗としてとらえることができる．その抵抗性に関与する遺伝子の変異した植物体が単離され，その植物では感染したウイルスの蓄積が増加することが明らかとなっている．今後こうした内在性の抵抗力を高めるのに必要な遺伝子が同定されてくれば，その機能を利用することが考えられる．当初は，3・2・1節で紹介したコートタンパク質の発現による抵抗性（CP‒MR）発揮のためにはウイルス由来のタンパク質を発現する必要があると思われていたが，トマト黄化えそウイルスの核タンパク質（nucleoprotein）遺伝子を組込んだトランスジェニック植物を作製した研究で，別の可能性が考えられるようになった．タンパク質が翻訳されないように読みとり枠などくずした RNA を転写するように構築したトランスジェニック植物でも元のウイルスに対する抵抗性が示されたのである[52]．ある RNA が発現していれば，その類似の配列をもったウイルスに対する抵抗性が生じることになる．このことから RNA 配列を介したウイルス抵抗性といえる（図3・18b）．

　以上のような RNA を介した抵抗性は転写（ウイルス複製も含める）がある想定される閾値以上で起きた際に，同時にまたはあとから合成される mRNA の蓄積（ウイルス RNA も含める）が何らかの機構で抑えられているために生じる[53]．現在ではこうした現象を**転写後遺伝子サイレンシング**（posttranscriptional gene silencing；PTGS）としてまとめられている．たとえば干渉作用は，ウイルスが感染すると全身に広まるシグナルが合成され[54]，ワクチン効果のような現象を醸すと統一的に捉えられる．Pinto たちはアフリカでイネに甚大な被害を与えるイネ黄斑絞病ウイルス（rice yellow mottle virus；RYMV）に対する抵抗性を付与するために3・1・2節で紹介したようなアプローチをとり，レプリカーゼ（複製酵素）遺伝子部分をイネに導入して，発現するようにした[55]．得られたイネは後代にわたって，元のウイルス，アフリカ地域由来の種々の異なる株に対して抵抗性を示した．この機構も転写後遺伝子サイレンシングによるものであるらしい．

3・3・3　植物自身による抵抗性反応の増進による糸状菌への耐性

　糸状菌類の細胞壁を構成する多糖類としてキチン（次ページ参照）やグルコースが β 結合で重合した β‒グルカンがある．そして植物が合成するキチナーゼ，β‒1,3‒グルカナーゼとよばれる酵素が，糸状菌による感染を抑えることが報告されている[56]〜[58]．どちらの酵素も糸状菌の細胞壁の構成要素を加水分解する（図3・19）．クラス I とよばれるグループのグルカナーゼは液胞に存在し，*in vitro* で糸状菌の成長を阻害する[57]．このグルカナーゼはキチナーゼとともに発現して初めて抗糸

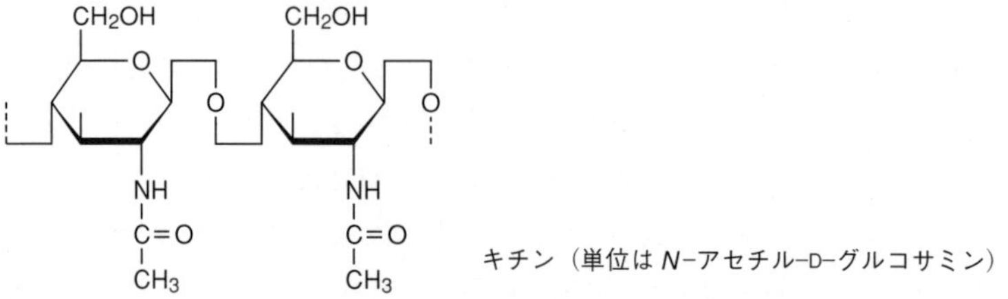

キチン（単位は *N*-アセチル-D-グルコサミン）

状菌作用を示すようである．たとえば，クラスIキチナーゼ遺伝子を発現するトランスジェニックタバコでは苗類立枯病菌（*Rhizoctonia solani*）に対する抵抗性が高まっている[56]．ほかにもイネがもつキチナーゼの遺伝子を再導入したイネがイモチ病抵抗性となったことなどが報告されている．

ところで種々の植物の生体防御反応を植物に誘導する活性をもつ分子をエリシ

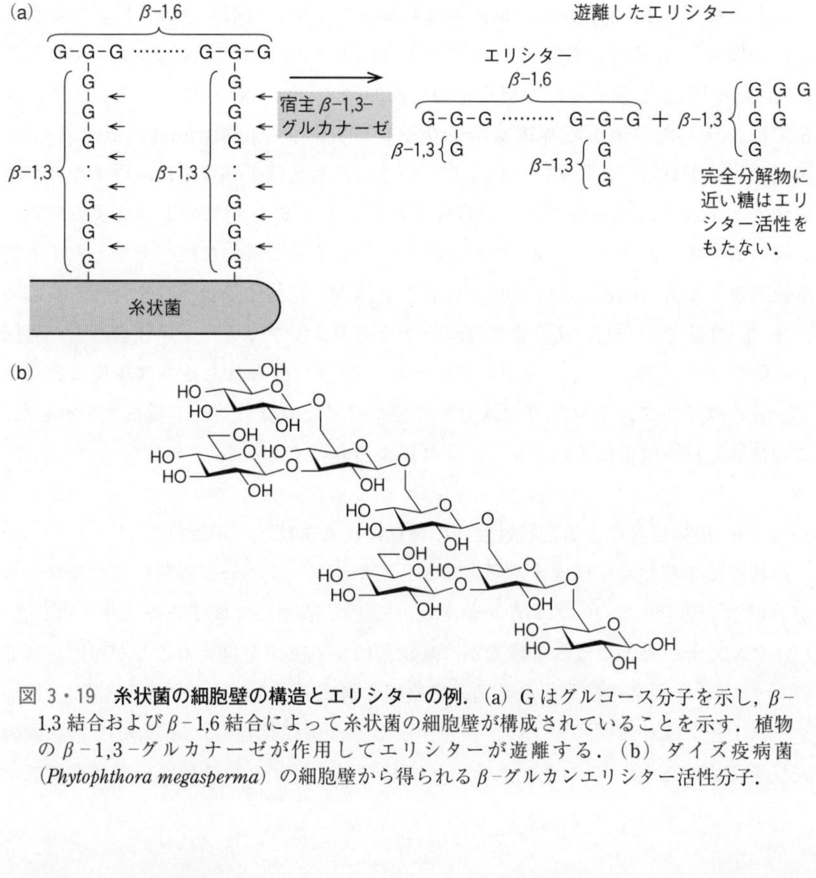

図 3・19 **糸状菌の細胞壁の構造とエリシターの例**．(a) Gはグルコース分子を示し，β-1,3結合およびβ-1,6結合によって糸状菌の細胞壁が構成されていることを示す．植物のβ-1,3-グルカナーゼが作用してエリシターが遊離する．(b) ダイズ疫病菌（*Phytophthora megasperma*）の細胞壁から得られるβ-グルカンエリシター活性分子．

ター（→用語解説）とよぶ．エリシター活性をもった分子として病原菌，宿主植物の細胞壁の断片や菌の分泌物が知られている．したがってここで紹介したグルカナーゼ，キチナーゼが糸状菌に作用して分解されてできる細胞壁の断片がさらに植物の防御反応を高めている可能性がある．完全に分解を受けた単糖類（グルコースや N-アセチルグルコサミン）では効果がないことに注目してほしい．

　同じトランスジェニック植物体上での種々の菌の挙動を見ても，抑制を受ける姿は糸状菌によって異なり，同一の抑制機構ではない可能性がある．ほかにも植物がもっている抗糸状菌性物質を発現するように創出されたものとしてタバコの抗菌性タンパク質遺伝子を導入した灰色カビ病抵抗性組換えペチュニア[59]，昆虫由来の抗菌性ペプチド遺伝子を発現するようにして作製された火傷病抵抗性組換えリンゴ[59]などが報告されている．

　植物の細胞壁の方は，β-グルカンであるセルロース（菌の β-グルカンとはグルコース分子の結合位置が異なる．図 3・19 と下図を見比べてほしい）のミクロフィブリルが，ペクチンなどの他の糖タンパク質で束ねられたような構造をしている．

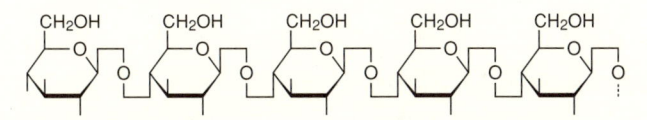

セルロース（単位はグルコース，β-1,4 結合でつながっている）

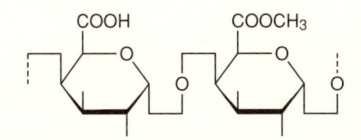

ペクチン（単位は D-ガラクツロン酸およびそのメチルエステル）

　ペクチンを構成する単位が，ガラクツロン酸である．糸状菌は植物組織に侵入する際にペクチンを分解するポリガラクツロナーゼを合成し，図 3・20 に示した植物の細胞壁を加水分解する．そしてその分解産物はかなり小さい単位にまで分解されるため，エリシター誘導活性をもたなくなる．一方，植物にはこうしたポリガラクツロナーゼに対する阻害活性を細胞壁に存在するタンパク質がもっていることが報告された[59]〜[61]．糸状菌が侵入して植物の細胞壁を分解し始めるが，阻害タンパク質の効果で侵入を直接抑える効果があると同時に分解産物としてエリシター活性をもつ程々の大きさの分子が多くつくられる．結果としてこの部分分解産物が植物自体

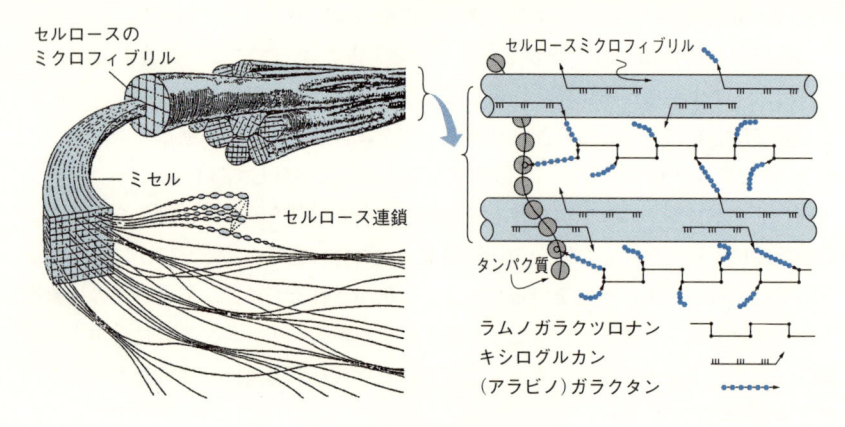

図 3・20 植物の細胞壁の構造．

の抵抗性反応を誘導する．こうしたタンパク質の遺伝子を植物体に導入するのも有効であろう．

　病原菌の感染により，エリシターなどの作用によって植物で誘導的に低分子性の抗菌性物質が合成されることが知られている．こうしたフィトアレキシン（ファイトアレキシン，➡用語解説）を作る機能の合成系（図3・21b）を高める方法も考えられている．ある植物がそれまで合成していない新たなフィトアレキシンを作り出すと，病原体に対してどのようになるであろうか[63]．ブドウがレスベラトロール（3,4′,5-トリヒドロキシスチルベン，図3・21a）というフィトアレキシンの合成をすると灰色カビ病菌（*Botrytis cinerea*）という糸状菌に対して抵抗性を示すことが知られている．このブドウから単離されたレスベラトロールシンターゼ遺伝子を導入したトランスジェニックタバコ，アルファルファ，イネが作出され[64]〜[66]，それぞれ病原糸状菌である灰色カビ病菌，*Phoma medicaginis*，イモチ菌の感染に対して抵抗性を示したことが報告されている．

　トウモロコシ北方斑点病菌（*Helminthosporium carbonum*）のレース1という糸状菌に対してトウモロコシがもつ *Hm1* という遺伝子は抵抗性を付与する[67]．この遺伝子がクローニングされ，その予想アミノ酸配列から Hm1 は，この病原菌が産出するアミノ酸環状テトラマーである HC 毒素（図3・22）を還元する酵素であると推察されている．この遺伝子と類似のものはまだ見いだされておらず，レースに対する特異性があることもあり，このような遺伝子導入だけではレース種を問わな

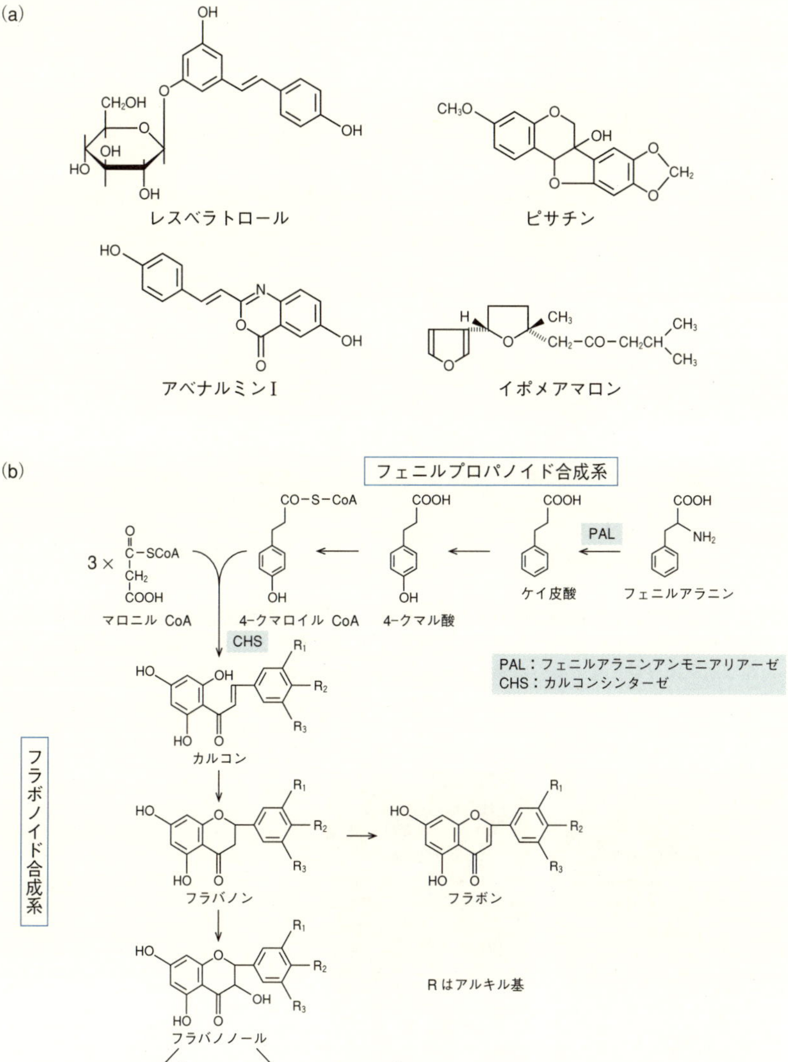

(a)

レスベラトロール　　　ピサチン

アベナルミンI　　　イポメアマロン

(b)

フェニルプロパノイド合成系

3× マロニル CoA　4-クマロイル CoA　4-クマル酸　ケイ皮酸　フェニルアラニン

PAL：フェニルアラニンアンモニアリアーゼ
CHS：カルコンシンターゼ

CHS

カルコン

フラバノン　　　フラボン

フラバノノール　　　R はアルキル基

フラボノール　　　アントシアニジン

フラボノイド合成系

図 3・21　**フィトアレキシン**．(a) 代表的なフィトアレキシンの例．(b) フィトアレキシンができる代謝系の概略．PAL，CHS とよばれる酵素が鍵酵素となっている．

HC 毒素(トウモロコシ北方斑点病菌) → 細胞膜

AAL 毒素(トマトアルターナリア茎枯病菌) → ミトコンドリア

AM 毒素(リンゴ斑点落葉病菌) → 葉緑体,細胞膜

AK 毒素(ナシ黒斑病菌) → 細胞膜

図 3・22 **特定の宿主植物に対してのみ特異的に作用する病原菌毒素**.病原性を決定する重要な因子と思われるが,矢印の下に示すように細胞内の標的がそれぞれに異なり,広範な病原菌対策を考えるのが難しい原因となっている.

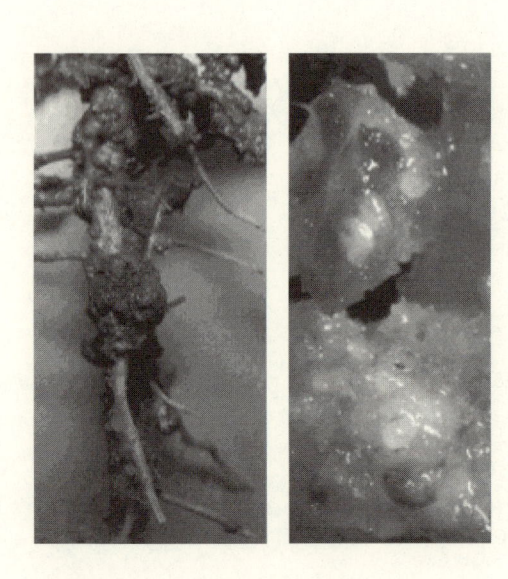

図 3・23 **根こぶ線虫によるダイズの被害**.(a) 根こぶが無数に付いて,根全体がこぶ状になっている.(b) 根内の雌成虫.参考文献 62 より転載.

い根本的な防除は難しい．

3・3・4 根の組織での細胞分裂の調節による線虫への耐性

Meloidogyne incognita などの線虫はトマトなどの作物に"根こぶ"という根の病気を起こす（図3・23）．トマトの野生種（*Lycopersicon peruvianum*）はこの線虫の感染を受けつけない *Mi-1* という抵抗性遺伝子座とアブラムシの一種（*Macrosiphum euphorbiae*）に対する抵抗性の遺伝子座 *Meu-1* をもつことが知られていた．*Mi-1* 遺伝子が単離され，その遺伝子を導入したトランスジェニック植物は線虫とアブラムシ双方に耐性となった[68]．このことから両形質は一つの遺伝子（まとめて *Mi* と改名された）によって付与されることが明らかとなった．この *Mi* 遺伝子は，3・3・1節で紹介したR遺伝子の一種で，そのアミノ酸配列中にLRRやNBSなどをもっている．地上部ではアブラムシへの耐性，地下では線虫への耐性を付与できる実用的な遺伝子ということになる．

根こぶという状態は線虫の侵入を受けた植物の根の細胞が分裂を始めるために起こる．*cdc2a* や *cyc1At* といった細胞周期の進行にかかわる遺伝子の発現が線虫の感染とともに起こることが見いだされている[69],[70]．感染によって発現が誘導される植物のプロモーターの下流につないだ細胞周期の進行を抑制するプロテインキナーゼ（タンパク質リン酸化酵素）の遺伝子を導入したトランスジェニック植物が作出された．線虫の侵入を受けても分裂が阻害される結果，根こぶの発達は見られず，病気にならなかったという．

3・3・5 天敵による昆虫防除

天敵を有効に利用して害虫の被害レベルを抑える総合防除という考え方が脚光をあびるようになった．たとえば葉の裏側に巣ぐって樹液などを吸うオンシツコナジラミ，ミナミキイロアザミウマを退治するのにオンシツツヤコバチ，ナミヒメハナカメムシを用いることが実際に農業の現場で行われている．このような考え方を**生物防除**（biological control，➡用語解説）とよぶ．生物防除では化学農薬のように害虫に耐性がでてくる心配もない．

もともと自然界で植物にとって植食性の昆虫（植食者，害虫；herbivore）から身を守ることは重要で，腺毛から出される粘着性の物質，堅い組織やトゲなどによって物理的に身を守っていると考えられている．さらに植物が植食者に加害されると，揮発性の物質を合成し空間に放出することが注目されている．その効果として，い

くつかの可能性が考えられる．たとえば，

1. 他の植食者に，その植物がある種の抵抗性反応を示していることを知らせる．
2. すでに食害を受けていることを知らせ，他の植食者に競争を避けさせる．
3. 積極的に特異的な匂いを出して植食者（害虫）の捕食性天敵（predator）を呼び寄せる．
4. 他の植食者に対してすでに天敵をボディーガードとして引き付けていることを警告する．

砂漠に自生する *Nicotiana attenuata* に昆虫（3種についての観察）が卵を生み，

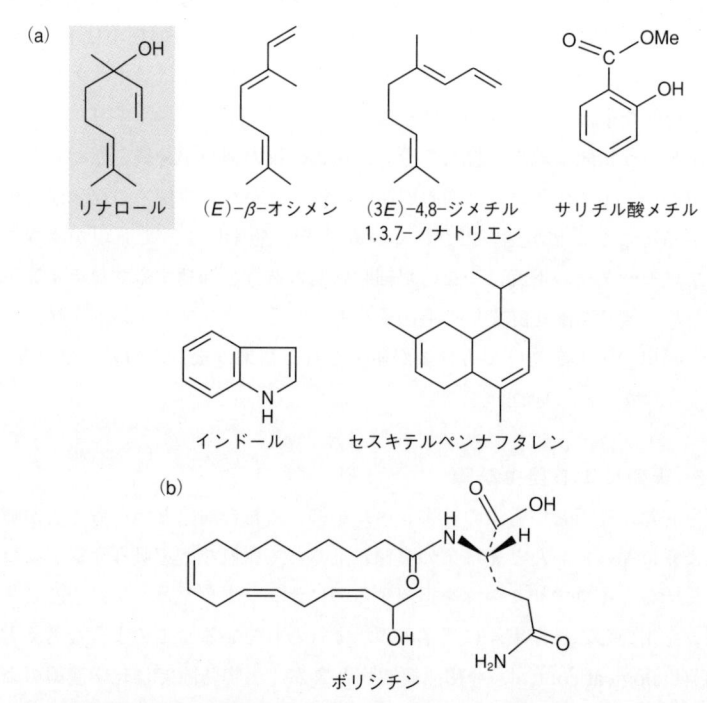

図 3・24 **植物が天敵昆虫を引き寄せる SOS シグナルとして作用している化学物質の例（a）およびボリシチンの構造（b）**．リナロールは植物が植食者に加害されると出す物質の代表的なものである．サリチル酸メチルと類似の物質は広く植物が病原体侵入を感知した際に合成されることが知られている（図3・27参照）．ボリシチンはトウモロコシにヨトウムシが食害を加えた際に昆虫が合成するエリシター物質である．この物質によって（a）のインドール，セスキテルペンナフタレンの合成酵素の発現が植物で誘導される．

3・3 植物自身がもつ能力の利用

幼虫が葉を食べる状況において，植物は5種類ほどの有機化合物を合成していることが報告された．これを受けて模擬実験をすると，リナロール（図3・24a）または他の物質と共存した状態（ブレンド）が実際に，植食者（害虫）の産卵率を下げること，捕食性天敵を呼び寄せることが検証された[71]．

ナミハダニ（*Tetranychus urticae*）は体長1mmにもみたないが（図3・25），口針を葉の表面に突き刺して作物に大きな被害を与え，爆発的に増えてしまうと最後には作物を枯死させてしまう．植物はダニに加害されると，捕食性天敵を呼び寄せ

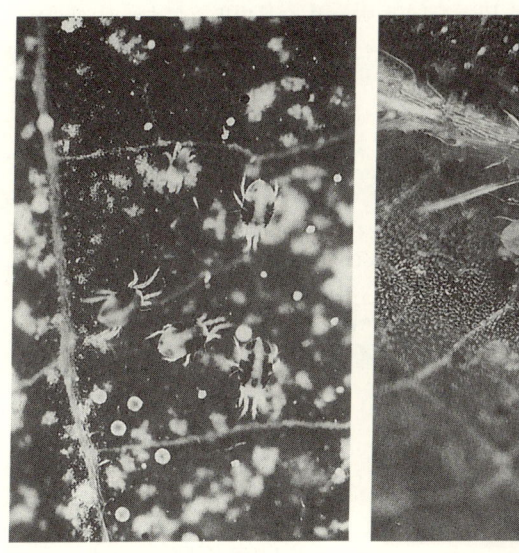

図 3・25　ナミハダニの雌成虫と卵（左）およびチリカブリダニ（右）．
参考文献 72 より転載．

るシグナルとして作用する，リナロールなどの揮発性物質を生産し始める．3・3・6節でも紹介するが，サリチル酸メチル（図3・24a）は広く種々の植物の抵抗性反応でのシグナル分子として機能する．これに誘引された肉食性のチリカブリダニ（*Phytoseiulus persimilis*）が呼び寄せられる（図3・25）．同じような体長しかないがチリカブリダニはナミハダニを食べつくす．ハダニの食害に対して放出される化学物質（SOSシグナル）のブレンド比は，植物の種類，植物の生理状態などによって微妙に異なる．リンゴの葉は複数の物質を放出しているがナミハダニに被害を受

けた際と，リンゴハダニに被害を受けた場合とでは，そのブレンドの比を変えることによりそれぞれを好んで食べる別の捕食性ダニを誘引している．このように植物に物質産生を誘導する昆虫の唾液中にあると思われるエリシター様物質（➡用語解説）ボリシチンが見いだされ（図3・24b），この物質が植物のテルペノイド，インドールといった昆虫を誘引する揮発性物質の合成酵素の遺伝子の発現を誘導することが最近示された[73],[74]．こうした物質代謝系の酵素の発現誘導も今後新たな昆虫耐性植物の育成に対して有用であろう．また昆虫を誘引する揮発性物質が，まだ虫の食害を受けていない他の植物に作用して，塩基性 PR-2（β-1,3-グルカナーゼ），PR-3（キチナーゼ），酸性 PR-4（キチナーゼ），リポキシゲナーゼ（LOX），ファルネシルピロリン酸シンターゼ（FPS）といった自己防御に関与する酵素の発現を誘導することも示された[75],[76]．

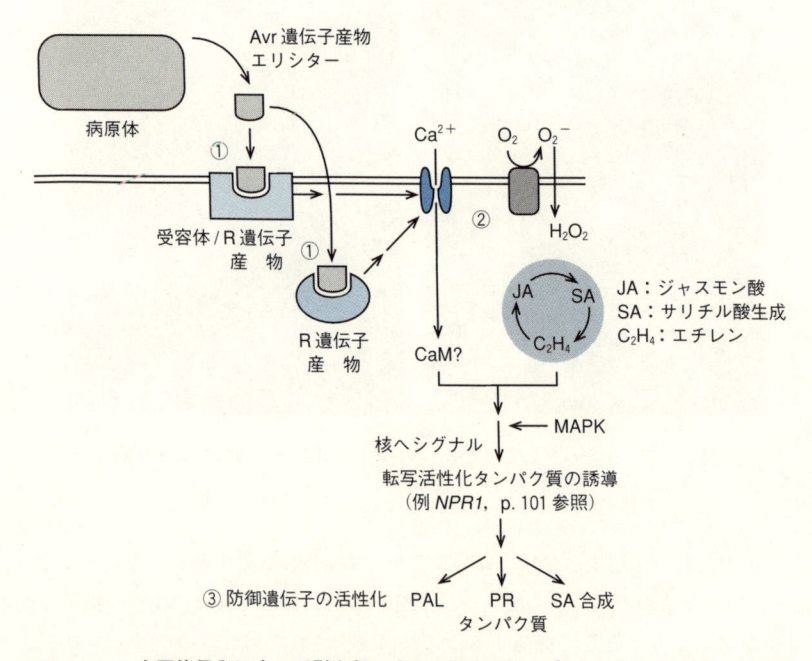

図 3・26 **病原体侵入によって引き起こされる防御反応．**① 病原体侵入の感知（認識），② シグナル物質の生成，③ 防御遺伝子の発現．CaM: カルモジュリン，MAPK: MAPキナーゼ，PAL: フェニルアラニンアンモニアリアーゼ（図3・21参照），これらの詳しい説明は本文を参照のこと．PRタンパク質: 病原体が侵入した際に発現誘導を受ける低分子タンパク質の総称．PR-2,3,4 などとそれぞれよばれ，のちになってグルガナーゼ，キチナーゼなどの活性をもつことが明らかとなった．

3・3・6 種々の病害抵抗性反応で重要な役割を果たす分子の発現による抵抗性

a. セカンドメッセンジャー分子の利用についての展望　植物は病原体の侵入を受けると，危機シグナルとして種々の分子の合成を誘導し，このような分子（**セカンドメッセンジャー（second messenger）**）によって情報が他の細胞内の分子に引き継がれ，種々の防御反応を引き起こすことが知られている．実際にはそのなかで起こっている素過程すべては明らかとなっていないが，カルシウムイオンの細胞質外から内への流入，サリチル酸の出現，ジャスモン酸の合成，活性酸素（reactive oxygen）の産出などが感染初期に報告されている[77),78)]（図3・26，図3・27）．それぞれの分子がどこで出現し，つぎの分子にシグナルを伝えるかについてはまだ明らかでないことが多いが，研究が盛んなところであり，今後知見が集積し，抵抗性育種への方向性も近い将来に見えてくると思われる．現時点での知見の概略を図3・26に示す．サリチル酸，ジャスモン酸といった物質はお互いに独立の抵抗性反応を誘導することが報告され[79),80)]，それぞれ下流のシグナル伝達系が今後さらに明らかになることが期待される．それぞれの過程を増強することができれば，多くの病原体一般に抵抗性を示すようになる植物の創成ということも可能となろう．動物の病気に対する抵抗性反応で関与が知られている一酸化窒素，cGMP，cADP リ

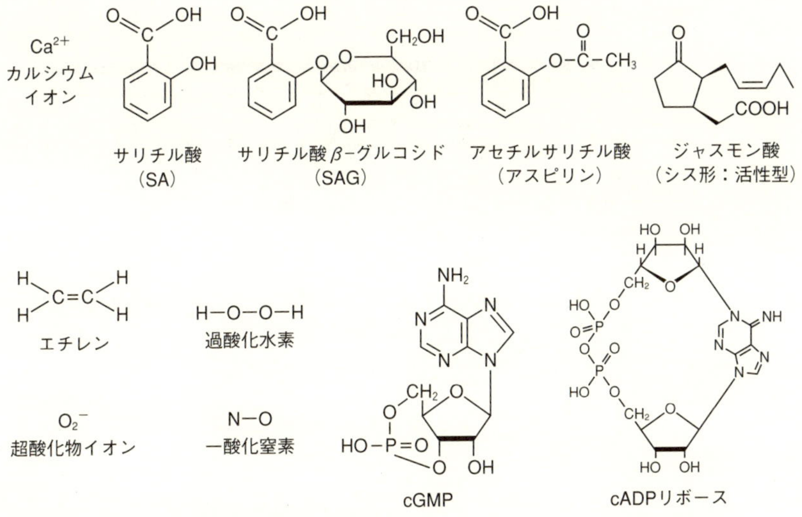

図 3・27　植物が病原体侵入を感知した際に合成されるシグナル伝達物質．

ボース（図3・27）といった物質を植物に作用させても，やはり抵抗性反応が促進される[81)〜83)]．その下流にあるシグナル伝達系が明らかとなれば，もっと積極的に植物がもつ抵抗性反応を誘導することもできるであろう．

　細胞内へのカルシウムイオンの流入をカルモジュリン分子（CaM）が最初に感受している可能性が示唆されてきた．カルモジュリンとは真核生物に広く存在する分子量約16 000のタンパク質で，非常にカルシウムイオンとの親和性が高い．通常の細胞内では低濃度のカルシウムイオンと結合はあまりしないが，環境からの刺激や病原体侵入によって細胞内にカルシウムイオンの濃度の上昇が起こると，カルモジュリンはイオンと結合して，自らの構造を変化させ，つづいて他の不活性なタンパク質と結合するなどして，そのタンパク質の活性を調整することができる．ダイズには，SCaM-1, 2, 3, 4, 5とよばれる5種類のカルモジュリン分子が報告されている．病原体やそのエリシターが宿主植物に接触することで，それらのうちSCaM-4, 5の2分子が合成誘導を受けることが明らかとなり，病原体に対する抵抗性が示唆されている[84)]（図3・28）．この際に細胞内のサリチル酸の濃度レベルは変化をしなかったので，サリチル酸の作用とは独立なシグナルの伝達が起きている

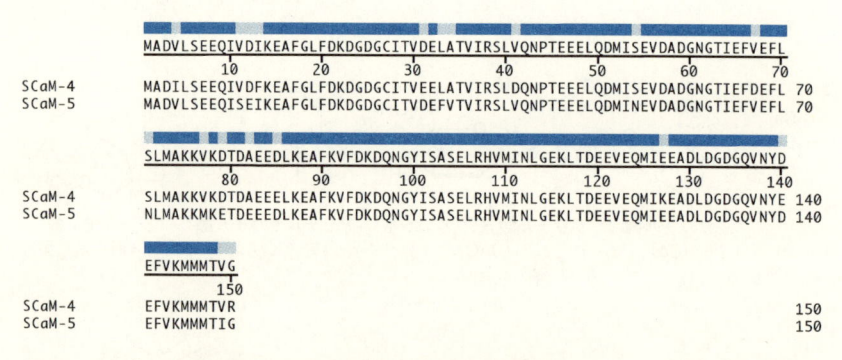

```
           MADVLSEEQIVDIKEAFGLFDKDGDGCITVDELATVIRSLVQNPTEEELQDMISEVDADGNGTIEFVEFL
                   10        20        30        40        50        60        70
SCaM-4     MADILSEEQIVDFKEAFGLFDKDGDGCITVEELATVIRSLDQNPTEEELQDMISEVDADGNGTIEFDEFL 70
SCaM-5     MADVLSEEQISEIKEAFGLFDKDGDGCITVDEFVTVIRSLVQNPTEEELQDMINEVDADGNGTIEFVEFL 70

           SLMAKKVKDTDAEEDLKEAFKVFDKDQNGYISASELRHVMINLGEKLTDEEVEQMIEEADLDGDGQVNYD
                   80        90       100       110       120       130       140
SCaM-4     SLMAKKVKDTDAEEELKEAFKVFDKDQNGYISASELRHVMINLGEKLTDEEVEQMIKEADLDGDGQVNYE 140
SCaM-5     NLMAKKMKETDEEEDLKEAFKVFDKDQNGYISASELRHVMINLGEKLTDEEVEQMIEEADLDGDGQVNYD 140

           EFVKMMMTVG
                  150
SCaM-4     EFVKMMMTVR                                                              150
SCaM-5     EFVKMMMTIG                                                              150
```

図 3・28　ダイズが病原体に対する抵抗性を示すことに貢献している二つのカルモジュリン分子 SCaM-4 と SCaM-5．アミノ酸を一文字標記で示す．

ことがわかる．抵抗性反応への関与を確認する目的で SCaM-4 または SCaM-5 遺伝子を導入したトランスジェニックタバコが作製された．このタバコでは細菌や糸状菌，ウイルスといった病原体に対する抵抗性が高まっていた[84)]．この知見は広く多くの病原体に対する抵抗性を増進できる可能性を示している．

b. 全身獲得抵抗性を引き起こすアプローチについての展望　3・3・1節で抵抗性遺伝子の作用によって病原体の侵入の際に壊死斑が形成される過敏感反応を紹介した．その際に感染組織，その周囲から合成されたサリチル酸などが他の組織，全身にいきわたり，病原体からの再度の感染に対して抵抗性を誘導させることが知られている．この状態を**全身獲得抵抗性**（systemic acquired resistance）という．全身獲得抵抗性を引き起こせなくなった突然変異体シロイヌナズナの研究から，このシグナル伝達系に大きくかかわる *NPR1* 遺伝子が単離された[85]．病原体の感染を受けると実際に発現が誘導され，転写因子である NPR 遺伝子産物は種々の遺伝子の転写を開始させ，そうして遺伝子の機能が動員されて，総合的に抵抗性を発揮させると考えられている．H. Cao らは *NPR1* を過剰発現するシロイヌナズナを作製し，このトランスジェニック植物が種々の病原体に対して期待通り増進した抵抗性を発揮することを示した[86]．抵抗できる相手の病原体の幅が大きいので，大きな期待がもてる．

真核生物にやはり広く存在する分子で MAP キナーゼ（→用語解説）というタンパク質リン酸化酵素がある．種々の外界の刺激を感受した細胞がそのシグナルを細胞内で伝達していくなかで登場するタンパク質リン酸化酵素であり，動物，酵母での多くの研究によってその存在の重要性が明らかとなったものである．最近植物でもその存在，そして重要性が認識されてきた（たとえば4・2・5節参照）．シロイヌナズナではそのゲノムの中に 20 数個のお互い近縁の MAP キナーゼが存在し，それぞれに機能分担をしているらしい．最近，このうちの MAPK4 と名付けられている MAP キナーゼが先に紹介した全身獲得抵抗性の反応を抑えていることが明らかにされた[87]．この遺伝子が変異したシロイヌナズナでは組織内のサリチル酸レベルが常時高い濃度にあり，*Pseudomonas* や *Peronospora* による発病に抵抗性を示すようになっているのである．図3・27 に示したようなセカンドメッセンジャー物質をタバコに処理をすると，WIPK（wounding-induced protein kinase），SIPK（salicylic acid-induced protein kinase）という他の MAP キナーゼも発現が誘導されることが報告され，MAP キナーゼのファミリーの存在が病気との関連でも重要視されるようになった[88]．また，*Erysiphe cichoracearum* による発病がやはり抑えられる変異をもったシロイヌナズナをもとに単離された原因遺伝子の産物 EDR1 が，シグナル伝達のなかで MAP キナーゼの上流に位置する MAP キナーゼキナーゼであることが明らかにされた[89]．こうした結果は MAP キナーゼが関与するシグナル伝達系が抵抗性反応を調節するうえで重要な存在であることを示している．こ

の情報を応用的に活かした抵抗性品種の作製も可能であろう．

2000年末にシロイヌナズナの全ゲノム配列が明らかとされ[48]，そのゲノム解析の結果の応用が今後重要な課題となるであろう．cDNAをスポットしたDNAマイクロアレイ（第5章参照）などが利用された先駆的な解析例がすでに報告されつつあり[90),91)]，病原体の侵入にともなった遺伝子の発現，応答についての情報の蓄積も生まれつつある．抵抗性に関与する遺伝子が今後多く明らかにされれば，植物自らもつ抵抗性能力の増強をめざした新たな植物の育成といった展望も開けてくる．サリチル酸のように植物に全身獲得抵抗性を誘導するような物質が農薬として用いられるようになった．たとえば，ベンゾチアヂアゾール（BTH）や2,6-ジクロロイソニコチン酸（INA），プロベナゾール（PBZ）である（図3・29）．こうした物質が発現誘導する遺伝子の情報もアレイを用いた解析から，いまは隠れている植物の潜在的な抵抗性反応にかかわる遺伝子，遺伝子産物を明らかにすることが可能であろう．多くの遺伝子の発現を同時に見ることができる手法は，現時点では未知の有用な遺伝子を浮き上がらせる可能性を秘めている．

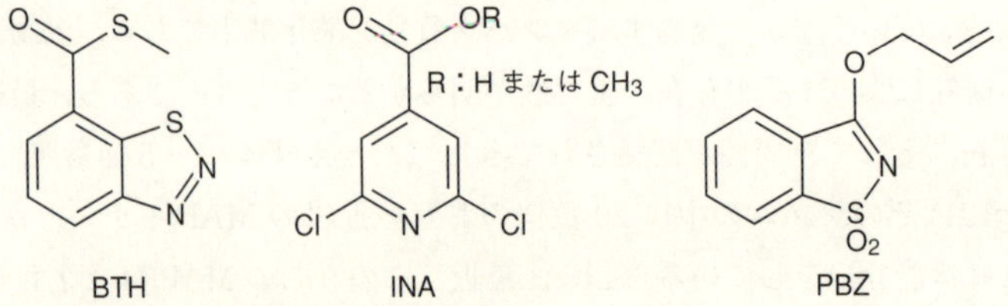

図3・29　植物に全身獲得抵抗性を付与する化学物質．

3・4　多様性への配慮

これまで，本章では野生種から得られた遺伝形質を栽培種に交配導入したり，有用な遺伝子を導入してトランスジェニック植物を作製することによって抵抗性品種が育成される話を紹介してきた．本章のまとめの意味で，このようにして育成される新たな品種，在来の品種も含めて，長くしかも化学農薬も使わないかたちで環境を壊さないように利用していくにはどのようにしたらいいのかを少し考えてみよう．

3・4・1　作物の抵抗性と病原体の変異体出現のジレンマからの回避へ

病原体に対する抵抗性育種をする際に大きな課題がある．抵抗性を簡単にうち破

3・4 多様性への配慮

るものが出現するのである.

イネ白葉枯病菌には，イネがもつ種々の白葉枯病菌抵抗性遺伝子（$Xa-1$〜$Xa-21$；R遺伝子の種類として21種類知られ，それぞれを数字によって区別している）に対する感受性から多くのレースが分化している（3・3・1節参照）．たとえばあるイネ白葉枯病菌が$Xa-7$抵抗性遺伝子，別の菌が$Xa-10$抵抗性遺伝子をもったイネに対して過敏感反応を引き起こしたとき，それぞれの菌は$avrXa7$非病原性遺伝子，$avrXa10$非病原性遺伝子をもっていると考える．菌は非病原性遺伝子をもてば特定のイネから排除されるわけであるから，いっけんその組合わせだけを考えると生き延びるに際して不利に思えてくる．どうしてそのような遺伝子をイネ白葉枯病菌はもち合わせているのだろうか．こういった非病原性遺伝子にも突然変異が入り，病原性をもつように変化する可能性もあるだろう．これはある非病原性遺伝子をもち合わせたイネ白葉枯病菌が，種々の抵抗性遺伝子をもったイネに感染した際に，どのような損得があるかを考える必要があることを示す．種々の抵抗性遺伝子をもつイネがある面積に作付けされていたときに，どの抵抗性遺伝子をもったイネが集団として，イネ白葉枯病菌の被害を受けずにすむかという重要な耐久性の問題となる．これは実験的に野外または圃場で実証するしかない．Leachらが$Xa-7$，$Xa-10$，$Xa-4$という遺伝子群をもったイネ，いずれももたないイネを作付けして，検証した．その結果，$Xa-7$抵抗性遺伝子をもったイネを作付けした場合が一番被害が少なかった[92]．イネ白葉枯病菌は$Xa-7$抵抗性遺伝子をうち破って生き残るために$avrXa7$という非病原性遺伝子をもたないようにするであろう．しかしその代償に$Xa-7$遺伝子をもち合わせていないイネでは病原性が弱くなり，その菌の集団としての勢力拡大はなくなるようである[92]．

3・4・2 単一遺伝子植物の利用から複数遺伝子植物の利用へ

R遺伝子（p. 81参照）の多型は植物が抵抗性を進化させ，適応度（fitness）を高めるために重要であると考えられるが実際には機能していないR遺伝子が，植物ゲノム内に淘汰されずに維持されている．これは植物にとってはかなりの負担となり，病原菌が存在しない条件下では，R遺伝子のもつ個体の適応度は徐々に低下していく可能性がある．さらに，病原菌が存在する条件下でも，感受性の個体よりも抵抗性の個体の方が適応度が相対的に低くなることも考えられる．なぜなら，病原性の弱い病原菌に対してならば罹病性の方が，過敏感反応や全身獲得抵抗性のような負担のかかる代謝をせずにエネルギーを節約できるからである．シロイヌナズ

ナを使った実験では，病原菌が存在しない条件下では，R遺伝子の有無にかかわらず，種子の生産量は同程度であった．一方，病原菌が存在し種間競争がある条件下では優性のR遺伝子をもつ個体がより多く種子を生産したが，種間競争がない条件下では優性のR遺伝子をもつ個体の方の種子の生産量が低下した．農業の現場では種間競争はない状況であるので，病害抵抗性をもつことが状況によっては不利になる可能性も示唆している．

　圃場全体に均一の品種作物を作付けするのではなく，ある病原体に対する抵抗性をもつものともたないものをパッチ状に作付けすると，抵抗性をもたない品種でも病原体，昆虫の出現が抑えられることが理論的，実証的に示されている[93]．中国雲南省，昆明近くで数千ヘクタールにも及ぶ田圃を使って，数千人の協力の下になされた実験である[94]．美味であるが，イモチ病に弱いということで作付けが避けられていたもち米の品種が，抵抗性をもった品種に周囲が囲まれたかたちで育成されると，単独で育てられたときに比べて同じもち米品種でも病気にならず，被害が非常に少なくなったという[94]．とかく農業の場面では僅少種の植物に頼ろうとするが，このように一つの圃場でも多様性をもたせることはいっけん面倒で原始的に見えるが，環境とも共存できる方法として非常に重要である．

　Btタンパク質を発現させて害虫から作物を守るアプローチも紹介したが，ある頻度で特定のBtタンパク質に対する抵抗性を備えた害虫も出現する（3・2・3参照）．その場合，抵抗性を発揮するには害虫は抵抗性遺伝子をホモにもつようになっている．すると抵抗性の害虫はBt作物の圃場では圧倒的に有利となり繁殖していく一方となり，Bt作物の効果がなくなる．アメリカ農務省（USDA）はBtタンパク質を発現する作物のみ（特にワタ）を作付けしないように奨励している事実は教訓的である[95]．つまりUSDAは非Bt作物も作付けすべきであると主張しているのである．非Bt作物があれば抵抗性を備えていない害虫も生き残り，そして抵抗性を備えた害虫との間に子孫を残す．その結果，抵抗性遺伝子をヘテロにしかもてない害虫が生まれる．ヘテロ接合体はBt作物感受性である．害虫全体を眺めた場合，こうして生まれる状況の方が，長くBtタンパク質の効果が圃場で活かせると考えられている．

　栽培する作物を毎年変えることで病原菌を増やさないようにしたり，昆虫が忌避するマリーゴールドなどを周囲に植えたり，周期的にいろいろな作物を栽培する輪作を行って，化学農薬を用いないかたちで病気を防ぐ"環境保全型農業"（➡用語解説）の考え方も農業の現場では実践されている．

参 考 文 献

1) G. W. Haughn, *et al.*, *Mol. Gen. Genet.*, **211**, 266 (1988).
2) K. Y. Lee, *et al.*, *EMBO J.*, **7**, 1241 (1988).
3) G. Della-Cioppa, *et al.*, *Bio/Technology*, **5**, 579 (1987).
4) M. DeBlock, *et al.*, *EMBO J.*, **6**, 2513 (1987).
5) A. Y. Cheung, *et al.*, *Proc. Natl. Acad. Sci. U. S. A.*, **85**, 391 (1988).
6) D. M. Stalker, K. E. Mcbride, L. D. Malyj, *Science*, **242**, 419 (1988).
7) R. G. Anthony, S. Reichelt, P. J. Hussey, *Nat. Biotechnol.*, **17**, 712 (1999).
8) P. P. Abel, *et al.*, *Science*, **232**, 738 (1986).
9) P. A. Powell, *et al.*, *Virology*, **175**, 124 (1990).
10) R. N. Beachy, *Philos. Trans. R. Soc. London, Ser. B.*, **354**, 659 (1999).
11) D. B. Golemboski, G. P. Lomonossoff, M. Zaitlin, *Proc. Natl. Acad. Sci. U. S. A.*, **87**, 6311 (1990).
12) J. Donson, *et al.*, *Mol. Plant Microbe Interact.*, **6**, 635 (1993).
13) E. K. Song, *et al.*, *Mol. Cells*, **9**, 569 (1999).
14a) K. H. Hellwald, P. Palukaitis, *Cell*, **83**, 937 (1995).
14b) A. C. Neves-Borges, *Plant Sci*, **160**, 699 (2001).
15) K. Ling, *et al.*, *Biotechnology (N. Y.)*, **9**, 752 (1991).
16) A. E. Greene, R. F. Allison, *Science*, **263**, 1423 (1994).
17) T. L. Adair, C. M. Kearney, *Arch. Virol.*, **145**, 1867 (2000).
18) The American Phytopathological Society net: http://www.apsnet.org/education/feature/papaya/top.
19) R. E. Hancock, R. Lehrer, *TIBTECH*, **16**, 82 (1998).
20) F. R. G. Terras, *et al.*, *Plant Cell*, **7**, 573 (1995).
21) I. J. Evans, A. J. Greenland, *Pestic. Sci.*, **54**, 353 (1998).
22) P. Epple, K. Apel, H. Bohlman, *Plant Cell*, **9**, 509 (1997).
23) I. Mitsuhara, *et al.*, *Mol. Plant Microbe Interact.*, **13**, 860 (2000).
24) A. Sharma, *et al.*, *FEBS Lett*, **485**, 208 (2000).
25) M. Osusky, *et al.*, *Nat. Biotechnol.*, **18**, 1162 (2000).
26) L. Zhang, R. G. Birch, *Proc. Natl. Acad. Sci. U. S. A.*, **94**, 9984 (1997).
27) L. Zhang, J. Xu, R. G. Birch, *Nat. Biotechnol.*, **17**, 1021 (1999).
28) R. G. Birch, *Mol. Plant Pathol.*, **2**, 4 (2000).
29) R. G. Fray, *et al.*, *Nat. Biotechnol.*, **17**, 1017 (1999).
30) R. A. de Maagd, A. Bravo, N. Crickmore, *TREND Genet.*, **17**, 193 (2001).
31) L. J. Gahan, F. Gould, D. G. Heckel, *Science*, **293**, 857 (2001).
32) J. E. Losey, L. S. Rayor, M. E. Carter, *Nature*, **399**, 214 (1999).
33) J. Hodgson, *Nat. Biotechnol.*, **17**, 627 (1999).
34) C. L. Wraight, *et al.*, *Proc. Natl. Acad. Sci. U. S. A.*, **97**, 7700 (2000).
35) Y. Iino, A. Sugimoto, M. Yamamoto, *EMBO J.*, **10**, 221 (1991).
36) Y. Watanabe, *et al.*, *FEBS Lett.*, **372**, 165 (1995).
37) T. Sano, *et al.*, *Nat. Biotechnol.*, **15**, 1290 (1997).
38) A. Zhou, B. A. Hassel, R. H. Silverman, *Cell*, **72**, 753 (1993).

39) T. Ogawa, T. Hori, I. Ishida, *Nat. Biotechnol.*, **14**, 1566 (1996).
40) E. Truve, *et al.*, *Biotechnology (N.Y.)*, **11**, 1048 (1993).
41) A. Mitra, *et al.*, *Proc. Natl. Acad. Sci. U.S.A.*, **93**, 6780 (1996).
42) E. A. G. S. Consortium, *et al.*, *Nature*, **402**, 769 (1999).
43a) S. Whitham, *et al.*, *Cell*, **78**, 1101 (1994).
43b) S. Whitham, S. McCormick, B. Baker, *Proc. Natl. Acad. Sci. U.S.A.*, **93**, 8776 (1996).
44) A. Bendahmane, K. Kanyuka, D. C. Baulcombe, *Plant Cell*, **11** (5), 781 (1999).
45) M. B. Cooley, *et al.*, *Plant Cell*, **12**, 663 (2000).
46) G.-L. Wang, *et al.*, *Mol. Plant Microbe Interact.*, **8**, 855 (2000).
47) S. Xiao, *et al.*, *Science*, **291**, 118 (2001).
48) The Arabidopsis Genome Initiative, *Nature*, **408**, 796 (2000).
49) F. G. Ratcliff, S. A. MacFarlane, D. C. Baulcombe, *Plant Cell*, **11**, 1207 (1999).
50) S. N. Covey, *et al.*, *Nature*, **385**, 781 (1997).
51) O. Voinnet, D. C. Baulcombe, *Nature*, **389**, 553 (1997).
52) M. Prins, *et al.*, *Mol. Plant Microbe Interact.*, **9**, 416 (1996).
53) O. Voinnet, *et al.*, *Cell*, **95**, 177 (1998).
54) A. J. Hamilton, D. C. Baulcombe, *Science*, **286**, 950 (1999).
55) Y. M. Pinto, R. A. Kok, D. C. Baulcombe, *Nat. Biotechnol.*, **17** (7), 702 (1999).
56) K. Broglie, *et al.*, *Science*, **254**, 1194 (1991).
57) D. Alexander, *et al.*, *Proc. Natl. Acad. Sci. U.S.A.*, **90**, 7327 (1993).
58) B. J. C. Cornelissen, L. S. Melchers, *Plant Physiol.*, **101**, 709 (1993).
59) C. J. Lamb, *et al.*, *Biotechnology (N.Y.)*, **10**, 1436 (1992).
60) L. S. Melchers, M. H. Stuiver, *Curr. Opin Plant Biol.*, **3**, 147 (2000).
61) E. Jongedijk, *et al.*, *Euphytica*, **85**, 173 (1995).
62) http://www2.pref.shimane.jp/age-plan/home/database/pest/da083.htm
63) E. A. Maher, *et al.*, *Proc. Natl. Acad. Sci. U.S.A.*, **91**, 7802 (1994).
64) J. D. Hipskind, N. L. Paiva, *Mol. Plant Microbe Interact.*, **13**, 551 (2000).
65) R. Hain, *et al.*, *Nature*, **361**, 153 (1993).
66) R. Hain, *et al.*, *Plant Mol. Biol.*, **15**, 325 (1990).
67) G. S. Johal, S. P. Briggs, *Science*, **258**, 985 (1992).
68) P. Vos, *et al.*, *Nat. Biotechnol.*, **16**, 1365 (1998).
69) A. Niebel, *et al.*, *Plant J.*, **10**, 1037 (1996).
70) A. Goverse, *et al.*, *Plant Mol. Biol.*, **43**, 747 (2000).
71) A. Kessler, I. T. Baldwin, *Science*, **291**, 2141 (2001).
72) 高林純示, 比較生理生化学, **15** (4), 308 (1998).
73) M. Frey, *et al.*, *Proc. Natl. Acad. Sci. U.S.A.*, **97**, 14801 (2000).
74) B. Shen, Z. Zheng, H. K. Dooner, *Proc. Natl. Acad. Sci. U.S.A.*, **97**, 14807 (2000).
75) R. Ozawa, *et al.*, *Plant Cell Physiol.*, **41**, 391 (2000).
76) G. Arimura, *et al.*, *Nature*, **406**, 512 (2000).
77) K. Maleck, R. A. Dietrich, *Trends Plant Sci.*, **4**, 215 (1999).
78) J. M. McDowell, J. L. Dangl, *Trends Biochem. Sci.*, **25**, 79 (2000).
79) T. Niki, *et al.*, *Plant Cell Physiol.*, **39**, 500 (1998).

80) B. Thomma, *et al.*, *Proc. Natl. Acad. Sci. U. S. A.*, **95**, 15107 (1998).
81) J. Durner, D. Wendehenne, D. F. Klessig, *Proc. Natl. Acad. Sci. U. S. A.*, **95**, 10328 (1998).
82) M. Delledonne, *et al.*, *Nature*, **394**, 585 (1998).
83) D. F. Klessig, *et al.*, *Proc. Natl. Acad. Sci. U. S. A.*, **97**, 8849 (2000).
84) W. D. Heo, *et al.*, *Proc. Natl. Acad. Sci. U. S. A.*, **96**, 766 (1999).
85) H. Cao, *et al.*, *Cell*, **88**, 57 (1997).
86) H. Cao, X. Li, X. Dong, *Proc. Natl. Acad. Sci. U. S. A.*, **95**, 6531 (1998).
87) C. A. Frye, D. Tang, R. W. Innes, *Proc. Natl. Acad. Sci. U. S. A.*, **98**., 373 (2001).
88) D. Kumar, D. F. Klessig, *Mol. Plant Microbe Interact.*, **13**, 347 (2000).
89) M. Petersen, *et al.*, *Cell*, **103**, 1111 (2000).
90) P. M. Schenk, *et al.*, *Proc. Natl. Acad. Sci. U. S. A.*, **97**, 11655 (2000).
91) B. J. Feys, J. E. Parker, *Trends Genet.*, **16**, 449 (2000).
92) C. M. Vera Cruz, *et al.*, *Proc. Natl. Acad. Sci. U. S. A.*, **97**, 13500 (2000).
93) D. N. Alstad, D. A. Andow, *Science*, **268**, 1894 (1995).
94) Y. Zhu, *et al.*, *Nature*, **406**, 718 (2000).
95) U. S. Environmental Protection Agency: www.epa.gov/pesticides/biopesticides/white_bt.pdf

4

ストレス耐性植物の
原理と応用

　植物は光合成により，水と二酸化炭素から糖を合成し，根から吸収した無機塩を還元して，個体の生存に必要なすべての物質を自ら合成し生活している．また，植物の呼吸は，光合成のできない夜間のエネルギー生産のほか，植物の物質生産にも大きくかかわっている．

　植物は動くことができないので，生育環境下で限りのあるエネルギーと物質資源をもっとも効率よく器官間で分配して個体を形成するしくみを備えており，そのようなしくみを発達させることにより種の競争力を維持している．このような生き方はまさに環境に**適応**（adaptation）した植物独自の生き方である．

　植物をとりまく生育環境は常に変化しており，時として植物の光合成と呼吸活性の低下をもたらし，ひいては植物の生存を脅かすことがある．植物の生理活性を低下させる原因を**ストレス**（stress）とよぶ．ストレスの実体はさまざまであるので，植物のストレス耐性の原理を実験室で研究するためには，ストレスの原因を要素に分けて考える必要がある．ストレスは，温度，光，水，塩，人工化学物質，などの物理化学的要因がもたらす物理化学的（あるいは非生物的，abiotic）ストレスと，病原菌感染，動物による食害，種間競争など生物間相互作用による生物学的（biotic）ストレスに分けられることが多い（図 4・1）．

　本章では，植物をとりまくストレスのうち物理化学的ストレスである温度（冷温，凍結温度，高温）と水（乾燥），塩（高濃度）を取上げ，植物のストレス応答と耐性のしくみについて，現在までの知見を概説する．そして，ストレス耐性植物の耐性機構を規範として，新たなストレス耐性植物を作出するためのバイオテクノロ

ジー戦略を考える．

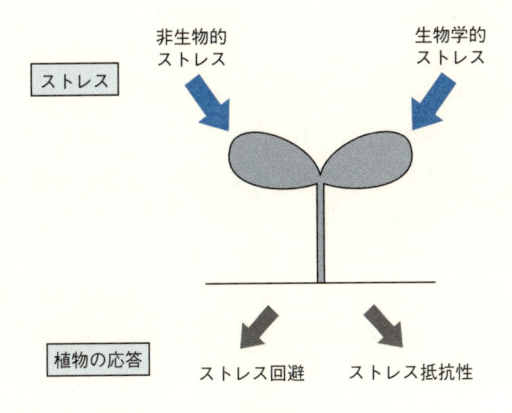

図 4・1　植物とストレス．

4・1　植 物 と 温 度

　植物の温度適応については，酒井による総説[1]に詳しい．それによると，植物は，その生育期間の日中の温度に対応して光合成適温をもっていることが知られている．光合成の至適温度よりも高い温度では光合成活性の低下に反して呼吸活性の増加が顕著になり，ついには呼吸活性が光合成活性を上まわる温度で植物の正味の光合成生産性はゼロになる．この温度を**高温限界**（high‐temperature limit）とよぶ．一方，至適温度よりも低い温度域では，光合成と呼吸活性は温度の低下とともに減少し，ある温度以下では正味の光合成生産はまったく行われなくなる．この温度を**低温限界**（low‐temperature limit）とよぶ．高温にしろ低温にしろ限界温度を超えてしまうと植物は生存できない．

　生育可能な温度範囲は，植物の一生を通して一定ではなく，温度履歴，齢，季節によっても変化する．植物はその生存をもっとも容易にする温度を中心に生育可能な温度幅をもっており，その限界は遺伝的な制御を受けている．

　植物の細胞活動を支えているのは，種々の生化学反応であり，それをつかさどる酵素には活性の温度特性がある．したがって，ある温度限界を超えて成長できる植物を作ろうとしたら，一連の酵素群を温度耐性な別の生物のセットとそっくりそのまま入れ替えるようなことをしない限り不可能であろう．一方，温度限界を超えた環境で成長はできなくても，成長を停止し環境に耐える植物は多い．また，温

度限界を経験したあと,傷害を修復し,成長を再開する能力の高い植物も存在する.これらの植物は,植物の温度耐性のしくみを明らかにするうえで重要である.

4・1・1 耐冷性植物

　生化学反応速度には温度依存性があり,低温のもっとも顕著な効果は,正味の光合成速度の減少とその結果としての成長速度の減少として現れる.正味の光合成速度が低下してくると,栄養成長期間の光合成では開花・結実をまかなうに十分な光合成産物を得られないことになる.そのため,極地や高山などの生育期間の極端に短い環境では,必然的に一年生植物(1年のうちに実を結び子孫を残す植物)は生育できず,多年生植物の場合も生殖成長よりはむしろ栄養成長をもっぱらとして繁殖することになる.このような生態学的な植物の知恵は,冬の農作物に目を転じても垣間見ることができる.たとえば,開花・結実が生産性を左右する穀類のうち,秋まきとよばれる品種は冬に栄養成長をし春にすばやく生殖成長をする.また,冬野菜類は冬の短い日照と日中の温度を利用して盛んに栄養成長をするが,春にならないと開花・結実しない.つまり,このような植物で注目すべきは,低温(ときには凍結温度)で栄養成長できる能力をもっている点で,このような能力については後述(凍結耐性,低温馴化)する.

　一方,温帯域や一部の亜熱帯域では,農作物が生殖成長期間中に突然冷温を経験することがある.また,栄養成長期間中でも,幼苗が育つ春先に遅霜や冷温に見まわれることもあり,作物の収穫に重大な影響を及ぼす.このような冷温ストレスがもたらす傷害について以下に紹介する.

　5〜15℃の低温は,熱帯・亜熱帯起源の植物にとってとても危険な温度である.この温度域にこれらの植物が曝されると,栄養生殖期間では葉枯れが問題となり,生殖成長期間では生殖器官の不成熟が問題となる.具体的には,これらの植物は低温で白色化(bleaching),クロロシス(chlorosis;クロロフィルの緑が薄くなり,ときには黄化すること),ネクロシス(necrosis;傷害が進み細胞死を起こすこと),萎れ(wilting),不稔(sterility)などの症状を呈し,これらの症状は植物を至適生育温度に戻しても回復しないばかりか,さらに悪化するという特徴をもっている.このような現象は**低温傷害**あるいは一般に**冷害**(chilling injury)として知られ,多くの研究者の注目を集めている.これらの低温傷害の症状はいわば,低温での**機能障害**(malfunction)の結果であって,すべての症状に共通の特定の原因があるのかどうかはよくわかっていない.図4・2に低温傷害を受けた植物の例を示した.

低温の生理学的影響については，まだよくわかっていないことが多いが，最近の研究により，以下に述べるような要因が少なくともある種の低温感受性を支配しているらしいことがわかってきた．

図 4・2 低温傷害を受けたアレチウリ（2001 年 11 月東京にて）．

a. 植物の低温傷害と膜脂質

i) 植物の低温傷害発生のメカニズム 低温傷害を受けた植物の器官や組織からイオンや低分子化合物が漏出する現象はすでに 70 年代以前からわかっていた．そこで，低温傷害の原因は細胞膜のバリヤーとしての機能が失われることにより，細胞質の電解質が失われ細胞機能が停止するためであるという考えが，J. M. Lyons および J. K. Raison らによって提唱された[2),3)]．彼らは，低温に曝された細胞膜では，低温でゲル化しやすい膜脂質が先に相転移することにより，液晶相（liquid crystalline phase）とゲル相（gel phase）が混在する相分離状態となり，その結果，液晶相とゲル相の境界からイオンや低分子化合物の漏出が起こり細胞の機能が低下し，ついには細胞死に至ると考えた（図 4・3）．

ところで，細胞膜は，脂質二重膜と二重膜に埋め込まれた膜タンパク質から構成

されるという生体膜モデルは，S. J. Singer と G. L. Nicholson によって提唱され[4]，現在でも支持されている．細胞膜を構成する脂質分子は，温度依存的にいくつかの

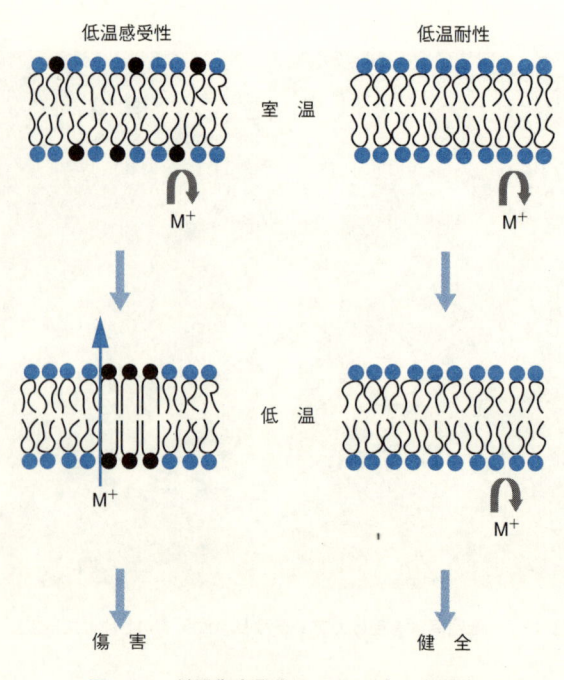

図 4・3 低温傷害発生のメカニズム（仮説）．

物理化学的相（phase）状態をとることが知られている．液晶相とよばれる状態は，脂質二重膜中の脂質分子の二次元的な運動が制限されない状態をいい，このような膜は流動性（fluidity）が高いと表現される．流動性の高い膜では，膜のバリヤー機能は保持され，また膜タンパク質の機能も制限されないと考えられている．一方，温度の低下に伴い，流動性の高い液晶相は固体のように分子運動の制限されたゲル相へと変化する．このようにある相状態から別の相状態に変化することを，物理化学の用語で**相転移**（phase transition）するという．また，液晶相にゲル相が生じた状態のように二つ以上の相が混在する状態を**相分離**（phase separation）状態とよぶ．液晶相がゲル相に転じる温度をゲル化の"相転移温度"とよぶが，膜脂質の相転移温度は膜脂質の極性基の性質と脂肪酸組成によって規定される．特に，脂肪酸の種

類は重要で，飽和脂肪酸を2分子結合した脂質分子種は液晶相からゲル相への相転移が室温以上の高温で起こる．

J. M. Lyons と J. K. Raison の仮説にはいくつかの支持されない点が含まれている．まず，低温による漏出電解質の主なイオン種はカリウムイオンであり，低温でのカリウムイオンの細胞からの流失にはカリウムチャネルが関与することが後に示唆されている．また，植物の細胞膜脂質は多価不飽和脂肪酸を大量に含んでおり，低温傷害を起こす温度域で細胞膜が相転移を起こすという実験的証拠は高等植物では得られていない．

このように，植物細胞膜の相転移が低温傷害を引き起こすという仮説は現在では支持されていないが，その仮説を検証する過程で新たに，葉緑体膜のリン脂質の分子種組成が植物の低温傷害を考えるうえで重要であるという知見が得られてきた．村田は，植物の膜脂質を詳細に分析し，葉緑体膜に含まれるリン脂質であるホスファチジルグリセロール（PG）が，低温でゲル相を形成しやすい脂質分子種（飽和およびトランスモノ不飽和PG分子種）を含むことを発見した[5]．図4・4に代表的なPG分子種の分子模型を示す．飽和およびトランスモノ不飽和PG分子種以外のPG分子種は，少なくとも1分子のシス不飽和脂肪酸を結合しているので，シス不飽和PG分子種とよばれる．シス不飽和PG分子種のゲル化温度は0℃以下なので，シス不飽和PG分子種は低温傷害を受ける温度域では流動的な脂質二重膜を形成すると考えられる．

飽和およびトランスモノ不飽和PG分子種は，低温感受性植物の葉緑体（プラスチド，➡用語解説）の全PGの25〜70％を占めるのに対し，低温耐性植物では1〜20％しか含まれない．したがって，シス不飽和PG分子種の含量と植物の低温耐性との間には相関関係が存在するという仮説が提唱された．つまり，植物の細胞膜では相分離を起こすような脂質は見つからなかったが，代わりに葉緑体の膜脂質が低温で相分離を起こす可能性が新たに示唆された．葉緑体の飽和およびトランスモノ不飽和PG分子種が低温感受性と直接関係するかを確かめるために，以下で述べるような研究が行われている．

ⅱ) **葉緑体におけるPGの生合成経路**　極性脂質は，sn-グリセロールの1位と2位のヒドロキシ基に脂肪酸を結合し，3位のヒドロキシ基に親水性基を結合している．葉緑体PGでは，sn-1位に飽和脂肪酸（パルミチン酸）あるいはシス不飽和脂肪酸（オレイン酸，リノール酸，リノレン酸）が結合しているのに対し，sn-2位にはパルミチン酸または3-トランスヘキサデセン酸が結合している．3-

図4・4 **PGの代表的分子種の分子模型**. 左から, ジパルミトイルPG (飽和PG分子種), 1-パルミトイル-2-(3-トランス)ヘキサデセノイルPG (トランスモノ不飽和PG分子種) および1-リノレノイル-2-パルミトイルPG (シス不飽和分子種).

トランスヘキサデセン酸は, PGの $sn-2$ 位に結合したパルミチン酸が不飽和化されることにより合成されるので, PGの $sn-2$ 位は最初はすべてパルミチン酸が結合する. 一方, $sn-1$ 位のリノール酸とリノレン酸は, $sn-1$ 位のオレイン酸から順次不飽和化されて合成されるので, PGの $sn-1$ 位は最初はすべてパルミチン酸かオレイン酸が結合する. そうすると, 低温耐性植物に多く含まれるシス不飽和分子種は, 経路Aによって合成される (図4・5). 経路Aでは, グリセロール3-リン酸の $sn-1$ 位にまず不飽和脂肪酸 (オレイン酸) が結合する. 一方, 低温感受性植物に多く含まれる飽和およびトランスモノ不飽和分子種は, 経路Bによって合成される (図4・5). 経路Bでは, まずグリセロール3-リン酸の $sn-1$ 位にパルミチン酸が結合する. 2番目の反応以降は, 経路A, 経路Bいずれも共通なので, したがって, 全PGに占めるシス不飽和分子種の割合は, 最初の反応でグリセロール3-リン酸の $sn-1$ 位にどれだけオレイン酸が結合するかによって決定される. この最初の反応を触媒する酵素は, グリセロール-3-リン酸アシルトランスフェラーゼ (EC 2.3.1.15; GPAT) とよばれ, 全PGに占めるシス不飽和分子種の割合は, GPATの不飽和脂肪酸に対する基質選択性によって決定される.

4・1 植物と温度　　　　　　　　　　　　　　　115

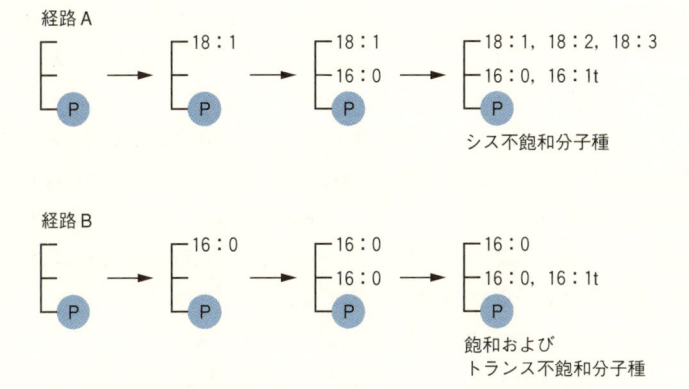

経路A

```
  ┌ 　      ┌ 18:1      ┌ 18:1      ┌ 18:1, 18:2, 18:3
  │    →    │      →    │ 16:0 →    │ 16:0, 16:1t
  └(P)      └(P)         └(P)        └(P)
                                      シス不飽和分子種
```

経路B

```
  ┌         ┌ 16:0      ┌ 16:0      ┌ 16:0
  │    →    │      →    │ 16:0 →    │ 16:0, 16:1t
  └(P)      └(P)         └(P)        └(P)
                                      飽和および
                                      トランス不飽和分子種
```

図 4・5 **PG の生合成経路**（文献 5 より改変）．経路 A では，最初の反応でオレイン酸が取込まれるのでシス不飽和分子種が合成される．経路 B では，最初の反応でパルミチン酸が取込まれるので飽和およびトランス不飽和分子種が合成される．18：1, オレイン酸； 16：0, パルミチン酸； 16：1t, 3-トランスヘキサデセン酸．

iii) グリセロール-3-リン酸アシルトランスフェラーゼ（GPAT） GPAT は，葉緑体のストロマ画分に含まれる分子量約 43 000 の水溶性の酵素で，グリセロール 3-リン酸とアシルキャリヤータンパク質（acyl-carrier protein, ACP）にチオエステル結合した脂肪酸（アシル-ACP）を基質として，リゾホスファチジン酸を合成し，アシルキャリヤータンパク質を遊離する[6]．[^{14}C]パルミトイル-ACP と [^{14}C]オレオイル-ACP の等量混合物をグリセロール 3-リン酸と GPAT 酵素液とともにインキュベートし，リゾホスファチジン酸に取込まれた脂肪酸の種類を薄層クロマトグラフィーで分析することにより，GPAT の飽和および不飽和脂肪酸に対する基質選択性を調べることができた[7]．その結果，低温耐性植物であるホウレンソウやエンドウから精製された GPAT は，オレイン酸に対する選択性が非常に高いのに対し，低温感受性植物であるカボチャから精製された GPAT は，オレイン酸基質とともにパルミチン酸基質も利用できることが明らかとなった．この結果は，GPAT の基質選択性が PG の不飽和分子種の割合を決めているという先の仮説を支持するものであった．

iv) **GPAT の遺伝子発現**　　カボチャの子葉から精製した酵素[8]を抗原として，GPAT に対する特異抗体を調製した．この抗体を用いて，カボチャ子葉の mRNA に対して構築した cDNA 発現ライブラリーをスクリーニングし，GPAT をコード

するcDNAをクローニングした[9]．また，カボチャのcDNAをハイブリダイゼーションプローブとしてシロイヌナズナ（低温耐性植物）のゲノムDNAライブラリーをスクリーニングし，グリセロール-3-リン酸アシルトランスフェラーゼの遺伝子（*ATS1*）が単離できた[10]．GPATは葉緑体ストロマに局在する酵素であるのに対し，その遺伝子は核にコードされている．このようなタイプのタンパク質はたいてい，葉緑体移行に必要なトランジットペプチド（→用語解説）とよばれる配列をアミノ末端に付加して合成される．シロイヌナズナの*ATS1*遺伝子をクローニングすることにより，GPATは分子量約54 000 Daの前駆体タンパク質として核にコードされていることが初めてわかったが，現在では，このような知見はシロイヌナズナゲノムデータベースを解析することにより簡単に入手できる．

v) トランスジェニック植物の解析　シス不飽和PG分子種と低温耐性の因果関係を証明するために，植物への遺伝子導入技術を利用してシス不飽和PG分子種の割合の異なる植物体を作製し，それらの低温耐性を評価すればよい．この実験を行うに際し，遺伝子の受け入れ植物として何を用いるかは重要である．

低温感受性は中間型であるということがPGの脂肪酸組成からも示唆されていたタバコは，第2章で詳しく述べたようにアグロバクテリウムを介した遺伝子導入の実験系がもっとも確立している植物である．そこで，カボチャおよびシロイヌナズナのGPATのcDNAをタバコに遺伝子導入することにより，トランスジェニックタバコのシス不飽和PG分子種の割合ならびに低温感受性を改変する実験を行った[11]．図4・6に実験の模式図ならびに形質転換に用いたTiプラスミドpARA，pSQおよびpBI121（コントロール）のT-DNAの構造を示す．

pARA，pSQおよびpBI121で形質転換したタバコの脂質を分析した結果，いずれのトランスジェニックタバコにおいても極性脂質の相対含量には差が見られなかった．また，脂肪酸組成もPG以外はほとんど変化がなかった．PGに含まれるシス不飽和分子種の割合は，pBI121による形質転換体が64％であるのに対し，pARAおよびpSQによるトランスジェニックタバコではそれぞれ72％および38％に変化した．

図4・7にトランスジェニックタバコ葉の光合成活性の低温による失活をリーフディスク法を用いて測定した結果を示す．リーフディスクを光照射下1℃で4時間低温処理した後，光合成活性を27℃で測定した．pARA，pSQおよびpBI121で形質転換したタバコ葉では，低温処理による光合成活性の失活の割合は，それぞれ，7％，88％および25％であった．また，トランスジェニックタバコを1℃で10

日間低温処理した後，25 ℃で3日間生育させると，pSQ および pBI121 による形質転換体では葉にクロロシス（白色化）が見られたが，pARA による形質転換体では，クロロシスが抑制された（図 4・8）[11]．以上の結果は，GPAT を大量発現させることにより，PG のシス不飽和分子種含量を制御し，同時に葉の低温感受性を改変できることを示している．

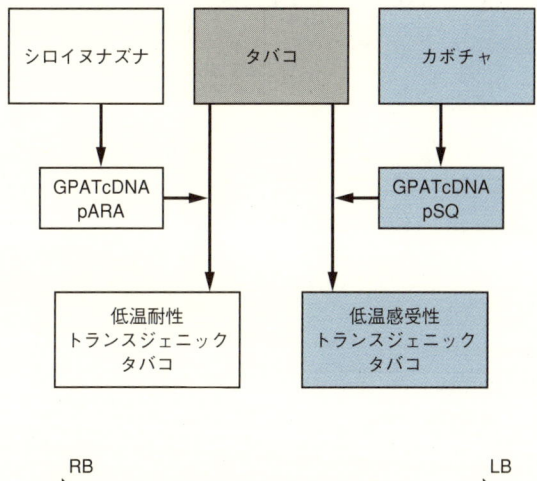

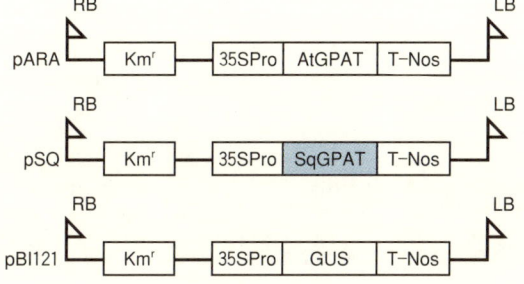

図 4・6 遺伝子工学的手法を用いた耐冷性植物の創生．AtGPAT および SqGPAT はそれぞれ，シロイヌナズナおよびカボチャの GPATcDNA を表す．Km^r：カナマイシン耐性遺伝子，35SPro：カリフラワーモザイクウィルス 35S プロモーター，T-Nos：Nos ターミネーター，GUS：β-グルクロニダーゼ遺伝子．

vi) **低温耐性の分子機構**　植物葉に強い光があたると光化学系 II の反応中心が破壊され光合成活性が低下する．この現象を**光阻害**（photoinhibition）とよんでいる．光阻害は，植物を低温に曝すと促進されることがわかっている．PG の不飽

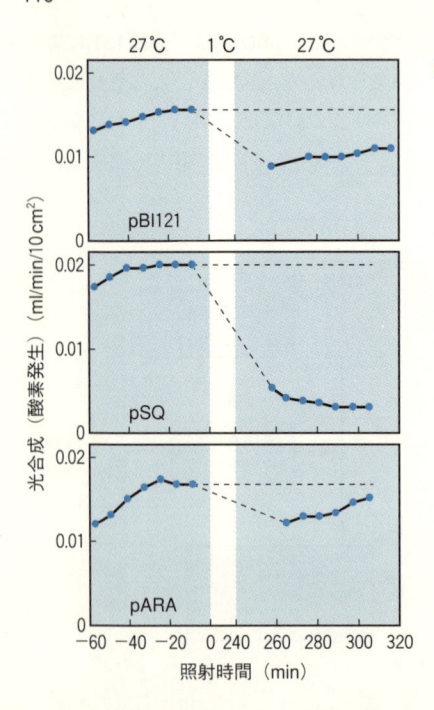

図 4・7 トランスジェニックタバコ葉の光合成活性に対する低温の影響（参考文献 11 より改変）．

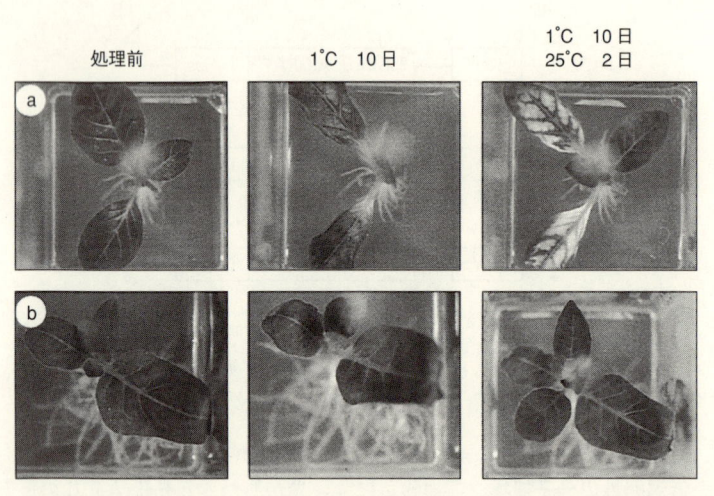

図 4・8 トランスジェニックタバコ葉に対する低温の影響．(a) pBI121 による形質転換体ではクロロシスが見られるが，(b) pARA による形質転換体ではクロロシスが抑制された．文献 11 より転載．

和分子種を増加させたトランスジェニックタバコでは，この低温による光阻害を防ぐのではないかと期待されたが，実際は，PG のシス不飽和分子種は単離チラコイド膜を用いた実験では，低温による光阻害を止めることはできなかった．

一方，生葉を用いた実験では，PG のシス不飽和分子種は低温による光阻害からの回復過程を促進した（図 4・9）．したがって，PG のシス不飽和分子種は光阻害により分解された光合成系 II 複合体の回復過程を促進することに寄与していると考えられる．

vii) 未解決の課題　チラコイド膜の不飽和脂肪酸が光合成の光阻害からの回復過程を促進するという考えは，ラン藻類の脂肪酸不飽和化酵素欠損株を用いた実験からも支持されている[12]．したがって，このような膜脂質の不飽和分子種の効果は，ラン藻類と高等植物で共通に見られる現象である．しかし，光合成系 II 複合体の光阻害からの回復過程は，いくつかの段階からなると考えられており，その

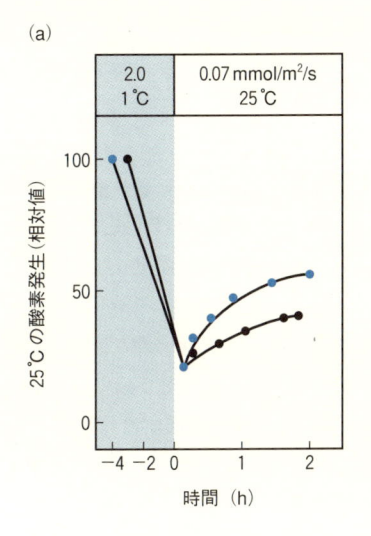

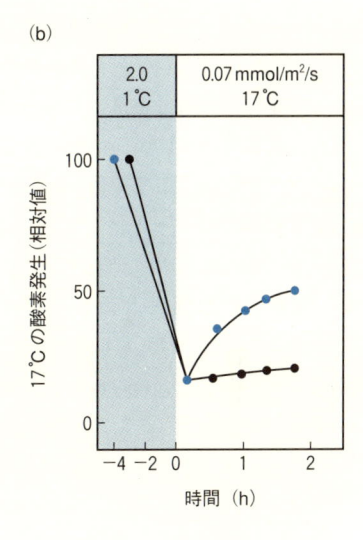

図 4・9　トランスジェニックタバコ葉の光合成活性の低温による光阻害からの回復（参考文献 2 より改変）．●および●はそれぞれ，pSQ および pBI121 によるトランスジェニックタバコ．pBI121 および pSQ によるトランスジェニックタバコ葉から切り出したリーフディスクを，1 ℃強光下で 80 ％の光阻害をかけた．その後，25 ℃（a）および 17 ℃（b）で弱光下で光合成活性の回復を調べた．pSQ によるトランスジェニックタバコの葉では，光阻害からの回復の速度が遅く，17 ℃ではほとんど回復が見られなかった．一方，pBI121 による形質転換体では，光阻害からのより速い回復の速度が観察された．

いずれの段階が律速段階で，不飽和分子種がどのように律速段階を促進するかを明らかにすることは今後の研究課題である．さらに，飽和およびトランスモノ不飽和PG分子種が *in vivo* で相転移を起こすかどうかという問題は，依然証明されていない．

GPATの基質選択性が低温感受性を支配する一要因であるとすると，GAPTの基質選択性の分子機構を明らかにすることは有意義である．しかし，この問題に取組むまえには，いくつかの点を明らかにしなければならない．まず，GPAT前駆体がどのようなサイズの成熟タンパク質にプロセスされて葉緑体で機能するかについて明らかにする必要がある．すでに，特異抗体を用いた実験から，シロイヌナズナ，カボチャのGPAT成熟タンパク質の大きさは約43 kDであると推定されており，また，複数のGPAT遺伝子の推定アミノ酸配列を比べることにより，おおよそのプロセスサイトが推定されている．注目すべきは，このような推定成熟タンパク質のサイズと精製酵素のサイズが一致しないことである．これまでに，ホウレンソウ，エンドウ，カボチャなどの植物種からGPAT酵素が精製されているが，これらはいずれも39～41 kDaのサイズを示している．これらはおそらく酵素精製の過程で部分分解を受けたものと推測されるが，GPATの成熟タンパク質の構造がわからない限り，基質選択性について断定的な結論を出すことはできない．

基質選択性を論ずるうえで，GPAT酵素の結晶構造を解析することは有意義である．すでに，カボチャの精製酵素（成熟酵素よりアミノ末端が約20残基ほど欠けている）にあたる大腸菌発現タンパク質が結晶化され，構造解析が進んでいる．

b. 植物の低温傷害と活性酸素種　スーパーオキシドO_2^-，過酸化水素，一重項酸素 $^1O_2$，ヒドロキシルラジカルなどの酸素関連分子種は反応性が高く，**活性酸素種**（reactive oxygen species, ROS）とよばれている．生体内で発生したROSはまわりの生体分子（タンパク質，脂質，核酸など）を酸化し破壊する作用がある．植物が低温に曝されると，細胞内にROSが発生し，その結果傷害が発生するという考え方がある．この場合，ROSを無毒化する酵素系は，植物の低温耐性を向上させるための遺伝子として注目されている．表4・1には，ROSを無毒化するのにかかわる代表的な酵素をまとめてある．

植物細胞内でROSが発生する場所は，主にミトコンドリアと葉緑体である．ミトコンドリアでは，呼吸基質を酸化して得た電子を速やかに酸素分子に渡し，水に還元する電子伝達反応が行われているが，この呼吸電子伝達鎖の電子が何らかの理由で過剰になると，複合体Ⅰ（Complex I），複合体Ⅲ（Complex III）とよばれる酸

化還元タンパク質複合体で酸素が異常に還元され,スーパーオキシドが発生する[12]. スーパーオキシドはスーパーオキシドジスムターゼ(SOD)とよばれる酵素で過酸化水素と水に分解されるが,ミトコンドリアに局在する Fe-SOD を過剰発現させたナタネでは,低温での成長が促進されたという報告がある.

表 4・1 活性酸素消去系酵素の働き[13]

スーパーオキシドジスムターゼ (SOD)
$2O_2^- + 2H^+ \longrightarrow H_2O_2 + O_2$
アスコルビン酸ペルオキシダーゼ (APX)
$H_2O_2 + 2x$ アスコルビン酸 $\longrightarrow 2H_2O + 2x$ モノデヒドロアスコルビン酸
カタラーゼ
$2H_2O_2 \longrightarrow 2H_2O + O_2$

葉緑体では,光エネルギーを化学エネルギーに変換するための光化学反応系が二つ存在し,それぞれ光化学系 I,光化学系 II とよばれている.光化学系 II では,水を酸化して酸素分子に変換する反応をつかさどり,光化学系 I では,光化学反応で生じる電子で $NADP^+$ を還元し NADPH を生産している.この光化学系 I の還元側で電子が過剰になると,酸素が異常に還元されスーパーオキシドが発生する.葉緑体の Fe-SOD に変異の入ったラン藻(*Synechococcus* PCC7942,低温感受性)では野生型に比べ,中程度の光強度のもとで 17 ℃ での生育が遅くなることがわかっている[12c].しかし,それ以下の低い温度では,野生型でも Fe-SOD の酵素活性が低温により低下するので,むしろ上述した膜の傷害が優先するようである.高等植物でも,弱い光の条件下では低温で光化学系 I の反応中心が分解することが知られている[13a]が,この場合も ROS が関与するようである.

アスコルビン酸ペルオキシダーゼ(APX)は,アスコルビン酸をモノデヒドロアスコルビン酸に酸化することにより,過酸化水素を水に分解し無毒化する酵素である.APX は基質である過酸化水素に対する親和性が高く,低温での活性も SOD ほど低下しないと考えられている.イネを 42 ℃ の高温で処理すると,5 ℃ で 7 日おいても低温傷害が見られない.42 ℃ 処理のときに,活性酸素消去系酵素群の活性を調べると,APX の活性が特異的に上昇し,その活性は低温にしてからも十分に残存することがわかっている[13b].したがって,低温での活性酸素種の消去には,SOD よりむしろ APX が中心的な役割を果たすようである.小麦のカタラーゼを過剰発現したイネでは,低温における萎えが軽減するという報告もある.

c. まとめ 以上，耐冷性植物を作出するためには，これまでのところGPATの改変によりある程度の効果が期待できることが示されている．また，活性酵素消去系酵素を利用した耐冷性植物の作出はトランスジェニック野菜の耐冷性の野外評価などがかなり進んできている．葉緑体のPGの不飽和分子種を増やすツールとしては，基礎生物学研究所・村田らの発案によるラン藻のアシル脂質不飽和化酵素を用いた研究[14]もある．

4・1・2 耐凍性植物

温帯域に生育する植物は，一般に季節による温度変化に対する適応性が高いことが知られている．温帯域では，冬の温度が氷点下に達することもまれではない．温帯域に生育する越年生植物や樹木などは，このような凍結環境を乗り切るしくみを備えている．植物の凍結環境を乗り切る能力を一般に**凍結抵抗性**（freezing tolerance）とよんでいる．凍結抵抗性をもつ植物は，ある温度以上の（種固有の）凍結温度に曝されても解凍後の生存が可能である．

植物の凍結抵抗性は，戦略的に大きく二つに分けられる．一つは，植物の特定の器官や組織を凍結させないようにするやり方で，**凍結回避**（freezing avoidance）とよばれる．大きな種子や広葉樹の木部の放射組織などでは$-15\,°C$ないし$-35\,°C$の凍結温度でも凍らないでいられるという[1]．もう一つは，細胞外が凍結しても細胞内が傷害を受けない性質で，**耐凍性**あるいは**凍結耐性**（freezing tolerance）とよぶ．ここでは，主に耐凍性のしくみについて概説する．

極低温環境に生育する植物には，以下に述べるようないくつかの共通の特徴があることが知られている．極低温環境では生殖成長をするに十分なエネルギーを確保することが難しいということを先に述べた．しかし，極低温に曝されるまえに種子を形成する植物もあり，このような種子は休眠性をもっており，休眠性の打破には低温を要求する．極低温下でのエネルギー物質としては，デンプンを貯蔵器官に貯め込む植物が多い．デンプンは，春に速やかに成長するために必要な物質であるが，栄養成長期間が比較的短いために種子を形成できない場合も，器官にデンプンを貯め込むことができるという利点を有する．花芽の形成は，開花年の1ないし2年前から始まる．葉は，小型で，寿命が長い．また，葉にアントシアニンを蓄積することにより色を暗黒化し，放射熱を吸収しやすくしているという説があるが，実際，シロイヌナズナでも長期間にわたり低温で栽培すると表皮細胞にアントシアニンを大量に蓄積する．また，多くの耐凍性植物は細胞外に氷晶を形成するが，このよう

な細胞間氷晶の形成でも組織が痛まないようにアポプラストの空隙を増やした構造をとることもある（後出）．シロイヌナズナ葉は長期間にわたり低温で栽培すると肥厚し，細胞間隙が増加したことをうかがわせる形態をとる．あとに述べるように，細胞外凍結は細胞内の脱水をもたらすので，凍結脱水による乾燥に耐えられる能力をもつ．さらに，非凍結温度の低温に曝されることにより凍結耐性が上昇するという低温馴化能（後述）を獲得している．

a. 凍結耐性の評価と低温馴化　　低温感受性植物は，低温傷害を受けると細胞からカリウムイオンが流出することはすでに述べたが，低温耐性植物でも限界温度を超えた凍結温度に曝されると細胞から電解質（やはりカリウムイオン）の漏出が観察される．このことから，凍結傷害の原因は凍結による細胞膜の傷害が原因であるという考えが多くの研究者に受け入れられている．そこで，凍結耐性を簡便に評価する方法として凍結・融解後の試料から漏出する電解質の相対漏出率を比較する方法がよく用いられる（図4・10）．電解質の相対漏出率を求めるためには，まず，ある凍結温度まで冷却後に解凍した組織片を蒸留水にひたし，漏出する電解質量（EL_aとする）を電気伝導度計で測定する．つぎに，組織片だけを液体窒素温度にまで冷却し細胞を完全に破壊し，解凍後に再び同じ蒸留水中で振とうし，漏出する電解質量（EL_bとする）を電気伝導度計で測定する．$100 \times EL_a/EL_b$の値を相対電解質漏出率（ELとする）と定義し，ELの凍結温度依存性をプロットする．そうすると，EL＝50％を与える凍結温度を求めることができ，この温度をEL_{50}値（a 50％ leakage of electrolytes）と定義する．実際，多くの植物材料を用いた研究で，50％電解質漏出を引き起こす温度と個体の生存率が50％となる温度

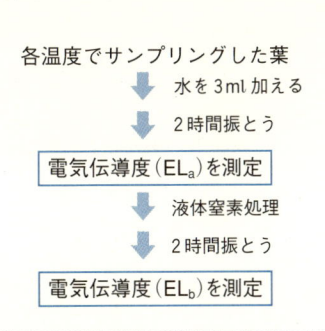

各温度でサンプリングした葉
↓ 水を3ml加える
↓ 2時間振とう
電気伝導度（EL_a）を測定
↓ 液体窒素処理
↓ 2時間振とう
電気伝導度（EL_b）を測定

$$電解質漏出率(EL) = \frac{EL_a}{EL_b} \times 100 \, (\%)$$

図4・10　電解質漏出率の測定方法．

(LT_{50}, lethal temperature 50) がよく一致する.

植物の耐凍性の分子機構を考えるとき, **低温馴化** (cold acclimation) とよばれる現象は注目に値する. 非低温馴化状態のライムギは $-5\,°C$ の凍結温度で死んでしまうが, 低温馴化したライムギは $-30\,°C$ の凍結温度でも生存できる. 低温馴化とは, 植物を非凍結温度の低温に1日から1週間曝すことにより, その植物の耐凍性が上昇する現象をいう. 低温馴化能は LT_{50} 値を用いて次のように説明される. 低温馴化前の耐凍性を $LT_{50}(NA)$ (NA は non-acclimated の略) とし, 低温馴化後の耐凍性を $LT_{50}(CA)$ (CA は cold-acclimated の略) とすると, 植物の低温馴化能は,

$$\Delta LT_{50} = LT_{50}(CA) - LT_{50}(NA)$$

で表される. 低温馴化過程では, 多くの生理学的, 生化学的, 分子生物学的変化が起こり, 特に, 低温で発現する一連の遺伝子群の働きが凍結耐性の獲得に重要であることが最近の研究で示されている (後述).

b. 凍結環境下の細胞が受けるストレスと凍結傷害の発生部位 凍結・融解により細胞からは電解質の漏出が起こることから, 凍結による第一の傷害部位は細胞膜であるという考えがもっとも受け入れられている. もしそうだとすると, なぜ, 細胞膜は凍結融解後にイオンに対して漏出性 (leaky) の傾向になるのかという疑問に答える必要がある. 現在の考え方は, 次項に述べるように, 凍結処理した細胞のフリーズフラクチャ電子顕微鏡像で観察される膜の異常構造から, 細胞膜の脂質二重膜構造自身が凍結脱水環境下で破壊されることが漏出性になる原因と考えられている. それを詳しく説明するまえに, 凍結環境下の細胞はどのようなストレスを受けるかについて説明する必要がある.

耐凍性植物を生存できる温度範囲で凍結させると, 細胞のアポプラスト (➡用語解説) には氷核が形成されるが, 細胞内には氷核がまったく形成されない (図4・11). 細胞質の水 (溶質を含む水溶液) とアポプラストの氷では, それぞれと平衡状態にある気相の水蒸気圧に大きな差があることが理論的に予測される. そのため図4・11に示すように, 細胞外が凍結した細胞内の水は, その蒸気圧が凍結温度における氷の蒸気圧と等しくなるまで蒸発を続け, その結果, アポプラストの氷核はしだいに成長する. また, 細胞質は高濃度の溶質を溶かし込んだ水溶液となり, 細胞はいわば極度の脱水状態となる. 実際, $-10\,°C$ の凍結温度に平衡化させた場合, 細胞内の浸透圧的に有効な水の 90% 以上は細胞外に蒸発し, 細胞質の浸透圧は $-12.2\,MPa$ (5 osmolar) 以上に達する. したがって, 凍結脱水環境は, 細胞に細胞質の電解質濃度の上昇による塩ストレスを与えるほか, 濃縮により細胞内容物,

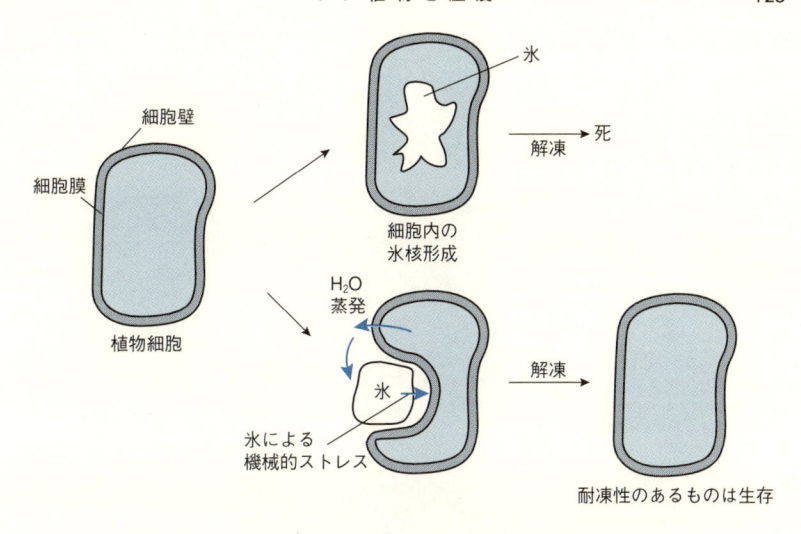

図 4・11　氷核により植物細胞が受けるストレス．

特に膜系の異常接近をもたらすと考えられている．
　c. 凍結による細胞膜傷害のモデル　正常な細胞膜は，膜内タンパク質粒子が脂質二重膜に均一に分散したようなフリーズフラクチャ電子顕微鏡像(➡用語解説)を与える[16),17)]．一方，凍結傷害を受ける温度まで緩速凍結させた植物細胞の細胞膜のフリーズフラクチャ電子顕微鏡像には，膜内タンパク質顆粒がまったく見られず"アパーティキュラードメイン"(aparticular domain，AP)とよばれる領域が観察される（図 4・12）．アパーティキュラードメインは，当初は，細胞膜脂質が低温により相転移することにより形成されると考えられた．しかし，藤川や P. Steponkus らの研究により，アパーティキュラードメインは凍結脱水によって濃縮された細胞質で，細胞膜とオルガネラ膜が異常接近することにより形成されるという考えが提唱されている[16)]．アパーティキュラードメインの形成頻度は，凍結温度，浸透圧によっても影響を受けるが，詳しくは文献 16 を参照されたい．アパーティキュラードメインを形成した細胞膜はバリヤーとしての機能を失ってしまう．植物の凍結傷害の発生は，凍結脱水によって細胞膜とオルガネラ膜が異常接近することによりアパーティキュラードメインが形成されることが原因であると考えられている．また，低温馴化により植物は耐凍性を上昇させるが，低温馴化によって発現する遺伝子群や，各種生理学的変化は，細胞膜のアパーティキュラードメイン形成を

防ぐ働きをもっていると期待される．以下の項では，低温馴化で起こる生理学的変化について，それぞれがどのように凍結耐性の上昇に寄与すると考えられているかについて解説する．

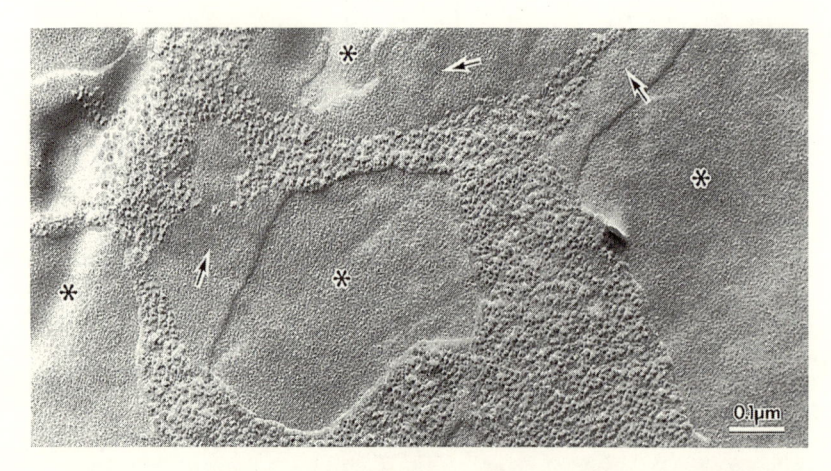

図4・12　フリーズフラクチャ電子顕微鏡により観察された凍結によって細胞膜に形成されたアパーティキュラードメイン（矢印で示す）．文献6より転載．

d. 糖・プロリンの役割　リン脂質の一種であるホスファチジルコリンを水に懸濁させた後，超音波処理をして脂質を十分に分散させると，直径が20〜50 nmの単一膜リポソーム（unilamelar liposomes）とよばれる膜モデル構造が形成される．ショ糖は脂質分子と直接相互作用してこのリポソームを保護する可能性が示唆されている[18]．水溶性のESRスピンプローブを用いた別の実験で，リポソームを構成する脂質の極性基には水分子が水素結合しており，これらの水分子はまわりの水が凍結しても凍らずにいることが示唆されている．一方，リポソーム水溶液をショ糖の存在下で凍らせると，この"凍らない水"の存在が消えることが示唆されている．以上の結果をもとに，G. StraussとH. Hauserは，ショ糖は膜脂質の極性基に水素結合した水分子を置換することにより，膜同士の融合を阻害し，リポソームの構造を安定化するというモデルを提唱している[18]．

植物の低温馴化過程で糖の蓄積が観察されている．シロイヌナズナの場合，低温馴化1日目までに顕著な糖の蓄積が始まり，それと並行して凍結耐性も上昇する．一方，プロリン（図4・16参照）も低温馴化に伴って蓄積するが，シロイヌナズナ

の場合，プロリンの蓄積が始まるのは，1日目以降であるので，少なくとも1日目までの凍結耐性の上昇にプロリンは寄与しない．しかし，1日目以降の凍結耐性の上昇とプロリンレベルの上昇には並行関係が見られるのに対し，糖の蓄積レベルは並行関係が見られなくなる．すなわち，1日目までの凍結耐性の上昇には糖が，1日目以降の凍結耐性の上昇にはプロリンが関与するらしい．このような使い分けがあるという実験結果は，最近筆者の研究室で得られた成果であるが，今後は，糖とプロリンの細胞内局在性を含めてさらに検討する必要がある．

e. COR 遺伝子群とその転写因子 C. Guy らは，ホウレンソウを低温馴化させると，少なくとも 100 種類以上の新たなタンパク質が新規に合成されることをタンパク質の二次元電気泳動法で示し，低温馴化過程は新たな遺伝子発現を伴うことを初めて示した[19]．その後，今日までにすでに，すべての植物を合計して 50 種類以上の低温誘導性遺伝子がクローニングされている[20]．

低温誘導性遺伝子の一部は，遺伝子配列の相同性からタンパク質の機能が推定されている[20]．たとえば，シロイヌナズナの *FAD8* とよばれる遺伝子は，葉緑体でのリノレン酸合成に直接かかわるアシル脂質不飽和化酵素で低温で転写産物の蓄積が見られる．低温で膜脂質組成変化（具体的には，膜脂質のリノレン酸レベルの上昇）は凍結下における膜の安定性に寄与するのかもしれないという説明がされているが，本当のところ低温での生理的役割はよくわかっていない．

ホウレンソウ *Hsc70-12* やナタネ *Hsp90* は，低温誘導性の分子シャペロン（➡用語解説）であり，凍結環境で変成したタンパク質の機能回復に一役かっているのかもしれない．また，シロイヌナズナの低温誘導性の MAP（mitogen-activated protein）キナーゼ（➡用語解説）と MAP キナーゼキナーゼキナーゼ（➡用語解説）をそれぞれコードする MPK3 と MEKK1 や，低温誘導性のカルモジュリン関連遺伝子 *TCH2* および *TCH3*，ホスホイノシチド特異的ホスホリパーゼ C 遺伝子 *PLC1* など低温でのシグナル伝達に関連しそうな遺伝子が知られている．低温誘導性の 14-3-3 タンパク質遺伝子 *RCI1A* も知られている．*RCI1A* 転写産物は，ほかの低温誘導性遺伝子の転写産物とは異なり，馴化後 3 日目で初めて蓄積が観察され 7 日目で最大の蓄積となる点が特徴的である．

低温誘導性遺伝子は低温での生育に必要であるのか，あるいは，凍結・融解ストレス下での生存のために必要なのかを分けて考えることは，植物の低温での成長と凍結耐性に関する形質を遺伝子工学的に向上させる研究を進めるうえで重要である．低温誘導性遺伝子の低温での生理機能の解析を進めるうえで，シロイヌナズナ

ゲノムアレイを利用した低温誘導性遺伝子の検索や遺伝子タグライン（5・1・2節参照）中の遺伝子破壊株のスクリーニングは今後重要となるであろう．

低温誘導性遺伝子群のなかで，**COR**（cold-regulated gene）とよばれる遺伝子群が植物の凍結耐性の上昇に大きくかかわっているのではないかと推測されている．シロイヌナズナには，四つの COR 遺伝子が知られており，それぞれ，COR6.6（KIN2），COR15a，COR47（RD17），COR78（RD29A，LTI78）とよばれている（カッコ内は別名を示す）．シロイヌナズナ以外の植物にも，これら COR のホモログが知られており，ナタネ BN27，BN115，ホウレンソウ CAP160 はそれぞれシロイヌナズナの COR6.6，COR15a，COR78 のホモログである．また，COR47 は LEA（late embryogenesis abundant protein）とよばれる特徴的なタンパク質（➡用語解説）をコードしており，LEA タンパク質の仲間は多くの植物で低温で誘導されることが知られている．

COR タンパク質は，互いにポリペプチドの一次構造はまったく似ていないが，いくつかの共通した性質をもっている．たとえば，水溶性タンパク質であること，沸騰温度の水にさらしても水溶性を失わないこと，アミノ酸組成が比較的単純で10 残基前後の繰返しモチーフをもつことなどである[21]．最近の研究では，COR タンパク質は両親媒性ヘリックス（amphipathic helix）構造をもち，その構造を介して膜と相互作用をし安定化させるという考えが提唱されている（後述の h. 耐凍性向上トランスジェニック植物を参照）．このような構造的な役割のほかに，COR タンパク質が生理的役割をもつのかはわかっていない．

f. 低温馴化の分子機構　遺伝子発現調節には，遺伝子のコード領域の 5′ 上流に存在するシス因子とよばれる調節塩基配列（モチーフ）と，そのシス因子に結合してはたらくトランス因子（転写因子ともいう）が重要である．低温で発現が誘導されるシロイヌナズナの COR 遺伝子の 5′ 上流配列には，C-repeat/drought-responsive element（CRT/DRE 配列）（たとえば，COR78 の場合 TACCGACAT が DRE 配列として同定され，そのうち下線部を CRT とよんでいる）とよばれるシス因子が共通に見られ，これが低温誘導性を支配することがわかっている．また，このシス因子に結合するトランス因子として，低温誘導性の転写因子 CBF/DREB1 が同定されている．CBF/DREB1 は AP2 モチーフをもつ転写因子で，シロイヌナズナゲノム中には少なくとも三つの遺伝子が存在し，それぞれ，CBF1（DREB1B），CBF2（DREB1C），CBF3（DREB1A）とよばれている．CBF/DREB1 が低温馴化による凍結耐性の上昇に中心的に働くことは，あとで述べる CBF/DREB1 過剰発

現トランスジェニック植物を用いた実験で明らかである．*CBF/DREB1* の転写産物レベルは，低温処理後 20 分という短時間で上昇が見られ 3 時間後には最大蓄積レベルに達することから，*CBF/DREB1* はシロイヌナズナの 1 日以内に起こる凍結耐性の上昇に中心的に関与すると考えられる．一方，すべての低温誘導性遺伝子が，*CBF/DREB1* の支配を受けるわけではない．実際，*CBF/DREB1* の 5′ 上流配列には CRT/DRE 配列が見られない．

　シロイヌナズナは，最大凍結耐性を示すにはアブシジン酸（abscisic acid；ABA）が必要であることが，アブシジン酸合成変異株やアブシジン酸感受性変異株を用い

アブシジン酸（ABA）

た実験から明らかになっている．実際，植物を低温にするとアブシジン酸の蓄積が見られるので，低温馴化に伴う凍結耐性の上昇にはアブシジン酸を介する遺伝子発現が関与することが考えられる．しかし，アブシジン酸の蓄積には，1 日以上の低温処理が必要であるので，シロイヌナズナで見られるように 1 日以内で上昇する凍結耐性の獲得にはアブシジン酸は関与しないのかもしれない．

g. *eskimo* 変異株　Z. Xin と J. Browse は，シロイヌナズナの突然変異株の種子 800 000 個から恒常的に凍結耐性を示す変異株を単離している．このうち，*eskimo1*（*esk1*）変異は，非低温馴化条件下で $-10.6\,°\mathrm{C}$（野生型では $-5.5\,°\mathrm{C}$）の凍結温度に耐え，低温馴化後にはその凍結耐性は $-14.8\,°\mathrm{C}$（野生型では $-12.6\,°\mathrm{C}$）まで上昇する．*esk1* のロゼット葉には大量のプロリンが蓄積しており，このプロリン蓄積が凍結耐性の上昇に寄与していると考えられている．また，プロリン以外では，糖の総含量が 2 倍，低温誘導性 LEA II タンパク質をコードする *RAB18* 遺伝子の転写産物レベルが 3 倍高くなっており，これらの要因も凍結耐性の上昇に寄与すると推測されている．一方，*COR15a*, *COR6.6*, *COR47*, *COR78* の転写産物レベルは非低温馴化条件下ではほとんど検出されなかったことから，*esk1* 変異株では，*CBF/DREB1* 系以外の遺伝子発現系が働き凍結耐性を上昇させていると考えられている．これらの推測が正しいかどうかは，*esk1* 遺伝子の単離を含めた今後の研究が必要である．

h. 耐凍性向上トランスジェニック植物　遺伝子導入による凍結耐性の向上を

目的としていくつかのトランスジェニック植物が作製されている．これらのトランスジェニック植物の耐凍性を，野生型植物や変異株植物の耐凍性と表4・2に比較する．

COR15a過剰発現シロイヌナズナ　COR15aは，葉緑体のストロマに局在するタンパク質であるが，COR15aを過剰発現したシロイヌナズナ個体は，野生型に比べ凍結耐性の向上が見られない．しかし，単離プロトプラストを用いて傷害を判定すると，COR15aを過剰発現したプロトプラストの生存率が，-4°Cから-8°C付近で若干上昇することが観察された[22]．植物体でのCOR15aの働きはまだよくわ

表4・2　トランスジェニックシロイヌナズナの凍結耐性

エコタイプ	導入遺伝子	クローン名	EL_{50} (°C)	プロリンレベル μmol/g生重量
RLD[a]			-3.9	
RLD/CA			-7.6	
	CBF1	A6	-7.2	
	CBF1	B16	-5.2	
	COR15a	T8	-3.8	
WS-2[b]			-4.5	
WS-2/CA			$-6 \sim -8$	
	CBF3	A40	-11	~ 5
		A30	-11	
		A28	-11	
COL[c]				~ 0.38
COL	anti *ProDH*	anti-ProDH-12	> -7	~ 0.87
COL[d]			-5.5	~ 0.65
COL/CA			-12.6	~ 7.0
COL/*esk1*			-10.6	~ 23
COL/*esk1*/CA			-14.8	~ 21
WS[e]			-2.3	
	codA	L1	-6.3	0.90
		L2	-4.3	0.76
		L3	-3.8	0.70
	5mMベタイン		-7.2	

a) K. R. Jaglo-Ottosen, S. J. Gilmour, D. G. Zarka, O. Schabenberger, M. F. Thomashow, *Science*, **280**, 104 (1998).
b) S. J. Gilmour, A. M. Sebolt, M. P. Salazar, J. D. Everard, M. F. Thomashow, *Plant Physiol.*, **124**, 1854 (2000).
c) T. Nanjo, M. Kobayashi, Y. Yoshida, Y. Kakubari, K. Yamaguchi-Shinozaki, K. Shinozaki, *FEBS Lett.*, **461**, 205 (1999).
d) Z. Xin, J. Browse, *Proc. Natl. Acad. Sci. U. S. A.*, **95**, 7799 (1998).
e) A. Sakamoto, R. Valverde, Alia, T. H. H. Chen, N. Murata, *Plant J.*, **22**, 449 (2000).

かっていないといえる．

***CBF1* 過剰発現シロイヌナズナ**　*COR15a* 過剰発現体では，凍結耐性の向上がまったく見られなかったが，*CBF1* 過剰発現シロイヌナズナでは，非低温馴化条件下での凍結耐性が 3.3 ℃ 上昇した[23]．*CBF1* 過剰発現体では，すべての *COR* 転写産物レベルが上昇していたことから，凍結耐性の発現には COR15a だけでは不十分で，すべての COR の発現が必要であることを示唆している．*CBF1* 過剰発現体の生育は，野生型と変わらない．

***CBF3* 過剰発現シロイヌナズナ**　*CBF3* 過剰発現体は野生型（WS）に比べて個体も小さく，花芽の形成に時間がかかり，しかも，種子生産量も減少する傾向にあった．生育の著しい阻害が見られる[24]．凍結耐性の指標となる EL_{50} 値は，野生型が -4.5 ℃ に対して，*CBF3* 形質転換体で -8 ℃ であった．*CBF3* 過剰発現体では，*CBF1* 過剰発現体に比べ *COR* 発現レベルが高いので，上述のような生育に対する影響がでると考えられている．同様の知見は，*DREB1A* 遺伝子を過剰発現したシロイヌナズナでも報告されている[25],[26]．

***codA* 過剰発現シロイヌナズナ**　グリシンベタイン（以後，単にベタインとよぶ）は，オオムギ，ホウレンソウなどの耐塩性植物が塩ストレスに曝されると蓄積する化合物で，浸透圧ストレスに対する適合溶質の一種として知られている．適合溶質については 4・2・4b 節を参照されたい．ベタインは，すべての植物が蓄積するわけではなく，シロイヌナズナ，ジャガイモ，イネなどの塩ストレス感受性植物は塩ストレス条件下でもベタインを蓄積することはない．そこで，ベタインを蓄積しないこれらの植物に遺伝子工学的にベタインを蓄積させると塩耐性となる（4・2・4b 節）．興味あることに，ベタイン蓄積植物は，耐塩性のほかに耐凍性，耐暑性も向上する．

ベタイン合成を支配する遺伝子群は，すでに三組み知られているが（図 4・13），ここではそのうちの一つを紹介する．*codA* は土壌細菌 *Arthrobacter globiformis* のベタイン合成にかかわる遺伝子で，コリンオキシダーゼ（EC1.1.3.17）をコードする（図 4・13）．コリンオキシダーゼの特徴は，コリン + $2O_2$ → ベタイン + $2H_2O_2$ の反応を触媒し，コリンから一段階でベタインを生成する点にある．これに対し，大腸菌や植物のベタイン合成系では，コリンからベタインに変換するために，最低 2 種類の酵素が必要である．したがって，遺伝子導入により，ベタイン合成を付与する場合，*codA* 遺伝子を導入する方が，大腸菌や植物のベタイン合成系を導入するよりも優れている．

A. Sakamoto らは，*codA* をシロイヌナズナ（WS）の葉緑体へターゲットすることにより，地上部のベタインレベルが 0.7〜0.9 μmol/g 生重量に達するトランスジェニック植物を作出した[27]．単離プロトプラストおよび単離葉緑体を用いた実験から，蓄積したベタインのほとんどは葉緑体に蓄積していると推定された．*codA* を過剰発現したシロイヌナズナのうち，もっともベタインの蓄積レベルが高かった形質転換体は，$-5\,°C$ で 2 時間の低温処理に対して耐性を示すという．また，*codA* を過剰発現したシロイヌナズナの EL_{50} 値は，$-3.8\,°C$ から $-6.3\,°C$ となり，野生型植物（WS）の EL_{50} 値である $-2.3\,°C$ と比較すると，1.5〜4 °C 低い値を示した．以

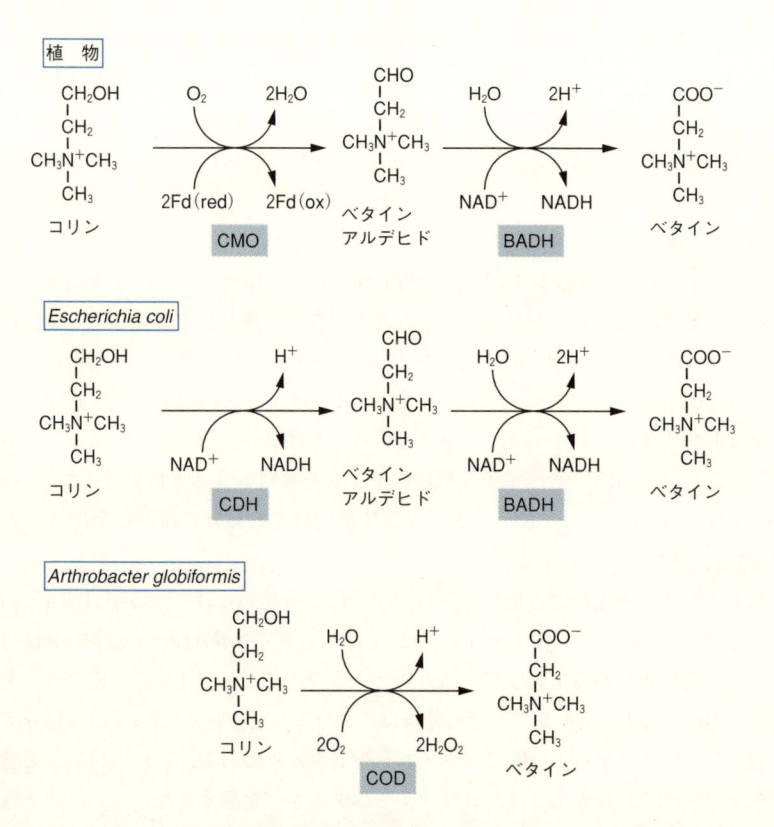

図 4・13 ベタイン生合成経路を支配する遺伝子（参考文献 27 より改変）．CMO：コリンモノオキシゲナーゼ，BADH：ベタインアルデヒドデヒドロゲナーゼ（EC1.2.1.8），CDH：コリンデヒドロゲナーゼ（EC1.1.99.1），COD：コリンオキシダーゼ（EC1.1.3.17）．

上の結果から，*codA* 過剰発現シロイヌナズナは凍結耐性が上昇すると結論されている．ベタインを蓄積した植物では野生型に比べ，凍結・融解後の光化学系 II の量子収率の低下が軽減することが示されている．

プロリンデヒドロゲナーゼアンチセンスシロイヌナズナ プロリンデヒドロゲナーゼ（ProDH）は，L-プロリン分解のための最初の反応をつかさどる酵素で，プロリンを Δ^1-ピロリン-5-カルボン酸（P5C）にする．ProDH をアンチセンスしたシロイヌナズナでは，プロリンが約 100 μg（0.87 μmol）/g 生重量蓄積する．野生型シロイヌナズナでは，プロリンレベルは，40 μg（0.35 μmol）/g 生重量程度であったことから，ProDH アンチセンスにより，プロリンの蓄積レベルは約 2.5 倍上昇したことになる．このトランスジェニック植物を光照射下 -7 °C で 2 日間処理すると，約 30 % の生存率を示すという．同じ条件で，野生型植物はすべて死滅することから，プロリンの蓄積が凍結耐性を向上させたと結論されている[28]．

i. モデル植物の知見を他の植物に生かすには？ シロイヌナズナをモデル植物とした研究から，凍結耐性の獲得には低温誘導性の転写因子の発現が需要であることが導かれた．そこで，同様の転写因子が他の植物でも存在するかどうかを調べる研究が始まっている．すでに，CBF/DREB1 のホモログがイネをはじめとする植物から単離されている．トランスジェニック植物で得られた知見は興味あるものが多いが，形質が安定しないという問題点が生じている．ストレス耐性形質を安定な形質として遺伝させるための工夫も必要である．

j. その他 アポプラストで大きく成長した氷は機械的に細胞を圧迫するが，このような機械的ストレスも細胞構造の破壊や内容物の圧迫をもたらすと考えられている．後者のストレスを軽減するためには，細胞外の氷晶の成長を調節する"氷核成長制御物質"の存在が注目に値する[29]．

4・1・3 耐暑性植物

植物は光合成を行うために，葉の気孔を開き二酸化炭素を取入れる必要がある．このとき植物は，1 分子の二酸化炭素あたり 200 分子の水を大気中に放出（蒸散）している．気孔からの水の蒸散により葉の水ポテンシャル（➡用語解説）が下がるが，これは植物が根から地上部へと水を吸い上げるための原動力となっている．したがって，十分に給水を受けた植物では，乾燥した大気中でも気孔を開き光合成と蒸散を活発に行うことにより，盛んに成長することができる．一方，給水が制限されるような場合には，乾燥した大気中で気孔を長時間開くことは葉を乾燥ストレス

に曝す可能性があるので，植物は光合成を犠牲にして気孔を閉じてしまう．このような状況で生理的に問題となるのが，葉の**高温ストレス**（high-temperature stress）である（図4・14）．

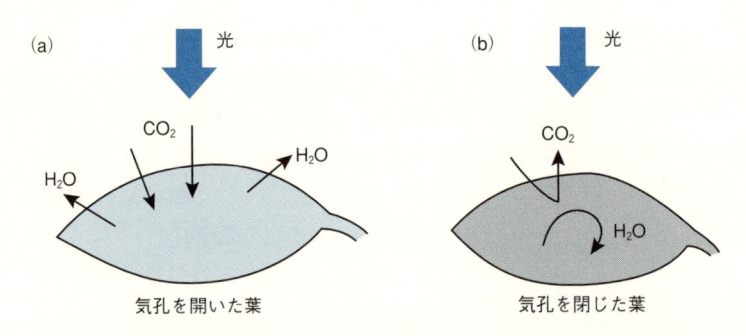

図 4・14 植物と高温ストレス．（a）気孔を開いた葉では，光合成と蒸散が活発に行われ，葉温も低下するために高温ストレスから回避される，（b）気孔を閉じた葉では光合成と蒸散が行われず，葉温が上昇し高温ストレスに曝される．

葉は光合成をするために長時間太陽光に曝されるが，その際，太陽放射熱のためともすれば葉温は気温よりも高温になりがちである．しかし，葉の水蒸散システムのおかげで，植物は太陽放射熱を水の蒸発熱として放散させることができる．したがって，水の蒸散システムは，葉を高温ストレスから回避させる冷却システムとして重要である（気孔の数が少ない場合は，温度が上がりやすいという報告がある）．一方，高温・乾燥条件で気孔を閉じた植物では，熱の放散がうまくゆかず，体温が40℃を超えてしまうようなストレスに曝される．

高温環境に生育する植物は，熱伝導効率を上げるために小さくて切れ切れの葉をもっていたり，放射熱を反射できるような光沢のある葉や微毛をもつ葉をもつなど，構造的な耐暑性を備えている．また，構造的な要因のほかにも，生理的な耐暑性を備えていると考えられる植物もいる．たとえば，サボテン属（*Opuntia*）の一種は日中の植物体温が65℃となっても生存していたという報告があるが，サボテンのように水分を体に貯めるタイプの植物は水の比熱が高いのでいったん体温が高温になると長時間高温ストレスに曝されることになる．したがって，砂漠の植物は日中のもっとも暑い時間帯には，蒸散によって熱を放出する必要がある．茎に水分を蓄えるような植物では，葉からの蒸散に対してすぐに根から水分を吸収するようなこ

とはせず，茎の水分を緩衝液として利用している．茎から失われた水分は，夜間に気温が下がってからゆっくりと回復するという．

　光合成の耐熱温度は植物種によって大きく異なるが，おおむね，C4光合成系の耐熱温度は45〜60℃であるのに対して，C3植物の耐熱温度は35〜45℃である．組織の温度が高くなれば，タンパク質の変性や，膜の損傷，有害物質の発生などの傷害が発生する．また，熱ストレスは，一般に，葉のショ糖濃度の増加を引き起こし，逆にデンプンの蓄積量は減少するという．そのほか，高温によりRuBisCO（➡用語解説）を活性化する酵素の失活が起こること，膜の流動性が変わりヘキサゴナルII相の形成など構造異常が起きること，チラコイド膜のプロトンが漏れ出すこと，光合成系IIは45℃以上で失活することなどが知られている．

　これに対して熱馴化した植物では，別のタイプのRuBisCO活性化酵素が発現すること，光化学系Iのサイクリック電子伝達系が働きチラコイド膜からのプロトンのリークを抑えること，カロチノイドの一種であるキサントフィルが増加し膜を安定化させることなどが知られている．

　耐暑性の生理的な本質はまだよくわかっていないが，以下に述べるように，熱馴化による耐暑性の向上には熱ショックタンパク質の発現が関与するという報告が得られている．

a. 熱ショックタンパク質

　熱ショック転写因子ATHSF1　25℃で生育した野生型シロイヌナズナは，46℃の高温に1時間曝すと枯死する．しかし，高温処理前に35℃で2時間処理した植物体では，54℃の高温でも枯死せず，56℃ではじめて枯死する．35℃で2時間処理することにより，**熱ショックタンパク質**（heat shock protein, HSP）とよばれる一連のタンパク質が発現し，耐暑性の獲得に寄与すると考えられている．シロイヌナズナHSPの熱誘導性遺伝子発現を支配するのが，熱ショック転写因子ATHSF1である．ATHSF1は常温でも常に発現しているが，熱処理を受けると三量化し，熱ショックタンパク質の転写を引き起こす．一方，常温ではATHSF1の活性化が起こらないので，ATHSF1を過剰発現したトランスジェニックシロイヌナズナは，HSPを蓄積せず，耐暑性も向上しない．しかし，J. H. Leeらは，ATHSF1をGUSタンパク質と融合させると常温でも三量化し熱ショックタンパク質の発現を引き起こし，耐暑性も野生型の44℃から2℃〜3℃上昇することを示した[30]．以上の結果は，ATHSF1-GUS融合タンパク質の発現が植物の耐暑性の恒常的な向上に寄与すること，および，熱ショックタンパク質の発現が植物の熱馴化後の耐暑

性の向上に寄与することを示している[30]．

熱ショックタンパク質100/クリップB（Hsp100/ClpB）ファミリー　Hsp100/ClpBファミリータンパク質は，これまで，バクテリアのほか，酵母，植物，原生動物テトラヒメナなどの真核生物の細胞質に見いだされているが，他の真核生物では報告例がない．Hsp100/ClpBはATPase活性をもち，分子シャペロンとして機能すると考えられている．酵母のHsp100/ClpBをコードする*Hsp104*を破壊すると酵母の耐暑性が3～4桁減少する．同様に，シロイヌナズナのHsp100/ClpBをコードする*Hsp101*をアンチセンスしたトランスジェニック植物では，発芽時や生育後14日目での耐暑性が大きく減少する[31]．シロイヌナズナHsp101のATP結合部位に変異の入った変異株*hot1*が単離されているが，*hot1*は耐暑性が失われるだけでなく，熱馴化現象を起こさないことがわかった．多くの熱ショックタンパク質は，高温での生育に必須ではあるが熱馴化プロセスの進行には直接関与しないといわれていたので，Hsp1は熱馴化の進行に直接関与する最初の熱ショックタンパク質として注目されている[32),33)]．

HSP70ファミリー　HSP70ファミリーとよばれる熱ショックタンパク質は，原核，真核生物に共通の細胞質分子シャペロンで，恒常的に発現するHSC70と熱誘導性のHSP70が知られている．HSC70/HSP70の機能で注目されるのは，細胞の分子温度計としての機能である．常温の細胞では，HSC70/HSP70は熱ショック転写因子HSFと相互作用し，HSFを不活性化していると考えられている．しかし，細胞の温度が上がり熱変成タンパク質の蓄積が始まると，HSC70/HSP70は熱変成タンパク質と会合体をつくり始めるので，HSFは活性化しHSPを誘導する．HSFの働きで細胞のHSC70/HSP70レベルがさらに高まると，HSFはHSC70/HSP70により再び不活性化され，その結果，熱ショック応答はシャットオフされる．

HSP70の働きには，熱馴化後の耐暑性の向上のほか脱馴化過程の速やかな進行という機能もあると考えられている[26]．

低分子量熱ショックタンパク質（small heat shock protein）　植物は，他の生物と同様に低分子量熱ショックタンパク質をもっているが，植物の低分子量熱ショックタンパク質遺伝子は他の生物よりも複雑で豊富な多重遺伝子ファミリーを形成している．植物の低分子量熱ショックタンパク質は，熱ショック以外のストレスでも発現することがわかっており，また，胚や種子の発達過程でも発現することが知られている．

M. K. Malikらは，ニンジンの低分子量熱ショックタンパク質をコードする一遺

伝子 *Hsp17.7*（ニンジンには少なくとも 16 個の低分子量熱ショックタンパク質遺伝子が存在するといわれている）を，恒常的に過剰発現（CaS ライン），あるいは，熱誘導的にアンチセンス（AH ライン）したトランスジェニックニンジンを作製し，葉からの電解質漏出を指標に耐暑性を比較した[34]．その結果，CaS ラインは，野生型に比べ 50 °C での葉からの電解質漏出率に有為な差が見られ，耐暑性の向上が見られた．また，AH ラインは，同様の処理で野生型よりも耐暑性が低かった．興味あることに，コントロール植物のタンパク質合成速度は 37 °C～42 °C の高温で著しく低下するのに対し，CaS のうち Hsp17.7 発現レベルのもっとも高かったライン C4 のタンパク質合成速度は，42 °C でも高い値を示した．以上の結果は，少なくともある種の低分子量熱ショックタンパク質はタンパク質合成をサポートすることにより植物の耐暑性の向上に寄与することを示している．

低分子量熱ショックタンパク質については，最近，葉緑体型のホモログと耐暑性との関連が指摘されているので，今後の報告に注目したい．

b. ベタイン蓄積レベルの向上による耐暑性の付与　遺伝子工学的にベタインを蓄積するよう改変したトランスジェニック植物（耐凍性の項参照）を用いた実験や，ベタインを蓄積しない植物に 10 mM 程度のベタインを根から吸収させる実験から，植物の耐暑性の向上にベタインの蓄積が寄与することが確かめられている．詳しくは，文献 35～37 を参照されたい．

c. まとめ　植物の熱ショック応答の解析から，耐暑性における熱ショックタンパク質の重要性が明らかになりつつある．しかし，熱ショック応答は，すべての植物が示す反応であるので，今後は，ある種の植物の耐熱温度の限界を規定する要因は何かという研究が必要である．

4・2 耐塩性植物

4・2・1 高塩環境で生育する植物

地球上の高塩（土壌）環境は，土壌に含まれる塩の種類により大きく二つに分けられる．沿岸の海浜性湿地帯（salt marsh）ではナトリウムイオンと塩化物イオンが主たるイオンとなる．一方，内陸の低降水量地域では，降水により塩が流失せず，蒸発量が降水量を上まわるので，土壌はナトリウムイオンと硫酸イオンに富む高塩砂漠地帯となる．高塩地域に生息する植物（塩生植物，halohytes）は，必ずしも，生育に高塩環境を必要としているわけではない．しかし，アカザ科植物の *Halogeton glomertus* は高塩環境以外では生育できず，*Salicornia*（アッケシソウ属，

アカザ科）は，高塩環境以外では生育が遅くなる．一方，同じ科でマツナ属の塩生植物 Suaeda maritima は 0.5 M の NaCl 存在下でも生育できるという．

4・2・2 塩による浸透圧バランスの乱れ

高塩濃度が植物にもたらす主たる悪影響は，植物の"浸透圧バランス"を崩すという点にある．海水は，約3％の NaCl を含むが，海水の溶質ポテンシャル（浸透ポテンシャル）は，$-2.8\,\mathrm{MPa}$（$-28\,\mathrm{bar}$）という低い値を示す．植物が海水から水分を吸収するためには，植物は細胞内の溶質ポテンシャルをさらに低い値にしなければならない．その結果，植物は成長が減退し，蒸散速度が抑制され，水の利用が制限され，細胞内のイオンの濃縮や必須ミネラルの取込みが減退する．

作物を塩土壌で栽培すると生産量は低下する．このような土壌で生育した作物は，根の成長が減退し，葉，茎，根からのカリウムイオンの損失が増加し，硝酸イオンの取込みが低下する．つまり，塩ストレスを受けている植物葉では，カリウムイオンと硝酸イオンの取込み障害が著しい．

ところが，野外の耐塩性植物は，高塩濃度がもたらす悪影響を避けるために，表4・3のような，形質を一つないし二つもっている場合が多い．

表 4・3 耐塩性植物に見られる耐塩性形質[15]

- K^+ イオンの選択的取込み能力
- 塩腺のような器官から塩を放出する（Spartina, Poaceae）
- 塩を器官に隔離する（Agropyron elongatum, Poaceae は塩化物イオンを根に隔離し，毎年，塩もろとも根を脱離する）
- イオンの希釈戦略（Aster，多肉性塩生植物，水分含量の多い組織）

4・2・3 高塩環境を乗り切るしくみ

高塩環境は，植物細胞の浸透圧やイオンの"ホメオスタシス"を乱し，その結果植物の成長や生殖サイクルの進行に必要な生理学的,生化学的プロセスを阻害する．しかし，高塩環境下でも生育できる植物は，このような高濃度のイオンとの接触がもたらす浸透圧やイオンのアンバランスから速やかにホメオスタシスを回復する能力をもっている．この速やかなホメオスタシスの回復が耐塩性の主要な要因となる．浸透圧やイオンのホメオスタシスの乱れは，細胞分裂や細胞拡大を阻害し，細胞死を促進することが観察されているが，これらの破滅的な結末をもたらすメカニズム

についてはよくわかっていない．

　根から吸収されたイオンは，蒸散流にのって道管を移動し葉肉細胞に到達する．葉肉細胞に到達したイオンは，液胞内に隔離される．植物によっては，葉齢の進んだ葉に塩を取込み，葉の離脱とともにイオンを廃棄するものもある．一方，分裂組織では，液胞が小さいこと，道管が届かないことから，イオンの蓄積は回避されている．また，分裂組織などの液胞の未発達な細胞に見られる有機酸の蓄積は，イオンストレス回避の手法と考えることもできる．

　非塩生植物では，道管へのイオンの供給を制限するやり方でイオンストレスを軽減しているのに対し，塩生植物では，むしろ積極的にイオンを道管に輸送し，その結果，根の細胞の塩濃度が地上部の細胞の塩濃度よりも低くなる植物種も存在する．また，塩生植物では，液胞に隔離したナトリウムイオンと塩化物イオンを膨圧維持のための浸透圧物質として積極的に利用している．また，ナトリウムオンを葉だけに蓄積することは，地上部の浸透圧ポテンシャルを下げるので，水分の吸収や輸送を容易にし，浸透圧溶質を新たに合成するためのエネルギーを節約することになる．一方，液胞に高濃度のナトリウムイオンを取込むためには，エネルギー依存的なプロトンポンプが必要であり，また，カリウムイオンを効率よく取込むための新たなしくみを必要とする．ナトリウムイオン，塩化物イオンを取込むために，液胞のスペースを確保することが必要であり，高塩環境下でも新たな液胞を形成する能力も耐塩性形質の一つと考えられている．

　塩生植物（halophytes）は，高塩環境下にうまく適合した特別の代謝機作を備えているわけではなく，むしろ非塩生植物（glycophytes）と同じ細胞の浸透圧・塩環境下で代謝プロセスを進行させている．ただし，耐塩性植物は，有害イオンをエネルギー依存的に速やかに液胞に隔離し，細胞質の浸透圧・塩環境を正常に回復する能力（ホメオスタシス）に優れている．また，塩生植物・非塩生植物に限らず，細胞質やオルガネラのルーメン，マトリックス，ストロマに有機溶質を蓄積し，浸透圧調節を行う植物も知られている．塩生植物は，非塩生植物に比べ，高塩ショックに対する応答が早い．

4・2・4　耐塩性を付与する要素

a. イオンホメオスタシス　ナトリウムイオンや塩化物イオンによってもたらされる高塩環境はカリウムイオンやカルシウムイオンを含めた細胞内のイオンの定常状態を乱す．高濃度のナトリウムイオンは細胞へのカリウムイオンの取込みを

阻害することが知られているが，これはナトリウムイオンが拮抗的にイオンチャネルを介したカリウムイオンの取込みを阻害するためである．また，高濃度のNaClは細胞内カルシウムイオンの蓄積を引き起こすが，カルシウムイオンは環境適応に必要な遺伝子発現や，細胞活動の異常に対処するための遺伝子発現を引き起こすシグナル分子として知られている．細胞内イオンホメオスタシスの維持には多くの膜輸送系が関与する（図4・15）．

イオンのホメオスタシスを維持するためのタンパク質や，それらの発現を促すシグナル伝達系の基本要素は，植物，酵母で共通のようである．植物ゲノムの解析が完了することにより，配列のホモロジーを利用した膜輸送系タンパク質の同定が進むと考えられる．しかし，植物の耐塩性にこれらの輸送タンパク質がどの程度貢献しているかという，生理学的な役割に関する研究は今後行われるべきである．

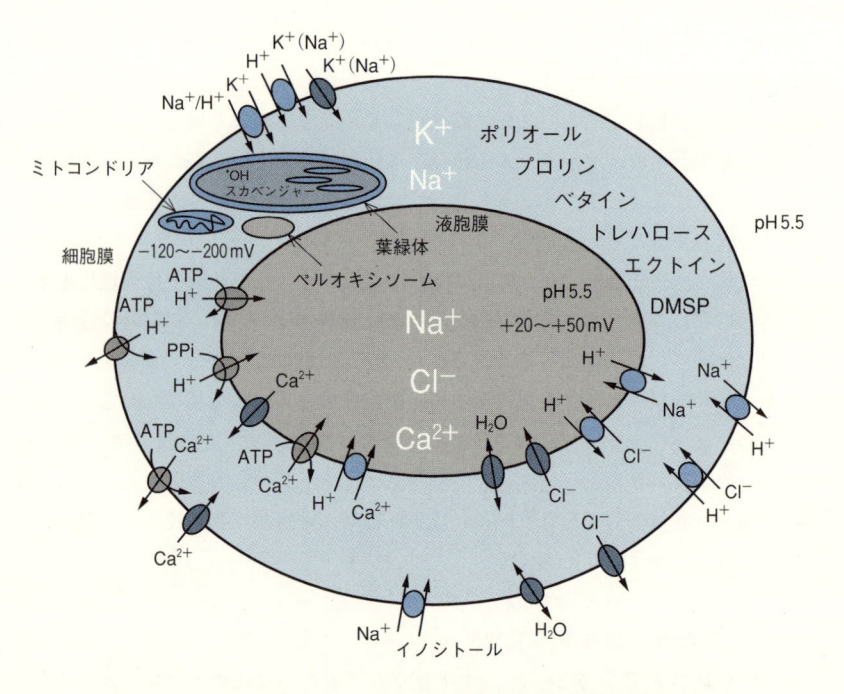

図4・15 イオンのホメオスタシスを維持するための膜輸送系の働き．
DMSP：3-ジメチルスルホニルプロピオン酸（図4・9参照）（参考文献39より転載）．

i) **細胞膜，液胞膜のH$^+$勾配の形成**　高塩環境に適応してイオンホメオスタシスを回復した植物細胞では，細胞膜や液胞膜を介したプロトン勾配も定常状態に復帰している．プロトン勾配の再構築はエネルギー依存的なプロセスであり，細胞膜H$^+$-ATPase（H$^+$-ATPaseについては，➡用語解説）や液胞型H$^+$-ATPase（P型ATPaseともいう．➡用語解説）およびH$^+$-ピロホスファターゼ（ピロリン酸を分解して得られるエネルギーでH$^+$を液胞内に取込む酵素）が関与している．定常状態のプロトン勾配は，細胞質のナトリウムイオンや塩化物イオンの濃度をアポプラストや液胞内の濃度の1/10から1/100程度にまで低く保つことができると計算されている．実際，海水程度のNaCl濃度（約500 mM）で生育している細胞の細胞質のナトリウムイオンと塩化物イオンの濃度は80～100 mM程度に保たれており，定常状態のプロトン勾配のエネルギーで十分対処できるレベルであるといえる．

細胞膜H$^+$-ATPaseは植物ゲノム中に多重遺伝子族（multigene family，➡用語解説）として存在し，各イソ遺伝子の発現は時空間的に，また，塩を含めた各種発現誘導物質によって条件的に制御されている．高塩環境に曝された植物では，応答機構の一つとして細胞膜H$^+$-ATPase活性が上昇する[38),39)]．

液胞型H$^+$-ATPaseの活性も高塩環境に曝された植物で上昇することが報告されている．活性の上昇は，酵素タンパク量の増加，速度論的性質の変化，サブユニット組成の変化，転写促進を伴う．液胞膜H$^+$-ピロホスファターゼも液胞膜H$^+$-ATPaseと同様に液胞へのプロトンの取込みに貢献するが，両者の相対的貢献度はよくわかっていない．液胞膜H$^+$-ピロホスファターゼには，細胞質pHの調節，ピロリン酸代謝においても生理的役割がある．液胞膜H$^+$-ピロホスファターゼ活性は，塩処理により上昇する場合と減少する場合がある．

ii) **細胞膜を介したNa$^+$，Cl$^-$イオンの輸送**　高NaCl環境におかれた植物では，ナトリウムイオンが細胞内に流入することにより，細胞膜を介した膜電位差（内側がマイナス，inside negative）が小さくなり，その結果，化学濃度勾配に沿った受動的な塩化物イオンの流入が促進される．この塩化物イオンの受動的流入には細胞膜のアニオンチャンネルが関与すると考えられている．しかし，その後，定常状態になると膜電位差は-120～-200 mVに達するので，塩化物イオンの流入には濃度勾配に沿ったプロトンの同時流入（Cl$^-$/H$^+$シンポーター（共輸送体）による）が必要となる．

生理学的データは，カリウムイオンの流入に対してナトリウムイオンが拮抗的に

働くことを示しているが,これは,必須栄養素であるカリウムイオンに対する輸送タンパク質系がナトリウムイオンに対して決して排除的でないことによる.カリウムイオンの輸送タンパク質系は,内向き整流性(inward rectifying)K^+チャンネル,Na^+-K^+シンポーター,K^+トランスポーター(輸送体),電位依存型,非選択的外向き整流性(outward rectifying)カチオンチャンネル(膜の脱分極に伴いナトリウムイオンの流入が起こる),膜電位依存型カチオンチャンネルなどが知られている.上にあげたカリウムイオン輸送系のグループには,カリウムイオンに対する親和性がナトリウムイオンに対して高い輸送系と,両者に対する選択性が低い系の両方が知られている.

iii) ナトリウムイオン,塩化物イオンの液胞への封じ込め 非塩生植物のタバコやトウモロコシ,塩生植物のハマアカザ属 *Atriprex*(アカザ科)を用いた研究から,海水程度の塩水に適応した植物では,ナトリウムイオンと塩化物イオンを液胞に封じ込め,浸透圧物質として利用することがわかっている.ナトリウムイオンを細胞質から液胞に取込むプロセスはエネルギー依存的であり,液胞膜のNa^+/H^+アンチポーター(対向輸送体)が関与する.ナトリウムイオンの取込みにより,液胞のpHは一時的にアルカリ化するが,エネルギー依存的プロトンポンプの働きで,定常状態では酸性化する.塩化物イオンは,液胞膜のプロトン勾配(50 mV,inside positive)を利用してチャンネルあるいはキャリヤーを介して取込まれる.また,H^+/アニオンアンチポーターの関与も示唆されている.

Na^+/H^+アンチポーターは,植物の耐塩性を改良するうえで重要な遺伝子の一つである.オオバコ属の一種 *Plantago maritima* は Na^+/H^+ アンチポーターをもつので耐塩性を示すが,*P. media* はこの遺伝子をもたないので塩感受性である.シロイヌナズナの Na^+/H^+ アンチポーターをコードする遺伝子 *AtNHX1* が,酵母の相同遺伝子(*NHX1*)破壊株の生育を相補する cDNA クローンとして単離されている.さらに,*AtNHX1* を過剰発現したシロイヌナズナは塩耐性を獲得することが示されている[40].

酵母の NHX1 は,実は,液胞膜自体ではなく前液胞膜(prevacuolar membranes あるいは PVC membranes)とよばれる小胞に主に局在することが示唆されている.このような小胞は,NHX1 のほかに Cl^- チャンネルも備えており,細胞質のナトリウムイオンと塩化物イオンを取込み,さらには液胞膜と融合することにより塩化ナトリウムを液胞中に集積させる働きをもっている.高等植物がこのようなしくみをもっているかどうかは,まだ確立していないが[38],*AtNHX1* を過剰発現したシロイ

ヌナズナでも発現した遺伝子の局在を詳しく調べることは重要である[41]．

　iv) **カルシウムイオンホメオスタシス**　　カルシウムイオンは塩化ナトリウムの毒性を緩和する働きがあることが知られているが，これはカリウムイオン輸送系の K^+/Na^+ 選択性を高めることにより，ナトリウムイオンの取込みを緩和する．高濃度の塩水はアポプラストおよび細胞内区画から細胞質へのカルシウムイオンの流入を引き起こすが，このカルシウムイオン濃度の上昇はストレス応答のシグナル伝達の引き金となり，塩環境への適応を引き起こす．しかし，カルシウムイオンの上昇が長く続くことは細胞にとってやはりストレスであるので，塩ストレス緩和後に，再度，カルシウムイオンのホメオスタシスを達成する必要がある．

　b. 適合溶質の生合成　　ある種の浸透圧調節物質を合成して外部の浸透圧環境の変化に対応することは，生物界で普遍的にみられる現象である．このような物質は，細胞の代謝を乱すことのない比較的不活性な物質であり，**適合溶質**(compatible solute) とよばれている．代表的な適合溶質の構造を図4・16 に示す．

　適合溶質の蓄積により細胞質の浸透圧ポテンシャルは下がるので，そのこと自体が耐浸透圧性の向上に寄与するが，同時に，適合溶質は水溶性であり，タンパク質，タンパク質複合体あるいは生体膜などの表面の水分子を置換することにより，塩環境下でのこれらの水溶性高次複合体の構造を安定化させると考えられている．実際，試験管内での実験結果は，高濃度の適合溶質物質が酵素活性のイオンや熱に対する

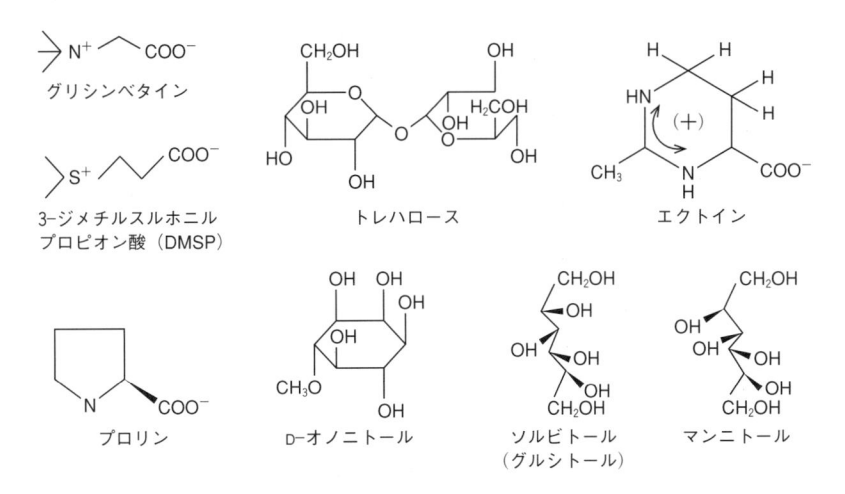

図 4・16　**植物の適合溶質**（参考文献 39 より転載）．

安定性を増し，酵素複合体や光合成酸素発生タンパク質複合体の解離を阻害することが報告されている．ただし，細胞内に蓄積する適合溶質の濃度は，*in vitro* の実験で用いられているほど高くないので，細胞内ではより低い濃度でも効果があるのかもしれない．あるいは，細胞内では，これらの適合溶質は局在化し，局所的な濃度は高い可能性もある．一方，グリシンベタインは，低濃度でも凍結や高温による傷害からチラコイド膜や細胞膜を保護できるので（p.131 参照），膜の表面などの局所的な適合溶質の濃度が重要であるとの考えもある[38]．

以上述べた適合溶質の生理学的役割は，適合溶質に共通の物理化学的性質からうまく説明されているが，適合溶質の生合成経路は各生物種間で多様であり，ストレス下における合目的的な物質代謝としての適合溶質生合成の意義を指摘する研究もある．たとえば，ストレス下で余分な還元力をためる役割や，ストレス回避後の成長に必要な C, N の一時貯蔵形態としての役割も議論されている．トランスジェニック植物や変異株を使った実験は，合目的的な物質代謝としての適合溶質生合成の意義を支持している．つまり，同じような蓄積レベルでも適合溶質によって浸透圧耐性の向上に違いがあることが指摘されている．プロリン生合成系は，NADPH を消費し $NADP^+$ を再生する（NADPH 依存型 P5C シンターゼ（p.133 参照）の働き）ので，ストレス下における余剰還元力を蓄えるために有効であると考えられている．このような結果は，適合溶質の蓄積だけでは十分に説明されず，その生合成経路の駆動自体も浸透圧適応に重要であるという考えを支持している．

浸透圧調節物質としての役割以外に適合溶質がもつ役割として，活性酸素種に対する防御機能が指摘されている．マンニトール代謝酵素を葉緑体で発現させたトランスジェニック植物では葉緑体における Fenton 反応（鉄イオンによる過酸化水素の還元によりヒドロキシルラジカルが生成する）によるヒドロキシルラジカルの発生が減少し，炭酸固定系酵素の活性を保護することが報告されている．

塩ストレス下で活性酸素種による傷害を回避することの重要性は，各種活性酸素消去系酵素が塩ストレスで誘導されること，カタラーゼアンチセンスタバコで塩ストレス下の酸化ストレスに対して感受性が高まること，などから推測できる．活性酸素消去系の重要性は，塩ストレスに限らず非生物的ストレス一般に対する耐性機構として注目されている．

適合溶質の生合成は，アミノ酸，コリン，イノシトールなどの主要な代謝中間体から合成されるが，これらの生合成に必要な酵素群がストレスによって誘導されることがわかっている．エクトインはバクテリアが生産する適合溶質であるが，エク

トインの生合成に関与する遺伝子群を発現させたトランスジェニックタバコでは，マイクロモルオーダーの蓄積が見られ，若干の耐性の向上が見られたという．3-ジメチルスルホニルプロピオン酸（DMSP）はイネ科，キク科および藻類において蓄積する適合溶質であり，その生合成にかかわる遺伝子群はグリシンベタイン合成の遺伝子群とともに作物の浸透圧耐性の向上をめざした遺伝子工学的研究に利用されつつある．

c. 水チャンネルと水の輸送 トウモロコシの根の皮層細胞の水透過度が塩ストレスにより低下するらしいことが報告されている．これは，皮層細胞の水チャンネルが塩ストレスにより閉じるからだと考えられている．一方，タバコの根の皮層細胞では，このような現象は観察されないという．水チャンネルの発現は，アイスプラントでは塩ストレスにより変化することが報告されているので，塩環境への適応に何らかの役割を担っていると想像されるが，その役割はまだわかっていない．

4・2・5 耐塩性発現の制御因子

a. 酵母の耐塩性変異株を相補する植物遺伝子 浸透圧感受性の酵母変異株を相補する植物遺伝子がいくつか単離され，植物における浸透圧応答の一端が解明され始めている．

酵母の Hog1p は浸透圧変化に応答したグリセロールの蓄積に関与する遺伝子群の発現を支配する **MAP キナーゼ**（mitogen-activated protein kinase，MAPK）である．*hog1* 変異酵母は塩ストレス下で生育を停止するが，この *hog1* 変異株の生育阻害を相補するエンドウの MAP キナーゼ遺伝子（PsMAPK）が単離されている．また，HOG1 経路の MAP キナーゼキナーゼ（MAPKK）変異株（*psb2Δ*）の生育阻害を相補するシロイヌナズナの MAPKK および MAP キナーゼキナーゼキナーゼ（MAPKKK）遺伝子セットが同定されており，これらの MAP キナーゼカスケードがシロイヌナズナにおける浸透圧応答系の情報伝達を支配すると考えられている[42]．（MAP キナーゼおよび MAP キナーゼカスケードについては，➡用語解説）

酵母の DBF2p は酵母の塩化リチウムに対する耐性を支配するセリン/トレオニンプロテインキナーゼである．*dbf2* 変異を相補するシロイヌナズナ遺伝子 *ATDBF2* が単離されている．*ATDBF2* を過剰発現した植物細胞は塩と乾燥など多くの耐性を示すという．ATDBF2 は転写制御複合体（CCR4）を構成する因子で浸透圧適応にかかわる遺伝子発現を制御すると推測されている[42]．

酵母の**カルシニューリン**（calcineurin, ➡用語解説）はイオンホメオスタシスや耐塩性のシグナル伝達経路の交差部位を支配するプロテインホスファターゼtype2Bである．カルシニューリン欠損酵母は塩化ナトリウム感受性を示すが，カルシニューリン欠損酵母の生育阻害を補相するシロイヌナズナのプロテインキナーゼ遺伝子（*AtGSK1*）が単離されている．*AtGSK1*はほ乳類のグリコーゲンシンターゼキナーゼ3（GSK3）やショウジョウバエのSHAGGYとホモロジーがあり，また，*AtGSK*を発現した*mck1*酵母株（GSK3オルソログの欠損変異で塩化ナトリウム感受性をもつ．オルソログについては➡用語解説）の生育変異を補相することから，プロテインキナーゼをコードすると考えられている．*AtGSK1*を発現した酵母では*ENA1*（Na^+, Li^+イオンの放出を支配するP型ATPase（➡用語解説）をコードする）の転写が誘導される．

酵母の*ENA1* ATPaseは，四つの遺伝子よりなる多重遺伝子ファミリーを形成しているが，このうち*ena1-4Δ*変異は，Li^+イオン感受性を示すことが知られている．この塩感受性を補相するシロイヌナズナの*SAL1*が単離されている．*SLA1*は酵母*HAL2*のオルソログで，(2'),5'-ビスリン酸ヌクレオチダーゼ活性とイノシトールポリリン酸1-ホスファターゼ活性をもつタンパク質をコードしている．前者の活性は，ホスホイノシチド代謝回転における役割が推定されており，また，後者の活性は，硫酸還元における鍵反応である，アデノシン3'-リン酸5'-ホスホ硫酸（PAPS）をチオ硫酸エステルと3'(2')-ホスホアデノシン5'-リン酸に変換する反応を触媒し，高Na^+イオン環境下での硫酸還元の働きが示唆される．

酵母のカルシニューリン欠損株（*cna1-2Δ*あるいは*cnbΔ*）はNa^+/Li^+感受性を示すが，この表現型を補相するシロイヌナズナの転写因子STOとSTZが単離されている．また，同様のスクリーニングで，タバコのNtSLT1が単離されている（シロイヌナズナオルソログATSLT1も単離されている）．

b．植物の転写調節因子，シグナル伝達制御因子の発現による耐塩性の付与
シロイヌナズナをモデルにして，植物の耐塩性，耐乾燥性に関与する遺伝子の発現誘導機構が解析されてきた．その結果，浸透圧ストレス誘導遺伝子の発現制御機構には，アブシジン酸（ABA）に依存的な二つの経路とアブシジン酸に非依存的な二つの経路が存在することがわかってきた．アブシジン酸に依存的な経路は，アブシジン酸応答性シスエレメント（ABRE, ➡用語解説）に結合する塩基性ロイシンジッパー（basic leucine-zipper, bZIP）型転写因子による制御を受ける経路と，MYBあるいはMYC転写因子（➡用語解説）による制御を受ける経路が存在する．後者

の経路における遺伝子発現のアブシジン酸依存性にはABREは関与しない．これらの遺伝子のうち，少なくとも一部はCa^{2+}依存型プロテインキナーゼの支配を受けている．アブシジン酸に非依存的な経路のうち，一つは，DRE（p.128参照）に結合する転写因子DREB（DRE-binding）遺伝子ファミリーの支配を受ける．DREBは現在，低温誘導性のDREB1と乾燥・浸透圧・イオンストレス誘導性のDREB2ファミリーが知られており，前者にはDREB1A，DREB1B，DREB1C，後者には，DREB2A，DREB2Bがメンバーとして知られている．アブシジン酸に非依存的な経路のうち，もう一つはまだよくわかっていない．

 *DREB1A*を過剰発現したトランスジェニックシロイヌナズナでは，ストレス誘導性遺伝子の恒常的な発現が見られ，同時に，耐凍性，耐乾性，耐塩性が上昇する[26]．しかし，これらの植物体のなかには，成長が極端に制限されるものが含まれていた．これに対して，ストレス誘導性遺伝子 *RD29A* のプロモーターにより *DREB1A* の発現を制御すると，ストレス誘導時にのみストレス関連遺伝子の高発現を誘導できるので，正常な生育を妨げることがない．*CBF1/DREB1B* 過剰発現トランスジェニック植物では，凍結耐性の上昇が見られる（p.128参照）．そのほか，Znフィンガー型転写因子ALFIN1を過剰発現したアルファルファでは耐塩性の上昇が確認されている[44]．

 転写因子以外では，Ca^{2+}結合カルシニューリンB様タンパク質（CNB-like protein）をコードする *SOS3* が注目される[39]．*SOS3* の欠損変異株では，K^+イオンの輸送が影響を受け，植物は塩感受性となる．別のCa^{2+}結合カルシニューリンB様タンパク質をコードするAtCLB1は，ホ乳類のカルシニューリンA（CNA）の存在下で，酵母の *cnb* 変異株の塩感受性を相補する．また，酵母のカルシニューリン（CNA/CNB）を発現したトランスジェニック植物では，耐塩性の上昇が確認されている[45]．

 c. まとめ　　耐塩性植物を作製する試みとしては，Na^+/H^+アンチポーターを過剰発現した植物で耐塩性の向上が見られている．また，ベタインを蓄積する植物も耐塩性の向上が見られる．そのほか，酵母の耐塩性を相補する植物遺伝子を用いた研究が期待される．

4・3　耐乾性植物

 植物群落の構成メンバー（構造）を決定する第一の要因は地中の水分であるといわれるが，これは，水分の供給の少ない場所では，概して，耐乾性形質あるいは耐

乾性戦略を取ることのできる植物種（xerophytic plants）や多年生植物で乾期を休眠種子として乗り切ることができる植物種が優先してくるためである．乾耐性植物が水ストレス環境下でも生育できるのは，これらの植物種が，水ストレスを少しでも改善するための方策を知っているからである．具体的には，耐乾燥性植物は，葉からの水の蒸散が根からの水分吸収を上まわらないように，根からの水の吸収や貯蔵の効率を高めたり，蒸散による水分損失の速度を減少させたりしながら，水ストレス環境下を克服している．

水の吸収は，根系を発達させることにより改善される．たとえば，地下深いところに水の層があれば，根を伸ばすことができる種のみが水分を吸収することができる．一方，根系の発達の乏しい植物種でも，気温の低い夜間や朝方に葉に水分を結露させるなどの方法で水分を確保することもは可能である．しかし，地下の水層がとてつもなく深く，よって根系の著しく発達した植物種の根でも届かないくらい深い場合には，短期間の降水をうまく利用してすばやく生育する，浅い根をもつ植物種が主流となることもある．

葉からの水分損失を減少させるための植物のやり方としては，葉面積の減少，乾期の落葉，気孔を取巻く葉構造の変化，表皮ワックス層の増加，葉を光に対して垂直方向に向ける，葉の表面を微細毛で覆うなどの戦略が取られている．

日差しが強く乾燥する地域に生息する植物のもう一つの問題点は，過熱（オーバーヒート）であることはすでに述べた．乾燥した気候では植物は，気孔からの蒸散を利用して熱の放散をすることができないので，熱の負荷を最小限にするような構造をとったり，高温に耐えるような生理学的変化を可能にする能力を備えている．オーバーヒートを防ぐやり方としては，葉面積を増大する，植物表面にできるだけ直接の太陽光が当たらないようにする，表面の反射率を高める，などの方策が効果的である．葉の表面をフェルトのような細毛で覆うやり方は，これらすべてを満たすと考えられている．細毛は，葉の表面に気孔と外気との間に空気層を形成し，湿度を保ったり，結露を誘導して水分確保に役立ったりもする．しかし，乾耐性植物のすべての表皮が細毛で覆われているわけではなくて，砂漠に生える植物などは表面がつるつるで，これらの植物では厚いワックス層を形成したり表皮細胞の細胞壁を強化したりして水分の損失を最小限にとどめる工夫をしている．

水分の欠乏は，砂漠地帯に限った問題ではない．凍結環境や高塩環境でも乾燥ストレスは起こる．これらの乾燥ストレスは，生理学的な乾燥（physiological drought）とよぶこともできる．

乾燥に伴い，病原菌による罹病や昆虫の食害による被害が増加することが知られている．水分欠乏一つを取ってみても，葉の遊離アミノ酸含量が増加するという報告があり，このこと自体昆虫の食害の頻度が増すことと十分相関する結果であると考えられている．

DREB1 過剰発現シロイヌナズナが耐乾性を示すことはすでに述べた．一方，乾燥誘導性の転写因子をコードする *DREB2A* を過剰発現したシロイヌナズナは，乾燥誘導性の *RD29A* 遺伝子の発現が見られず，耐乾性も上昇しない[25]．この結果は，耐乾性の発現には *DREB2A*（正確には *DREB2A* 転写産物の蓄積）だけでは不十分であり，別の調節因子の関与を示唆しているが，詳細については今後の報告を注目すべきである．

4・4 ストレス耐性植物研究における転写因子の重要性

植物の転写因子は，MYB，AP2/EREBP，bZIP などに分類されるが，ゲノムプロジェクトによるとシロイヌナズナゲノムには，すでに 1533 の転写因子様遺伝子が推定されている[46]．これらを網羅的に過剰発現したシロイヌナズナを作製する試みが進行しているが，これらのなかには，耐暑性，耐冷・耐凍性，浸透圧ストレス耐性を示す形質転換体がすでに同定されいるという．遺伝子の過剰発現体では，その遺伝子の生理学的機能を反映しない可能性があることはままあるが，実用的見地およびストレス耐性の実体を明らかにする研究において，このようなストレス耐性を示すトランスジェニック植物は有用である．ただ，これらの研究は，企業レベルで行われているため結果が速やかに公表されないことは残念である．

参 考 文 献

1) 酒井 昭，"植物の耐凍性と寒冷適応"，学会出版センター (1982).
2) J. M. Lyons, *Annu. Rev. Plant Physiol.*, **24**, 445 (1973).
3) J. K. Raison, *J. Bioeng.*, **4**, 285 (1973).
4) S. J. Singer, G. L. Nicholson, *Science*, **175**, 720 (1972).
5) N. Murata, *Plant Cell Physiol.*, **24**, 81 (1983).
6) M. Frentzen, E. Heinz, T. A. McKeon, P. K. Stumpf, *Eur. J. Biochem.*, **129**, 629 (1983).
7) M. Frentzen, I. Nishida, N. Murata, *Plant Cell Physiol.*, **28**, 1195 (1987).
8) I. Nishida, M. Frentzen, O. Ishizaki, N. Murata, *Plant Cell Physiol.*, **28**, 1071 (1987).
9) O. Ishizaki, I. Nishida, K. Agata, G. Eguchi, N. Murata, *FEBS Lett.*, **238**, 424 (1988).

10) I. Nishida, Y. Tasaka, H. Shiraishi, N. Murata, *Plant Mol. Biol.*, **21**, 267 (1993).
11) N. Murata, O. Ishizaki-Nishizawa, S. Higashi, H. Hayashi, Y. Tasaka, I. Nishida, *Nature*, **356**, 710 (1992).
12a) Z. Gombos, H. Wada, N. Murata, *Proc. Natl. Acad. Sci. U. S. A.*, **91**, 8787 (1994).
12b) I. M. Møller, *Annu. Rev. Plant Physiol. Plant Mol. Biol.*, **52**, 561 (2001).
12c) D. J. Thomas, J. B. Thomas, S. D. Prier, N. E. Nasso, S. K. Herbert, *Plant Physiol.*, **120**, 275 (1999).
13a) K. Sonoike, *Plant Cell Physiol.*, **37**, 239 (1996).
13b) Y. Sato, T. Murakami, H. Funatsuki, S. Matsuba, H. Saruyama, M. Tanida, *J. Exp. Bot.*, **52**, 145 (2001).
14) O. Ishizaki-Nishizawa, T. Fujii, M. Azuma, K. Sekiguchi, N. Murata, T. Ohtani, T. Toguri, *Nat. Biotech.*, **14**, 1003 (1996).
15) M. J. Crawley, "Plant Ecology", Blackwell Science (1986).
16) 藤川清三, 植物細胞工学, Vol. 4, No. 5, 27〜36 (1992).
17) M. Uemura, R. A. Joseph, P. L. Steponkus, *Plant Physiol.*, **109**, 15 (1995).
18) G. Strauss, H. Hauser, *Proc. Natl. Acad. Sci. U. S. A.*, **83**, 2422 (1986).
19) C. Guy, K. J. Niemi, R. Brambl, *Proc. Natl. Acad. Sci. U. S. A.*, **82**, 3673 (1985).
20) M. F. Thomashow, *Annu. Rev. Plant Physiol. Plant Mol. Biol.*, **50**, 571 (1999).
21) Z. Xin, J. Browse, *Proc. Natl. Acad. Sci. U. S. A.*, **95**, 7799 (1998).
22) P. L. Steponkus, M. Uemura, R. A. Joseph, S. J. Gilmour, M. F. Thomashow, *Proc. Natl. Acad. Sci. U. S. A.*, **95**, 14570 (1998).
23) K. R. Jaglo-Ottosen, S. J. Gilmour, D. G. Zarka, O. Schabenberger, M. F. Thomashow, *Science*, **280**, 104 (1998).
24) S. J. Gilmour, A. M. Sebolt, M. P. Salazar, J. D. Everard, M. F. Thomashow, *Plant Physiol.*, **124**, 1854 (2000).
25) Q. Liu, M. Kasuga, Y. Sakuma, H. Abe, S. Miura, K. Yamaguchi-Shinozaki, K. Shinozaki, *Plant Cell*, **10**, 1391 (1998).
26) M. Kasuga, Q. Liu, S. Miura, K. Yamaguchi-Shinozaki, K. Shinozaki, *Nat. Biotech.*, **17**, 287 (1999).
27) A. Sakamoto, R. Valverde, Alia, T. H. H. Chen, N. Murata, *Plant J.*, **22**, 449 (2000).
28) T. Nanjo, M. Kobayashi, Y. Yoshida, Y. Kakubari, K. Yamaguchi-Shinozaki, K. Shinozaki, *FEBS Lett*, **461**, 205 (1999).
29) R. E. Lee *et al.* eds., "Biological Ice Nucleation and its Applications", APS Press (1995).
30) C. Queitsch, S. -W. Hong, E. Vierling, S. Lindquist, *Plant Cell*, **12**, 479 (2000).
31) J. H. Lee, A. Hübel, F. Schöffl, *Plant J.*, **8**, 603 (1995).
32) S. -W. Hong, E. Vierling, S. Lindquist, *Plant Cell*, **12**, 479 (2000).
33) S. -W. Hong, E. Vierling, *Proc. Natl. Acad. Sci. U. S. A.*, **97**, 4392 (2000).
34) M. K. Malik, J. P. Slovin, C. H. Hwang, J. L. Zimmerman, *Plant J.*, **20**, 89 (1999).
35) S. Kishitani, T. Takanami, M. Suzuki, M. Oikawa, S. Yokoi, M. Ishitani, A. M. Alvarez-Nakase, T. Takabe, T. Takabe, *Plant Cell Environ.*, **23**, 107 (2000).
36) M. Mamedov, H. Hayashi, N. Murata, *Biochim. Biophys. Acta*, **1142**, 1 (1993).
37) Alia, H. Hayashi, A. Sakamoto, N. Murata, *Plant J.*, **16**, 155 (1998).

38) P. M. Hasegawa, R. A. Bressan, J-K Zhu, H. J. Bohnert, *Annu. Rev. Plant Physiol. Plant Mol. Biol.*, **51**, 463 (2000).
39) M. Hasegawa, R. Bressan, J. M. Pardo, *Trends Plant Sci.*, **5**, 317 (2000).
40) M. P. Apse, G. S. Aharon, W. A. Snedden, E. Blumwald, *Science*, **285**, 1256 (1999).
41) W. B. Frommer, U. Ludewig, D. Rentsch, *Science*, **285**, 1222 (1999).
42) K. Ichimura, T. Mizoguchi, K. Irie, P. Morris, J. Giraudat, K. Matsumoto, K. Shinozaki, *Biochem. Biophys. Res. Commun.*, **253**, 532 (1998).
43) J. H. Lee, M. Van Montagu, N. Verbruggen, *Proc. Natl. Acad. Sci. U. S. A.*, **96**, 5873 (1999).
44) I. Winicov, D.R. Bastola, *Plant Physiol.*, **120**, 473 (1999).
45) J. M. Pardo, M. P. Reddy, S. Yang, A. Maggio, G. -H. Huh et al., *Proc. Natl. Acad. Sci. U. S. A.*, **95**, 9681 (1998).
46) J. L. Riechmann, O. J. Ratcliffe, *Curr. Opin. Plant Biol.*, **3**, 423 (2000).

5

モデル植物としての
シロイヌナズナ

　近年の植物に対する遺伝子レベルでの理解の深まりは，モデル植物としてシロイヌナズナを選定したところから，急速に進んできた．それまでも，トウモロコシやタバコなど，特定の有用植物をモデル種にして，そこへ世界中の研究を集中させれば，より効率よく成果が上がるのではないかという意見もあった．しかし遺伝子解析，ゲノムプロジェクトといった視点が加わった結果，とりたてて有用性がなく，研究データの蓄積もなかった一雑草のシロイヌナズナが，モデル植物に選ばれることになったのである．この植物は，現在知られているうちでもっともゲノムサイズが小さな種子植物で，分子遺伝学的手法が使えるというメリットをもっている．現在，この植物を使った研究の進展はめざましく，シロイヌナズナにおける知見を把握せずには，いかなる植物種における研究であれ，新しい成果を出し得ないほどの状況となっている．ここでは，モデル植物としてのシロイヌナズナについて紹介し，つづいてシロイヌナズナ研究が果たしてきた，"植物"の理解に対する役割，また今後の展望について概観する．また植物工学・植物科学の世界に，今後，革新をもたらすと期待されている研究手法，ゲノミクスの波及効果についても考察する．

5・1　モデル植物としてのシロイヌナズナ研究
5・1・1　シロイヌナズナ研究の特性
　シロイヌナズナ（*Arabidopsis thaliana*（L.）Heynh., 図5・1）は遺伝学的な解析に適している．そのため現在，非常に多数の研究者がこの植物に研究を集中させている．毎年，シロイヌナズナ研究に関する国際会議が定期的に開かれており，西暦

5・1 モデル植物としてのシロイヌナズナ研究

2001年には第12回を迎え，発表演題数も500をゆうに超した．国際的な一流の科学雑誌，*Nature*，*Science*，*Cell* などには，毎号のようにシロイヌナズナにおける研究成果が掲載されている．Web of Science のような論文データベースで，生物種として *Arabidopsis* の語を含む論文を検索してみると，西暦2000年だけで2357本があがってくる．1年は365日であるから，1日に6本以上，シロイヌナズナに関する知見が，論文のかたちで公刊されているということになる．いっぽう，同じ条件でタバコ（*Nicotiana tabacum*）を引くと342本，イネ（*Oryza sativa*）を引くと

図 5・1 **シロイヌナズナ**（*Arabidopsis thaliana* (L.) Heynh.）．Columbia 野生株を示す．右列は下から2枚の子葉，第1普通葉，第2普通葉，…の順に並べた葉．スケールは5mm．花は拡大して示した．

585本，トウモロコシ（*Zea mays*）でさえ980本で，シロイヌナズナのそれの半分以下である．このように現在，植物研究はシロイヌナズナに特に集中している状態にある．

かくしてシロイヌナズナは今日，他に類を見ないほど，遺伝学的な解明の進んだ植物となった．全ゲノム配列の決定も，2000年12月に，多細胞性の緑色植物として最初に達成されている．この植物を使うことで得られる研究上の利点は，まず生物学的な面からいえば，栽培が容易なこと，小型で栽培面積を取らないこと，さらに遺伝子導入のような分子遺伝学的手法が使えるという点である．栽培が容易であることは，ショウジョウバエ研究者や酵母菌研究者など，ほかの，より進んだモデル生物の研究を経験してきた科学者を多数参入させることにもつながり，その方面からも，研究体制の整備や視野の広がりが進んだ．また小型で栽培面積を取らない点は，欧米諸国のように大温室を使える研究所だけでなく，わが国のように狭い実験室だけで研究を進めるタイプの研究室にも有利に働いた．もちろん，多数の株を扱うことができるという意味で，遺伝学的，生理学的解析に有利であることはいうまでもない．

またシロイヌナズナは，22°Cで連続照明条件という標準的な栽培条件下で，種子をまき栽培すると，1月半のうちにつぎの世代に移る．このようにライフサイクルが短いため，遺伝学的解析も短期間ですむ．ゲノムサイズが小さいこともあり，変異体や遺伝子そのものの単離にきわめて有利な材料である．ゲノムサイズが小さいことは，遺伝子機能の重複が少ないという意味でも，突然変異体の単離や遺伝子の機能解析に有利に働く．たとえばアントシアニン合成系のキーエンザイムであるカルコンシンターゼ（chalcone synthase；CHS）は，ペチュニアでは遺伝子ファミリーを形成していて，ハプロイドゲノム（半数体としてのゲノム）中にAからJまで10種も見つかっている．そのため，そのうちの一つの遺伝子が機能を欠いても，他の遺伝子群によって，機能が補われる可能性がある．また一つの遺伝子を操作しても，その影響は，全か無かというような明確なものになりにくい．しかしシロイヌナズナでは，ハプロイドゲノムあたりの*CHS*遺伝子の数がたった一つであるため，その遺伝子座位の変異である*tt4*変異体の表現型はきわめて明瞭である．こうした特性を利用して，これまで非常に多くの遺伝子の解析が行われてきた．昨今では，単一遺伝子の変異だけで見えてくる現象のみならず，ほぼ同一の機能を有する重複遺伝子の機能欠損についての理解も進み，多重変異体を作製することで初めて現れる表現型を解析するところにまで，研究が進んできた（好例として文献1

5・1 モデル植物としてのシロイヌナズナ研究

を参照).イネゲノムの項(6・1・3節)で述べるような,QTLマッピングによる同義遺伝子の探索も,すでに始まっている.

こうしたシロイヌナズナ研究の利点がもたらすインパクトは,花芽形成のメカニズムに関する研究の,近年の流れに,顕著に見ることができる.花芽誘導の機構は,植物生理学者が長年にわたって悩んできた大問題である.従来,その花芽誘導のメカニズムを研究する際には,アサガオ,オナモミ,ウキクサといった特定の植物材料についての生理学的な解析を行うのが主流であった.また,これら植物材料についての,膨大なデータの蓄積なくしては,花芽形成のメカニズムは理解できないものと信じられていた.ところが現在では,その花芽誘導のメカニズムがもっともよく理解されている植物は,過去においてそうした生理学的なデータの乏しかった研究材料,シロイヌナズナとなっている[2].これには,いくつものシロイヌナズナ研究の利点がかかわっている.

一つには,他の材料では難しかった変異体の解析を通して,遺伝学的な花芽誘導制御の理解が進んだ,という点があげられる.さらにその結果,花芽形成をつかさどる遺伝子の経路がつぎつぎと解明されていったことも大きい.これは,従来の花芽誘導研究の材料になかった大きな利点である.

第二には,他分野においてもシロイヌナズナに研究が集中したため,花芽誘導という生物現象の周辺で起きている,他の生理現象の解明も進んだという背景も重要である.この結果,周辺領域での新たな,また詳細な知見を直接,花芽形成の機構解明に利用できたのである.従来の実験植物は,たとえばオナモミなどでは,花芽誘導に関係した生理データが知られているのみで,他の側面に関するデータは皆無に近かった.シロイヌナズナ研究で再確認された大事な点の一つは,個々の生物現象は独立に切り離せるものではなく,互いに密接に関係し合っているということである.花芽誘導のような複雑な過程の解明に,裾野の広い研究成果は当然,必要であった.シロイヌナズナをモデル植物とすることで,これが初めて本格的に実現したのである.

第三に,シロイヌナズナでは遺伝子を直接操作することができる,という利点も大きい.これによってたとえば,ジベレリンのような植物ホルモンが花芽誘導の過程で作用する標的も,遺伝子レベルで正確に絞られつつある.以上のようなさまざまな利点から,シロイヌナズナの研究は当初の立ち後れを一気に取戻し,他の研究材料の追随を許さぬほどの成果をもたらしたのであった.

またシロイヌナズナ研究の利点は,生物学的な側面に限らない.線虫の研究協力

体制を手本に，オープンな情報交換，試料交換を進めたことは，シロイヌナズナ研究の普及におおいに役立った．特に，標準的な野生株として Columbia と Landsberg *erecta* とが選ばれ，これが世界中の研究室で共有されたことは大きい．このおかげで，世界各地で独立に得られたデータも，相互に直接比較できる．また遺伝的バックグランドを完全に共有するため，異なる研究室で単離された突然変異体も，相互に比較ができ，ただちに二重変異体の作出に用いることができる．こういった研究情報の共有性の高さは，シロイヌナズナが人工光の下で容易に育つこと，栽培条件をどこでも同一にそろえることができる点によっても支えられている．

さらにシロイヌナズナ関連のデータベースが，それぞれの研究をサポートしてきた面も大きい．変異体や遺伝子クローンをコレクションし，請求に応じて研究者に配布するストックセンターが世界の3箇所で活動してきたことも，それ以上にきわめて大きな背景である．イネ，トウモロコシ，エンドウなどもそれぞれストックセンターを有してはいるが，シロイヌナズナにおけるほどオープンに，また世界的に研究をサポートした例は，植物では他に例がない．特に欧米2箇所のストックセンターは，受け身で研究資料の収集をするのみでなく，各国の研究者に対し，積極的に研究材料や研究成果の提供を求めてきた．質の良いタギングライブラリー（後述）や cDNA クローン，変異体の標準株，あるいは実験プロトコルや過去の文献など，ストックセンターから実費だけで入手できる資料はきわめて幅広い．

またシロイヌナズナ研究に新たに参入する学生・研究者の便宜となるべく，シロイヌナズナ研究についてのガイドブック類も，各ジャンルを代表する世界中の研究者によって分担執筆され，出版されている．また，2002年から公開の，"Arabidopsis Book" の新しい版（Chris Sommerville と Elliot Meyerowitz 編）では，ハードコピー（本）としてではなく，米国植物生理学会（ASPB）のウェブサイト http://www.thearabidopsisbook.org/ を通して見ることができるようになった．これは研究の進展が早く，ハードコピーでの出版では改訂が間に合わないこと，シロイヌナズナ研究はあまりにあらゆる研究ジャンルにわたるようになったため，章立てだけで100前後となってしまい，単行本にはなり得なくなったこと，データの中には動画など，本のかたちでは出版できない性質のものも多いことなどの事情によるものである．シロイヌナズナ研究の成果を如実に表す実例といえる．

5・1・2 シロイヌナズナ・ゲノムプロジェクトと遺伝子単離の手法

上にも述べたように，シロイヌナズナでは，ゲノムサイズが125 Mbp と植物中

5・1 モデル植物としてのシロイヌナズナ研究 157

もっとも小さいことから,シロイヌナズナの全遺伝子の塩基配列を決定するプロジェクトは,早くからスタートした経緯がある.そのきっかけとしてはまた,シロイヌナズナのゲノム構成がひとたび判明すれば,近縁のアブラナ科作物,キャベツ,カリフラワー,カブ,カラシ,ダイコンなど多くの有用作物のゲノム理解につながるばかりか,それを基準として,広く種子植物の遺伝子の理解も進むと期待された,という背景もあげられる.事実,ゲノムプロジェクトの進行を受け,染色体上の遺伝子の配置順を比較した研究によれば(文献3など参照),シロイヌナズナとナズナ,ナタネが互いによく似ていることが確認されている.そればかりか,かなり縁の遠いトマトとすら,部分的な配置はよく似ているという結果が出つつある(図5・2).シロイヌナズナ・ゲノムプロジェクトは,決してシロイヌナズナだけの研究ではないのである.

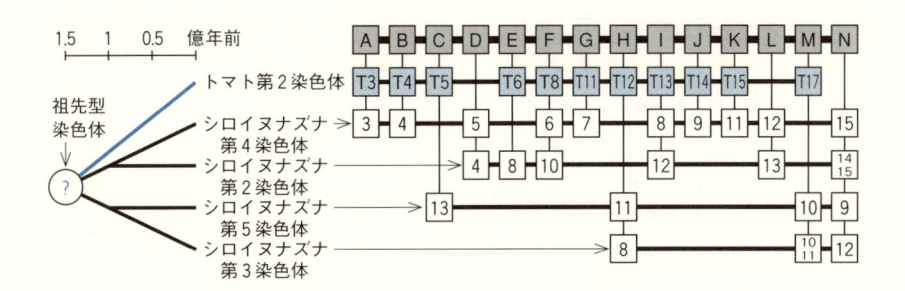

図 5・2 **トマト第2染色体とシロイヌナズナの染色体上のDNA配列の比較**.最上段は,両者の染色体構造の比較から,それぞれの共通の祖先がもっていたと推定された染色体構造.文献4より改変.

このシロイヌナズナ・ゲノムプロジェクトは,欧米と日本の3極6研究グループの協力になるコンソーシアム,AGI (The *Arabidopsis* Genome Initiative) によって進められてきた(詳細は,TAIR のホームページ http://www.arabidopsis.org/ ,あるいは *Nature* 誌2000年12月14日号の特集記事を参照されたい).その結果シロイヌナズナ・ゲノムプロジェクトは,多細胞型の植物のゲノムプロジェクトとして初めて,2000年の12月に終了した(*Nature* 誌2000年12月14日号).その波及効果は,きわめて大きなものがある.

このゲノムプロジェクト以前には,突然変異体からその原因遺伝子にたどり着くまで,かなりの労力をさく必要があった.いくつかの手法のなかで,もっとも容易

な方法とされ，愛用されているのが，**タギング**（tagging）という方法，特に**T-DNA タグ**という方法である（図 5・3）．

この方法では，アグロバクテリウム（*Agrobacterium tumefaciens* など）の性質を

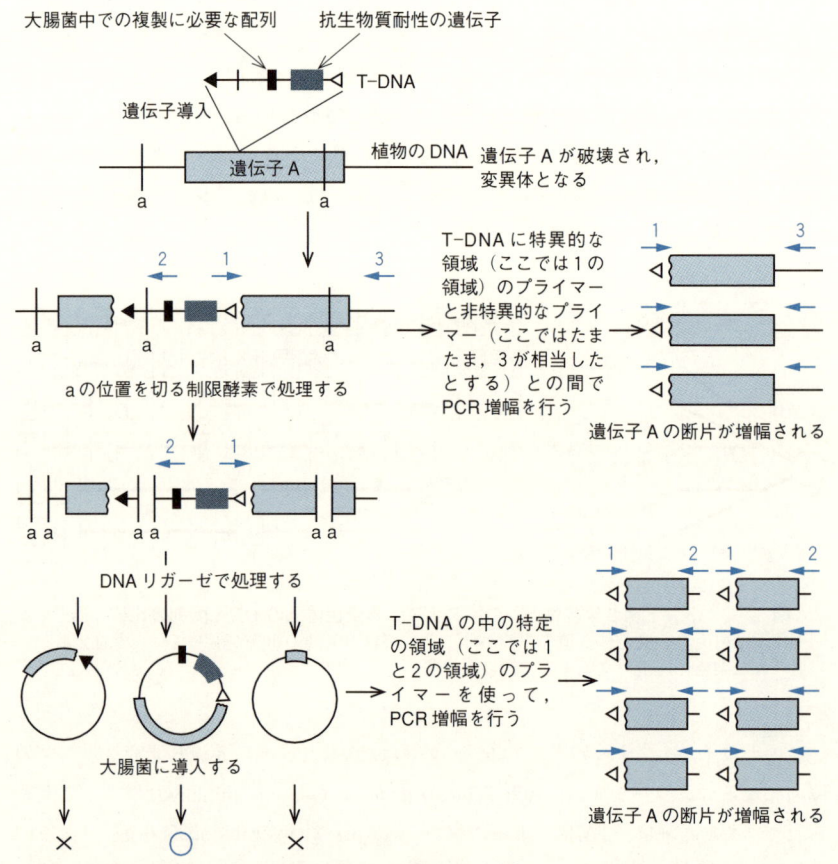

図 5・3 T-DNA タグの原理．遺伝子単離に至る間での手順例を三つ示す．T-DNA 領域に，大腸菌中での複製を可能とする領域と，その大腸菌に抗生物質耐性を付与するような遺伝子をのせておくことで，目的とする断片を回収する方法（左列）は，プラスミドレスキュー法とよばれる．また T-DNA に特異的な配列を利用して，その配列を特異的に認識するプライマーを設定すれば，PCR 反応によって目的の領域を増幅することもできる（右列）．後者の詳細は本文も参照のこと．

5・1 モデル植物としてのシロイヌナズナ研究

利用する.アグロバクテリウムは,自身がもつTiプラスミドの中の,T-DNA領域とよばれる部分を切り出し,植物細胞の核ゲノム中に組込む能力をもっている.T-DNAの植物ゲノム中への挿入は,ゲノム上のほぼランダムな位置に起こるので,このことを利用すると,植物ゲノム上のランダムな位置に,T-DNAによるタグ(目印)をつけることができる.またそのなかには,植物ゲノム上のある特定の遺伝子中にT-DNAが挿入された結果,その遺伝子の働きが損なわれたものも生じるはずである.シロイヌナズナのゲノムサイズは比較的小さいので,ゲノム中の1から数箇所にT-DNAの挿入されたトランスジェニック植物を多数作製し続けると,理屈のうえでは,いつかシロイヌナズナの遺伝子のすべてにタグをつけることができることになる.このようなトランスジェニック植物の多数のラインの集合を,T-DNAの**タギングライブラリー**(tagging library)という.このライブラリーの中からは,特定の遺伝子がT-DNAで破壊された株を見つけることができるはずである.

これは植物ゲノムの解析のうえでたいへん有用で,もしある特定の変異形質を引き起こす遺伝子が何であるか知りたければ,その変異形質を表現型として示すラインを,T-DNAタグのライブラリーから探し出しさえすればよい.あとはT-DNAの存在を手がかりとすれば,破壊された遺伝子を同定することができる.この場合,もっとも容易なのは,T-DNAが植物ゲノムに存在しない配列をもつことを利用した,PCRによる近傍領域の増幅である(図5・3).T-DNA領域はleft borderとright borderに挟まれた領域として定義されるので,そのborder近傍の塩基配列からT-DNA領域の外側に向かうプライマーを設計し,逆PCR(inverted PCR,コラム参照)を行えば,T-DNAの挿入された位置の塩基配列が判明する.あとはその領域の塩基配列をプローブにして,ゲノムライブラリーからその遺伝子の全長を含む断片を単離し,その塩基配列を決定すればよい.

ただし現在では,ゲノムプロジェクトが終わっているため,この後半の作業は不要となっている.最初に同定された近傍の塩基配列をもとにゲノムプロジェクトのデータベースを参照すれば,その領域にコードされているゲノム配列をデータベースから引き出せる.これは*in vitro*の実験を要しない塩基配列決定なので,*in silico*のクローニングとよばれることもある.後述のように,筆者らは葉の縦の長さを制御する遺伝子,*ROT3*遺伝子を,この方法で単離することに成功した(5・3・2参照).なお,ゲノム領域に対応するcDNAの配列も,EST(expressed sequence tag,無作為に選んだcDNAクローンの末端部分塩基配列を決定し,情報として集積し

PCR 法

　Polymerase Chain Reaction 法．1985 年，Mullis らによって発明された[5]．特定の DNA 領域の増幅手法で，これにより Mullis は 1993 年度のノーベル化学賞を受賞した．DNA の特定断片を短時間かつ自動的に大量増幅させる技術である．

　図1にあるように，増幅したい領域を含んだ二本鎖 DNA を熱変性することで1本鎖にする．増幅したい特定の領域は，それを挟む2箇所とそれぞれ相同な，2種の短いオリゴヌクレオチド鎖（プライマー）で定義できる．それら2種のプライマーを適当な温度で相同な領域にアニールさせ，DNA ポリメラーゼによってプライマーの3´端から相補鎖を合成させる．これによって2種のプライマーで挟まれた領域だけが合成できる．これを数十回繰返すことで，プライマーに挟まれた領域は十万から百万倍にまで（分子数として）増幅できる．

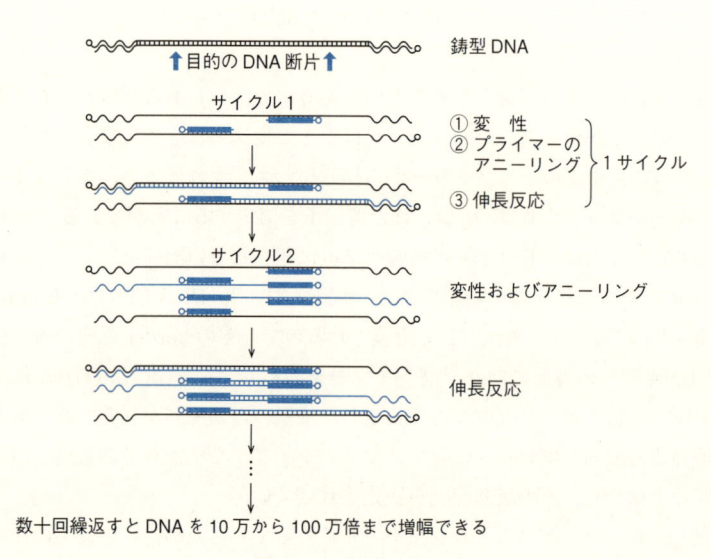

図1　PCR 法の原理．

　逆 PCR 法は，そのままでは2種のプライマーで挟むことのできない未知の領域を増幅するための応用で，適当な制限酵素で断片化した DNA を，DNA リガーゼで処理することで自分自身で環状にしてから PCR にかけるものである．この場合は，隣合い，互いに逆向きのプライマーを使うことで，本来の位置とは逆向きのDNA 鎖を合成できるので，既知配列の外側の領域を増幅することが可能となる．

5・1 モデル植物としてのシロイヌナズナ研究

たもの)として部分配列の決定がかなり進んでいるほか,cDNAクローンもストックセンターから配布されているので,これを使って全長を決定することができる.

また逆に,タギングライブラリーは,特定の遺伝子配列の機能を知るうえでも役に立つ.ある遺伝子配列がどのような機能をもつかは,たとえばアンチセンス法やRNAi(RNA干渉)法によって,その機能を抑制することで,解析が可能である.その一方,上述のようにタグによって遺伝子が破壊されている株があれば,それも解析のうえで非常に有効である.この目的のためには,タギングライブラリーのそれぞれの株について,ゲノムDNAが対応するように整理しておけばよい.そのうえで,目的とする遺伝子領域を特異的に増幅するようなプライマーセットを設計し,PCR反応を行えば,目的の遺伝子領域にタグの挿入がある株を見つけだすことができる.あとはその遺伝子破壊株について,表現型を解析するだけである.

以上のように,ゲノムプロジェクトが進んできた結果,遺伝子の単離・解析は以前よりはるかに容易になってきた.さらにゲノムプロジェクトが終了した現在では,タグラインから得た変異体に限らず,どのような方法で得られた変異体であれ,その変異遺伝子座位の正確なマップ位置が求まれば,その遺伝子の単離が可能である.これを"マップ・ベース"のクローニングという.そのやり方としてはまず,すでに染色体上にマップされているようなゲノムクローンの位置と,自分の同定したい変異遺伝子の位置との間で,正確な染色体上のマッピングを行う.その後は,そのマップ位置に相当するゲノム領域の塩基配列を,データベース上に求めればよい.マッピングには統計誤差がつきまとうので,どの遺伝子であるかをピンポイントで決めるまでには至らないが,ここまでで,候補となる遺伝子の数をかなり絞ることができる.そこで,あとはそれぞれの候補の遺伝子のどれが,求める遺伝子であるか,対応するゲノムクローンの遺伝子導入を行うことで,目的とする遺伝子を同定することになる.最終的には,そこで推定された遺伝子単独での相補性試験や,変異体の当該ゲノム領域に実際に変異部位を検出することで,その証明を行えばよい.後述のAN遺伝子はこの方法で単離された(5・3・2節参照).

以上のような状況下,シロイヌナズナからはつぎつぎと新しい機能をもつ遺伝子が同定されている.かつては,生化学的な性質のはっきりしているタンパク質の遺伝子について,そのアミノ酸配列を決定し,それに基づいて遺伝子を単離する,といった方法が主流だった.したがってその当時は,既知の遺伝子とホモロジーのある遺伝子ぐらいしか,植物からは同定されにくいこともあった.逆に,遺伝子がコードするタンパク質の性質がまったく想像できない遺伝子については,同定が困

難だった．形態形成関連遺伝子や，生物時計の遺伝子，あるいは耐病性の遺伝子などがそれである．しかし突然変異体から出発して，その原因遺伝子を単離することが容易となった現在，そういった遺伝子も続々と単離されてきている．むしろ現在増えてきているのは，既知の遺伝子とはホモロジーの知られていない，新しいタイプの遺伝子の報告例である．

5・2 ゲノミクス
5・2・1 ゲノミクスとは

ゲノミクス（genomics）とは，ゲノム（genome）の機能と構造を解析する手法に対して名付けられた言葉である．エレクトロン（electron）に対する言葉，エレクトロニクス（electronics）と同じ発想と思えばよい．現在までに遺伝子機能の理解が急速に進展した結果，遺伝子の機能解析データ（発現量，発現場所，発現条件など）が膨大な量，蓄積し始めている．そういった莫大な量のデータを背景としたゲノミクスの，将来のポテンシャルを正しく理解することは，21世紀の基礎科学，農業生物学のみならず，経済を含むさまざまな人間生活を占ううえできわめて重要である．日本では，早くからゲノムプロジェクトの重要性が指摘されながら，政府も民間企業もそれに応じなかった，という過去がある．逆に米国では，その重要性を指摘する声が，日本人研究者からあがり始めたことに気づくやいなや，将来を制すべく，大規模なゲノム研究予算を立ち上げた．そこに民間企業の競争も加わり，結果として，ヒトゲノム計画においてもイネゲノム計画においても，日本のプロジェクトより大幅に先んじることに成功したのである．

かたや日本では，農学分野の研究者の意識レベルでも遅れが目立ち，有用作物ではないシロイヌナズナ研究は，農学的には意味がないと誤解している向きが，意外に少なくない．しかし両ゲノム計画を制した米国では，早くも1998年の11月に，米国科学財団（NSF）の呼び掛けで，シロイヌナズナ・ゲノムプロジェクトの先の行く末，植物ゲノミクスの潜在能力を探るワークショップを開いている．"New directions in plant biological research"というタイトルのこの会議録は，その後小冊子[6]として配布された．またその後2000年の1月には，同じ米国科学財団の呼び掛けで，ゲノミクスとコンピュータ上の植物データ蓄積が，植物科学やその応用技術へ与える影響について，あるいは後述の「2010年計画」のありかたについて（5・2・3参照），欧米と日本のシロイヌナズナ研究者を中心にしたワークショップが開かれた．こちらに関しては，その報告に基づいた近未来への提言が，

米国植物生理学会の発行する学術誌，*Plant Physiology* 誌上に発表されている[7]．これらワークショップには，植物科学の将来を制するのはゲノミクスであり，その勃興によって植物科学が大きな転換期を迎えるであろう，という問題意識が明確に示されている．その根拠となるところを，以下，概説する．

5・2・2 マイクロアレイとプロテオーム

ゲノムプロジェクトの完了後は，DNAの塩基配列情報以降の情報，mRNAやタンパク質レベルでの情報が，生物研究の主なターゲットとなる．いわゆるポストゲノムのゲノミクス研究である．このゲノミクスの基盤となると想定されている研究手法の一つに，mRNAのレベルでの動きに関する解析手法，**マイクロアレイ**（microarray）があげられる．マイクロアレイを使うことで，きわめて多種の遺伝子群に対し，一度にそれらの発現レベルを調べることができるようになった．

マイクロアレイはもともと，LSIのような発想から生まれた技術で，現在もっとも盛んに使われているのは，DNAチップを使った方法で，**DNAチップ**（DNA chip）とは，cDNAクローンなどのDNA断片を，超高密度のスポットとして，基盤上に固定したものである（図5・4）．ちなみにこれの基本特許は，$1\,\mathrm{cm}^2$ あたり400本以上のDNAあるいは核酸プローブを集積させたものに対し，適用されている．一つのチップ上に核酸のスポットが超高密度に並んでいるため，これを使えば一度に数千から万に及ぶ種類の遺伝子発現量を調べることが可能である．たとえば，野生株のmRNAと特定の遺伝子機能の欠損株のmRNAを抽出し，それぞれをラベルしてハイブリダイゼーションを行えば，数千種以上の遺伝子発現の変化を，一度に検出することができる．シロイヌナズナのゲノムサイズならば，複数のチップを使うことにより，全遺伝子の挙動を把握することも可能な規模である．もちろん，そのデータ処理は人間の手には負えないため，コンピュータを使った半自動のデータ解析システムを，組合わせることになる．特に複数種のマイクロアレイのデータを統合して解析する場合には，データの量も複雑さも飛躍的に増大するため，専用のソフトを組み，コンピュータのデータ処理能力に完全に依存することになる．

このマイクロアレイは，シロイヌナズナ研究の世界でもめざましい普及を遂げ[8]，2000年度の国際シロイヌナズナ会議では，筆者自身の発表を含め，かなりの演題がマイクロアレイの解析結果を引用したものとなっていたほか，マイクロアレイに関する専門のセッションも，別に開かれたほどである．一度の解析で，万に及ぶ遺伝子群についての発現の違いが情報として得られるため，従来の，ノザン解析によ

る数種程度の遺伝子発現の変化についての解析とは，質的に異なるものがある．これをどう利用するかは，まだ模索の段階ではあるが，コンピュータ利用による遺伝子発現解析が実現した，新たな解析手法といえよう．

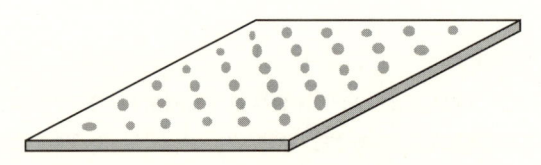

基盤の上に超高密度に（DNA チップの特許上の定義では >400 クローン/cm），cDNA などのプローブをドット状に定着させる．

これらについての発現状況を知りたい細胞・組織の全 RNA ないしポリ A–RNA を標識し，ハイブリダイゼーションさせ，洗浄の後，シグナルを観察する．これを複数回行い，ドットごとに得られるシグナルの違いをコンピュータ上で解析する．

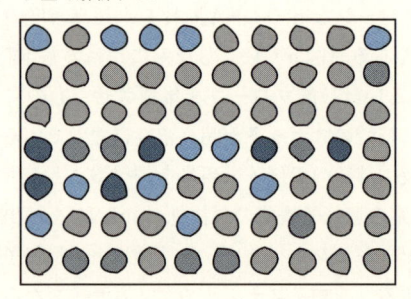

図 5・4　**DNA チップを使ったマイクロアレイの原理**．詳細は本文も参照．

　一方，タンパクレベルでの解析手法も積極的に探られている．**プロテオーム**（proteome）とよばれるもので，狭義にはタンパク質の側からその機能情報を収集し，ゲノム DNA の情報と対応させようというものである．その目的から現在，タンパク質間相互作用の検出に関する新しい研究手法の探索，タンパク質の機能解明にかかる新規分析技術の開発，あるいはアミノ酸配列情報に基づくコンピュータ上の機能推定ソフトの設計など，さまざまな試みがなされている．シロイヌナズナでは現在，これらのなかでも，いわゆる**ツーハイブリッドスクリーニング**（two-hybrid screening）が盛んである．これは出芽酵母をホストとして，タンパク質–タンパク

質相互作用を検出する技術である．これを使えば，既知の遺伝子産物と相互作用するタンパク質を，新規遺伝子として探索することもできる．その原理は図5・5に示す通りで，酵母の転写因子GAL4が転写活性を示すためには，そのうちのDNA結合ドメイン（GAL4 BD）と転写活性化ドメイン（GAL4 AD）との，両者が必要

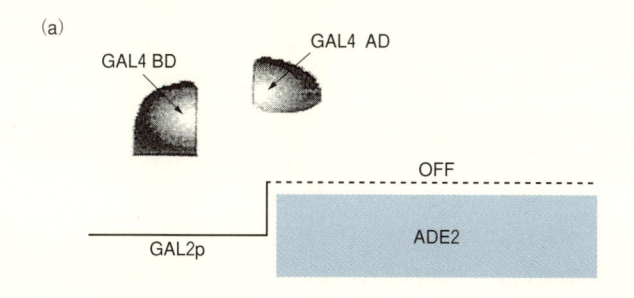

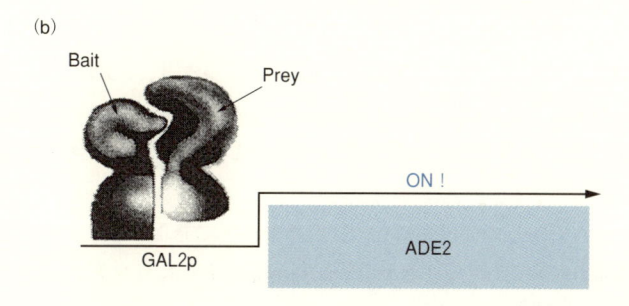

図 5・5　**ツーハイブリッドスクリーニングの原理**．酵母のGAL4遺伝子産物はDNA結合ドメイン（GAL4 BD）と転写活性化ドメイン（GAL4 AD）とから成り立っており，それぞれに分けたかたちで発現させると，それぞれが同一の酵母細胞内で共存していても，転写活性を示せない（a）．しかし両者を会合させれば，転写活性を取戻す．この性質を利用し，手持ちのタンパク質遺伝子とGAL4 BDとの間で融合タンパク質（釣り餌とみてbaitとよぶ）を作るような人工遺伝子を作製する．このbaitタンパク質と相互作用するタンパク質を見つけだすためには，そのようなタンパク質遺伝子が発現しているはずの条件でcDNAライブラリーを作製する．その際，それぞれGAL4 ADと融合タンパク質（これを獲物と見立ててpreyとよぶ）を発現するように，ベクターを設計しておく．baitをもつプラスミドと，cDNAライブラリーとを酵母細胞の中で共発現させると，もしbaitと相互作用するタンパク質遺伝子があれば，baitとpreyとの相互作用のおかげで，GAL4のDNA結合ドメインと転写活性化ドメインとが一体化するので，転写活性化能が現われる．これをモニター用のマーカー遺伝子（ここでは*ADE2*）の発現によって検出する（b）．鎌田芳彰博士の原図をもとに作製．

なことに基づいている．DNA結合ドメインは，単独でもDNAに結合することができ，転写活性化ドメインと会合させれば，転写活性を取戻すことが知られている．

そこで，たとえば手元にあるタンパク質AとタンパクBとが，相互作用するかどうかを確認したい場合には，つぎのような融合遺伝子の構築を行う．まずタンパク質Aをコードする遺伝子の方は，GAL4のDNA結合ドメインとの融合タンパク質を発現するような融合遺伝子に改変する．一方，タンパク質Bをコードする遺伝子の方は，GAL4の転写活性化ドメインとの融合遺伝子に改変する．そうしておいて両者を酵母菌の中で共発現させると，タンパク質Aと相互作用するタンパク質Bが発現する酵母菌の中では，DNA結合ドメインと転写活性化ドメインの両者が，それぞれに融合させたタンパク同士の相互作用によって会合するので，GAL4転写活性が現れる（図5・5）．それをモニター用の *HIS3* ないし *ADE2* 遺伝子などの転写の有無によって検出すればよい．

またタンパク質Aと相互作用するような未知のタンパク質を，特定のcDNAライブラリーから探す場合には，探索に使うcDNAライブラリーを，上述のタンパク質Bの遺伝子の代わりとして構築すればよい．つまり，cDNAそれぞれのコードするタンパク質が，GAL4の転写活性因子との融合タンパク質になるよう，構築する．現在，数多くのタンパク質間相互作用がこの系によって見いだされつつある．

プロテオームに関してはほかにも，特定の条件下で発現するタンパク質のカタログ化が進められているほか，DNA塩基配列情報をもとに，コンピュータ上でタンパク質としての構造や機能を推定・解析する方法なども，精力的に検討されている．

5・2・3 ゲノミクスの将来

以上のように，植物科学を取巻く状況は，ゲノミクスという新しい分野の進展に伴い，大きく変わろうとしている．先にふれた米国科学財団のワークショップも，そうした機運を受けての将来構想を探ったものである．以下，そこで述べられていることを簡単にまとめたうえで，ゲノミクスの将来を概観してみよう．

ワークショップではまず第一に，ゲノミクスの技術的進歩による成果を最大限に，またもっとも効率よく利用できるようにしよう，という提言がなされた．この点では特に，ゲノミクスがコンピュータ科学に大きく助けられていることを鑑み，デー

タベース利用などを含め，コンピュータを使った植物科学の解析を，積極的に促進すべきであることが，指摘されている．

たとえばマイクロアレイの適用により，莫大な量の発現調節のデータが数年のうちに蓄積するはずである．それらを統合してゆけば，コンピュータ上に植物の生活を，それこそ胚の発生から種子の形成，発芽，栄養生長，花芽形成，そして受粉受精といったすべての過程を，あらゆるmRNA分子種の，それぞれの発現量の変化として，つまりmRNAを言葉として，コンピュータ上に記述してゆくことができると期待される．コンピュータ上に構築・再現される植物の生命体，"バーチャルプラント"（virtual plant）である．「2010年計画」では，シロイヌナズナの全ゲノム遺伝子の機能を基本的に明らかにするという目標がかかげられた．今の研究速度の高まりから見れば，それは決して実現不可能な目標ではない．その基盤となる「プラットホーム」作りも始まっていて，シロイヌナズナの各個体をバーコード管理し，それぞれの発達段階を自動画像処理でモニターしつつ，各発達段階におけるあらゆる指標を，統計精度の高いデータとして，逐次コンピュータ上に構築している研究室も登場した．2010年計画では，シロイヌナズナのいかなる器官，いかなる細胞におけるRNAレベルでの挙動も，クリック一つで見ることができるようにしようという．将来的には，生身の植物なしで，コンピュータ上のバーチャルプラントを研究対象とするような研究も，広く行われるようになるかも知れない．そのゲノム規模での研究手法，研究ツールの提供のため，研究者が広くその恩恵にあずかれるようなセンター設立を，2010年計画は呼びかけている．

バーチャルプラント

生命現象はDNA上に記述された遺伝情報の転写，翻訳の結果として生まれてくるものである．多細胞生物である植物では，読み込まれている遺伝情報の種類と量とが，個々の細胞ごとに，また時期ごとに異なっている．また特定の細胞で発現した遺伝情報が引き金となって，別の細胞において別の種類の遺伝情報が発現するといった情報の伝達も行われている．それら複雑に入り組んだ遺伝情報発現のネットワークをすべて，前述のマイクロアレイなどで読みとり，それをコンピュータ上に写し取ってゆけば，植物という生命体の基本的なしくみはコンピュータ上に構築できるはずである．そのようにして再現できると期待される疑似的な植物生命システムを，バーチャルプラントとよぶ．

また先のワークショップでは第二に，大きく変わる植物科学の状況に対応できるよう，学生，大学院生あるいはポスドクに至るまで，新たな手法や新たな植物科学の考え方をトレーニングすべきである，という提言がなされた．これは，わが国ではあまり省みられていない点であろう．モデル植物を使ったゲノミクスの影響は，すでにあらゆる植物科学のジャンルに及び始めているにもかかわらず，シロイヌナズナ研究は限られた世界のものととらえている研究者が，いまだに多い．しかし植物科学の理解の進展のためには，もっとも情報量の蓄積したシロイヌナズナ研究の成果を手がかりに，その一般性の適用範囲に留意しつつ，研究を広げていくべきであることは，議論を待たない．実際，先にもあげた米国科学財団の小冊子のタイトルは，"Realizing the potential of plant genomics: from model system to the understanding of diversity" となっている．これが，世界的なシロイヌナズナ研究の展望である．

シロイヌナズナから他の植物にどのように知見を応用してゆくかに関しては，たとえばアラビス・ゲノムプロジェクト（*Arabis* Genome Project）をあげることができよう．これは，シロイヌナズナのゲノムプロジェクトの成果を，近縁種にどのように広げ得るかを探る試みで，シロイヌナズナ属に近縁なアラビス属を中心に，近縁他種間のゲノム構成の比較を行うものである．また，さらに縁の遠い種との間での比較もなされていることは，先にもふれた通りで，盛んになりつつある．シロイヌナズナゲノムの構成に関する知見は，他の植物のゲノムの理解のための，一つの座標となっている．

また個別の生物現象に関する遺伝学的な知見も同様で，たとえば後述のように，花の器官形成のアイデンティティー制御系に関しては，シロイヌナズナのいわゆるABCモデルが広く種子植物に適用できることは，すでに確認済みである．そればかりか，そのことを背景にしたエボデボ的解析*もかなり進み，どのような遺伝制御の変化が，どのような花器官の多様性につながったのか，あるいは花器官そのものがどのような遺伝的変化によって進化したのか，といった知見も得られ始めてきている．

---

* Evo/Devo とは evolutionary, developmental biology の略称である．これまでに，発生学に対して，変異体の解析を通し，遺伝学を組合わせることで，複雑にからみ合った発生の過程を，遺伝子という素過程に分割して扱う発生遺伝学（developmental genetics）が始まった結果，生物の発生のしくみが飛躍的に解明されてきたのは，周知の通りである．Evo/Devo は，このことを踏まえ，発生遺伝学にさらに分子遺伝学と進化学，あるいは比較発生学とを組合わせることにより，形態進化の過程を遺伝子のレベルで明らかにしようとする新しい研究分野である．発生過程の進化を，遺伝子の進化で説明することを，目的とする[9〜12]．

5・2 ゲノミクス

　有用植物の遺伝的改変といった植物工学についても，モデル植物で得られた知見の応用というかたちで実現される面は，非常に大きい．果樹や蔬菜（ソサイ）などの遺伝的改変を，モデル植物の理解なしに行うことは，不可能といっても過言ではないだろう．フランスのINRAなど欧米の農学系研究所は，シロイヌナズナ研究に大温室を使用し，かなりの予算を投入して大きな成果を上げている．

　このように，いまやモデル植物を使ったゲノミクスの成果をもとに，あらゆる植物学上の問題を解決しようという風潮は，世界的に非常に強い．しかもゲノミクスの影響は，上述の程度にとどまらず，既存の研究を根本から変えてしまいかねないほどの規模に達する可能性が高い．

　こうしたゲノミクス計画の結果，期待される直接的な成果としては，以下のようなものがあげられている[7]．

1. 遺伝的改変の予想可能性
2. 野生植物の栽培化を促進する遺伝的改変
3. 生殖系列の遺伝制御
4. 雑種強勢のメカニズム解明と，その応用としての人為改変
5. 表現型の可塑性の遺伝的背景の理解，ひいてはヒトを含む動物の生の理解
6. 植物の生を支える必要最低限の遺伝子セットの解明
7. 植物の進化をもたらした遺伝的背景の理解，ひいては地球上の生の多様性をもたらした遺伝子変異の理解
8. エコシステムとしての，植物と他の生物との関係の理解

　以上の項目は，基礎科学的に重要な植物科学領域のほぼすべてを網羅しているのみか，植物工学のような応用面，たとえば遺伝子操作による農作物の品種改良のためにも，欠かせない分野である．

5・2・4　シロイヌナズナ・ゲノミクスの応用範囲

　ここで念のため，シロイヌナズナというモデル植物から得られた情報を，広く種子植物一般に広げることの妥当性について，検討してみよう．

　まず一般論からいえば，シロイヌナズナは，種子植物のなかでとりわけ特殊な分類群にあるわけではない．分子系統の距離から計算された進化年代からは，たとえば近縁の有用作物を多く含むアブラナ属とシロイヌナズナとが別れたのは，約1000万年前から3500万年前と考えられている．被子植物が起源したのが，このたかだか2桁上，約3億年前とされているので，被子植物全体に広げてみても，基本

的な遺伝子セットの配列などは大きく変わっていないと考えられる．事実，アブラナ属とシロイヌナズナとで，知られている限りの染色体領域を比較すると，先にもふれたように，遺伝子の配列順に関していえば，さほど大きな改変は起きていない．

機能面においても同様で，その良い実例が，花の**器官アイデンティティー決定遺伝子群**（organ identity genes）である．これはきわめて多くの植物種で調べられているので，以下，これを一つの実例として，シロイヌナズナのモデル植物としての妥当性を検討してみよう．

いわゆる **ABC モデル**の名で知られる仮説が，花器官のアイデンティティー決定の遺伝制御に関して提唱されたのは，1991年のことである[13]．J. Bowman らにより提出されたこのモデルは，シロイヌナズナの突然変異体の解析から発生遺伝学的に立てられた仮説であったが，非常に明快であること，さらには，英国 John Innes 研の Coen グループにより，同時並行的に進められていたキンギョソウ（合弁花，ゴマノハグサ科）における解析結果ととてもよく一致することから，一躍脚光を浴びた．そこで考えられたモデルは，以下のようなものである．

まず ABC モデル以前からあった理解を整理しておく．種子植物の体は，葉，茎，根の三つのパーツから成っている．そのうち，茎のまわりに葉がとりまく構造をまとめて，シュートとよぶ．花という生殖器官は，このシュートが変形したものにすぎない．花は外側からがく片，花弁，雄しべ，雌しべの順に並んでいる．これに関する例外は，ABC モデルの提唱直前に報告された種，ラカンドニア1種のみである[14),15)]．これについては後述する．

さてモデル植物を使った遺伝学的な研究の結果，打ち立てられた ABC モデルでは，A，B，C の三つのタイプの遺伝子群によって，4種の花器官が決められていると考える（図5・6）．まず仮定として，花芽には同心円状の四つの区画，whorl が生じると想定する．そのうち，もっとも外側の二つの区画（第1，第2 whorl）には A が，一つおいて2番目と3番目の区画（第2，第3 whorl）には B が，そして3番目と4番目の区画（第3，第4 whorl）には C が発現すると仮定する．また，A が発現すると C は発現できず，C が発現すると A が発現できない，というルールがあると想定する．

今述べたような仮定に従えば，花芽には4種類の区画が生じるはずである．すなわち，外側から順に，A 単独の区画，AB 二つの発現する区画，BC 二つの発現する区画，そして C 単独の区画である．そこで，それぞれの区画に何が分化するか

（葉から何に変形すべきか）は，このA，B，Cのどれが発現しているかで決まっていると考えよう．実際の花では外から順に，がく片，花弁，雄しべ，そして雌しべの構成単位の心皮（1枚の心皮は1枚の葉に対応する）が形成されるので，Aだけだとがく片が，ABで花弁が，BCで雄しべが，そしてCだけだと心皮ができる，とそれぞれ遺伝子の機能をあてはめることができる．これが，ABCモデルの骨子である．

ここで，モデル構築に至る一連の研究とは話が逆だが，以下，ABCモデルと実際の変異体の表現型とを照らし合わせてみよう．たとえばAの遺伝子が機能を

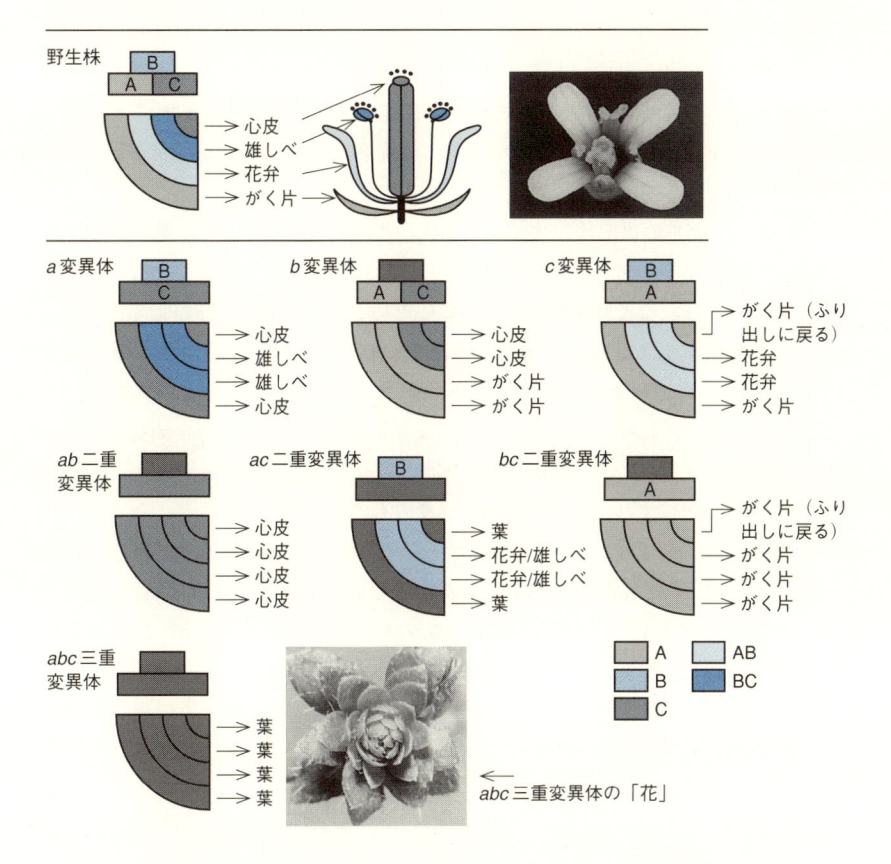

図 5・6 花の器官アイデンティティーに関するABCモデルの基本形．詳細は本文を参照．三重変異体の"花"の写真はJohn L. Bowman博士よりの提供．

失った変異体は，Aがなくなったぶん，1番目から4番目までの全域でCが発現するので，外からC単独，CB，CB，C単独になる．とすれば，花は外側から心皮，雄しべ，雄しべ，心皮という構造になるはずである．実際にシロイヌナズナには，そのような変異体が実在する．これがAの遺伝子の変異体である．同様のことが，Aについてだけでなく，B，Cについてもそれぞれ認められている．

またこのモデルは，単一の遺伝子の変異だけではなく，A，B，Cの三つのうち二つまでが変異している二重変異体や，三つのすべてに変異が入った三重変異体の表現型についても，きわめてよく説明することができる．特に三重変異体の場合が興味深い．このモデルが正しければ，三重変異体では花器官がどうなるべきか決まらないはずであるから，花を作ろうとしても花器官は形成されず，花器官の原型にあたる葉だけが生じるはずである．実際に三重変異体を作製してみると，モデルの予言通り，花のつくべき場所に花はできず，花器官の代わりに各whorlごとに葉の並んだシュートが生じる．この場合，葉のつく位置は，もともと花器官が形成されるべき位置と対応する．

このABCモデルの提唱後，すぐにA，B，Cそれぞれに対応する遺伝子の単離が始まり，その発現パターンなどの解析から，このモデルは，少なくともシロイヌナズナで正しかったことが証明された．この成功こそ，多くの外野の研究者をシロイヌナズナ研究に引き込んだ要因の，最たるものの一つである．さらにこのABCモデルは，そのモデル確立に貢献したキンギョソウにおけると同様，タバコ，ペチュニアなど多くの植物で基本的に正しいことが証明されていった．植物種によっては，若干A，B，Cの遺伝子群の機能範囲が異なることが認められたが，花そのものの多様性に比較すれば，ごく些細な程度のものである．

もともと，A，B，Cの機能を担う遺伝子群のうち，*AP2*を例外とする残りの遺伝子は，すべてMADS遺伝子とよばれる大きな遺伝子ファミリーに属しており，いずれも共通のドメインとしてMADSボックスとKボックスを共有している．またいくつかの種について，それら遺伝子のおのおのの塩基配列を比較し，系統解析した研究により，たとえばC機能をもつ遺伝子同士は，A機能をもつ遺伝子同士とは別の系統に属すことがわかってきた．したがって，MADS遺伝子群は，共通の祖先遺伝子から，遺伝子重複によって種類を増し，さらにそれぞれが，各whorlにおける機能分担をしたものと，想像される[16]．その結果として，花器官が進化したのだとすれば，花の進化は1回限りだと考える限り，ABCモデルがすべての花に共通して適用できるのは，当然である．実際，これまでに数多くの植物から

MADS遺伝子が単離され,その機能が推定されているが,遺伝子そのものの系統関係から推定される機能と,実際の花器官アイデンティティー決定のうえでの機能とが矛盾した例は,見つかっていない.

つぎに,花器官の形成の順序に関する唯一の例外について見てみよう.1989年に新科新属の新種として報告されたラカンドニア[14]の花は,外から順に,がく片,花弁,雌しべ,雄しべという配列をしている[15].このことから,ABCモデル発表後すぐに,ラカンドニアは人々の関心をよんだ.ABCモデルには限界があるのだろうか? その後に判明した事実はむしろ,基本的にどのような花においても,ABCモデルが適用できることを示唆するものであった.ラカンドニアではB機能をもつ二つの遺伝子,*AP3*相同遺伝子(ホモログ)も*PI*相同遺伝子も,若いときには第1~4 whorlのすべてで発現している.しかし後にそれぞれが局在化し,*AP3*ホモログは第1,2,4 whorlに,また*PI*相同遺伝子は第3,4 whorlに発現するようになる.シロイヌナズナでも他の植物でも,2種あるB機能遺伝子の産物はヘテロダイマーを形成してはじめてその機能を発揮することが知られている.したがってABCモデルに従えば,ラカンドニアにおいては,2種のB機能遺伝子の両方が共通して発現する第4 whorlでのみB機能が発揮されるので,C機能の遺伝子の発現と組合わさることで,雄しべに分化するのであろう.また第3 whorlはC機能のみなので雌しべとなり,第1,2 whorlはともに若いステージではAB機能をもつので花弁に近い構造になる,というわけであった[17].

以上のように,種子植物においては,基本的な遺伝制御系は共通とみてよい(なおシロイヌナズナ研究からは,ABCの各機能遺伝子のほかに,さらにD機能,E機能ともいうべき別のカテゴリーの遺伝子群も発見されているが,その詳細については,各種総説を参照されたい).もちろん,いろいろな面において多様性があることもまた,事実である.たとえばシロイヌナズナで花芽形成の鍵となっていると考えられているシロイヌナズナ*LFY*は,その過剰発現によって,ポプラの花成を極端に早めることができる[18]が,ポプラ自身の*LFY*ホモログである*PTLF*は,過剰発現させてもシロイヌナズナ*LFY*ほどの効果がない[19].またシロイヌナズナ*LFY*は,葉の形態形成にかかわっていないように見えるのに対し,エンドウでは,*LFY*のホモログである*UNI*が,複葉の形成にも重要なかかわりをもっている[20].しかしいずれの場合も,シロイヌナズナにおける遺伝子研究があってはじめて,他の植物種における相同遺伝子の単離が可能となり,ひいては新たな機能も明らかになった例である.シロイヌナズナのモデル系としての利点を生かしつつ,生物の進

化,自然界における多様性といった視点にも留意することは,実りある研究成果を得るうえで重要な点ということができよう.

5・3 シロイヌナズナ研究の応用
5・3・1 近未来に向けての応用の動き

ごく近未来における応用としては,上述の通り,農学的な応用と基礎科学の他ジャンルに対する応用とが想定されている[7].そのうち前者の農学的応用については,すでに盛んに行われている状態にある.別章にもある通り,シロイヌナズナ研究から明らかになった耐寒性,耐乾燥性,あるいは耐病性に関係した遺伝子制御については,それらの人為操作によって,植物の耐ストレス能を実際に改善できることが,すでに示されている.その報告例はますます増えてきており,ここ数年に限ってもかなりの数に及ぶ[21]~[32].先述のワークショップ報告でも,農学的な応用として考えられる課題に,以下のような多くのテーマがあげられている.

1. 環境耐性の向上
2. 病害虫耐性の獲得
3. 窒素,リン酸,カリなど植物栄養素の利用能力の向上
4. 植物形態・発生の人為操作
5. 代謝経路の改変

以上の項目のうち,項目1と2の,耐ストレス,耐病性の実例については他章を参照されたい.ここでは項目4の,植物形態・発生の人為操作に関し,以下,筆者らの純基礎科学的な研究成果をケーススタディーとして,その応用の方向を探ってみよう.

5・3・2 ケーススタディー:葉形態のバイオデザイン

筆者らは1993年から,葉の形態形成を制御する遺伝的なしくみを明らかにしようと,モデル植物としてシロイヌナズナを選び,葉の形に異常を示す変異体を探索するとともに,発生遺伝学と分子遺伝学,あるいは生理学的な手法を組合わせることで,葉の形態形成過程の解析を行ってきた[33].その結果,シロイヌナズナの葉の細胞伸長には,いくつかの異なる段階があることが判明している.葉原基発生初期には,極性のない,単純に体積が増加するだけの過程があり,その後半で極性伸長の過程が起きる[34],[35].そのうち,縦横の方向への葉細胞の極性伸長は,

ANGUSTIFOLIA（*AN*）遺伝子と *ROTUNDIFOLIA3*（*ROT3*）遺伝子という，互いに独立にそれぞれ別の遺伝子によって制御されていることがわかっている[34]（図5・7）．これは，葉の横幅だけ，あるいは縦の長さだけに異常を示す変異体が存在することから，発生遺伝学的に導かれた解釈である．その視点で野外の他の植物を眺めてみると，自然界における葉の形態の多様性，近縁種間での違いは，少なからぬ例において，縦の長さの変異，あるいは横幅の変異としてみることができる．おそらく種子植物一般に，葉の形態は縦と横との二つの極性軸に沿って制御されているのであろう．

そこでその制御系の正体を明らかにするために，筆者らは，当のシロイヌナズナから *AN* 遺伝子と *ROT3* 遺伝子を単離した．このうち縦方向への伸長を特異的につかさどる *ROT3* 遺伝子は，先述のT-DNAタグにより単離することに成功した．その結果，*ROT3* 遺伝子はシトクロムP450ステロイドヒドロラーゼの一種をコードしていること，そこには，ステロイド合成系の遺伝子群に共通に保存された配列が認められることが，判明した[36]．この *ROT3* 遺伝子に対し，ホモロジーの高い遺伝子をデータベース上に求めてみると，唯一のステロイド系植物ホルモンであるブラシノステロイドの合成系の遺伝子群（文献37などを参照）が見いだされた．しかし *ROT3* 遺伝子の完全欠損型変異株では，他の既知のブラシノステロイド合成系の欠損変異に見られるような，暗所光形態形成の異常は認められない．また変異体としての表現型も，葉に特異的である．*ROT3* 遺伝子は，葉に特異的に細胞の縦への極性伸長を促すような，何らかのステロイド系化合物を合成している可能性がある．その化合物が何であるか，その作用機作を含めて解明できれば，その化合物を人工的に合成することで，現在，農業・花卉園芸のさまざまな領域でジベレリンが用いられているような，広い範囲での利用も考えられる．

またその産物に至らないまでも，この遺伝子そのものを，組換え体の作出に使うことで，すでにシロイヌナズナでは，葉形態の人為制御に成功している[37]．シロイヌナズナの全植物体で，野生型 *ROT3* 遺伝子を過剰に発現させると，葉の長さは著しく増大した（図5・7）．この現象は，葉の変形した器官である花器官においても認められたが，葉の横幅，茎の長さには影響が見られなかった．またアミノ酸置換型の変異遺伝子を発現させてみると，葉身の面積を増大させ，全体に丸みを帯びた葉を形成させる効果のあることが判明した（図5・7）．この両者を組合わせた遺伝子操作により，シロイヌナズナでは，最終的な葉の形状をデザインすることが可能となったのである．この応用としては，たとえば蔬菜（ソサイ）の葉の形態の

改変，あるいは花卉園芸品種の花弁の形状の改変といった，品種改良への応用が考えられる[38]．

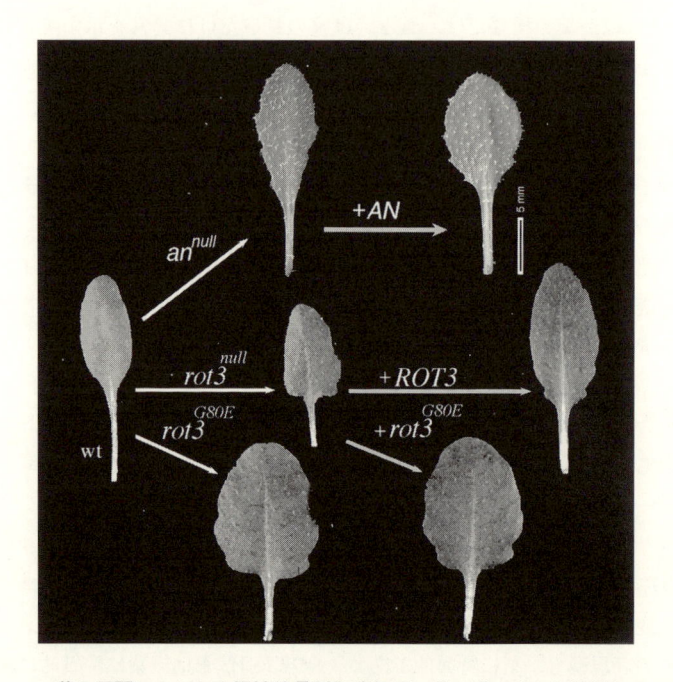

図 5・7 葉の展開にかかわる極性伸長制御遺伝子．葉の縦の長さと横幅とは，それぞれ ROT3, AN の二つの遺伝子により，独立に制御される．AN 遺伝子の機能が損なわれると，葉の縦の長さは正常のままだが，横幅が狭くなる．そこへ野生型 AN 遺伝子を導入すると，葉の形は正常に戻る（上段，+AN）．また ROT3 遺伝子の機能が完全に失われると（$rot3^{null}$），葉の幅が正常なまま縦の長さが短くなるが，そこに野生型 ROT3 遺伝子を過剰発現させると，縦の長さは回復する（+ROT3）．また ROT3 遺伝子にある種のアミノ酸置換が起きると（$rot3^{G80E}$），葉柄は短くなり，葉身は大型化する．$rot3^{G80E}$ 変異体にこのタイプの遺伝子を導入すると，やはり葉柄は短いまま，葉身は大型化する（+$rot3^{G80E}$）．

いっぽう AN 遺伝子は，マップベースのクローニングにより単離できた[39]．コードしているタンパク質は，ヒトやマウス，アフリカツメガエルや線虫など，動物界から広く報告されている CtBP のファミリーの一員で，植物界からは初の例である[40]．AN 遺伝子の塩基配列をもとにデータベース検索あるいは cDNA ライブラリーのスクリーニングを行ったところ，幅広い植物種からホモログが見いだされた[41]．おそらく広く種子植物の世界で形態形成をつかさどっているものと考えられる．その

場合はROT3同様,農学的な応用も可能であろう.またマイクロアレイによるスクリーニングから,いくつかの遺伝子の発現量が変化していることが示された[41].これらは,AN遺伝子の下流で働いている遺伝子群である可能性がある.これら遺伝子群の改変によっても,葉の形態の制御ができる可能性もある.これらの情報量がある程度蓄積すれば,将来に向けての構想も立ちやすくなることだろう.

謝　辞

　本稿の最後に紹介した筆者らの研究は,東京大学・分子細胞生物学研究所で始まり,現在,岡崎国立共同研究機構・統合バイオサイエンスセンター/基礎生物学研究所において,続けているプロジェクトである.本研究にかかわった,数多くの方々に謝意を表したい.なお本研究は文部省科研費補助金,農水省バイオデザイン計画,日本原子力研究所黎明研究,科学技術振興事業団「さきがけ研究」の各助成を受けて行われた.またカリフォルニア大学デービス校のJohn L. Bowman博士および基礎生物学研究所・鎌田芳彰博士には,本稿のための図の作製にあたり,資料を提供していただいた.ここに記して感謝したい.

参　考　文　献

1) S. Pelaz, G. S. Ditta, E. Baumann, E. Wisman, M. F. Yanofsky, *Nature*, **405**, 200 (2000).
2) 荒木 崇, "新版 植物の形を決める分子機構", 岡田清孝, 町田泰則, 松岡信 編, p. 138, 秀潤社 (2000).
3) C. M. O'Neil, I. Bancroft, *Plant J.*, **23**, 233 (2000).
4) H. -M. Ku, T. Vision, J. Liu, S. D. Tanksley, *Proc. Natl. Acad. Sci. U. S. A.*, **97**, 9121 (2000).
5) R. K. Saiki, S. Scharf, F. Faloona, K. B. Mullis, G. T. Horn, H. A. Erlich, N. Arnheim, *Science*, **230**, 1350 (1985).
6) The National Science Foundation, "Realizing the potential of plant genomics: from model system to the understanding of diversity", by NSF, p. 22, USA (1999).
7) J. Chory, J. R. Ecker, S. Briggs, M. Caboche, G. M. Coruzzi, D. Cook, J. Dangle, S. Grant, M. L. Guerinot, S. Henikoff, R. Martienssen, K. Okada, N. V. Raikhel, C. R. Sommerville, F. Vergata, D. Weigel, *Plant Physiol.*, **123**, 423 (2000).
8) E. Wilsman, J. Ohlrogge, *Plant Physiol.*, **124**, 1468 (2000).
9) E. Pennisi, W. Roush, *Science*, **277**, 34 (1997).
10) M. Averof, N. H. Patel, *Nature*, **388**, 682 (1997).
11) E. L. Jockusch, L. M. Nagy, *Curr. Biol.*, **7**, 358 (1997).
12) M. Akam, *Cell*, **92**, 153 (1998).

13) J. Bowman, D. R. Smyth, E. M. Meyerowitz, *Development*, **112**, 721 (1991).
14) E. Martínez, C. H. Ramos, *Ann. Missouri Bot. Gard.*, **76**, 128 (1989).
15) J. Márquez-Guzmán, M. Engleman, A. Martínez-Mena, E. Martínez, C. Ramos, *Ann. Missouri Bot. Gard.*, **76**, 124 (1989).
16) 長谷部光泰，"多様性の植物学 第2巻"，岩槻邦男，加藤雅啓 編，p. 22, 東京大学出版会（2000）.
17) F. Vergata, C. Ferrándiz, E. Meyerowitz, E. R. Alvarez-Buylla, Molecular basis and evolution of he inside-out flower of *Lacandonia schismatica*, Abst. XVI IBC congress (St. Louis, August 1 ~ 7, 1999) 15.13.2 (1999).
18) D. Weigel, O. Nilsson, *Nature*, **377**, 495 (1995).
19) W. H. Rottmann, R. Meilan, L. A. Sheppard, A. M. Brunner, J. S. Skinner, C. Ma, S. Cheng, L. Jouanin, G. Pilate, S. H. Strauss, *Plant J.*, **22**, 235 (1999).
20) J. Hofer, L. Turner, R. Hellens, M. Ambrose, P. Matthews, A. Michael, N. Ellis, *Curr. Biol.*, **7**, 581 (1997).
21) H. Hayashi, Alia, L. Mustardy, P. Deshnium, M. Ida, N. Murata, *Plant J.*, **12**, 133 (1997).
22) H. Hayashi, Alia, A. Sakamoto, H. Nonaka, M. THH. Chen, N. Murata, *J. Plant Res.*, **111**, 357 (1998).
23) K. R. Jaglo-Ottosen, S. J. Gilmour, D. G. Zarka, O. Shabenberger, M. F. Thomashow, *Science*, **280**, 104 (1998).
24) S. Yokoi, S. Higashi, S. Kishitani, N. Murata, K. Toriyama, *Molecular Breeding*, **4**, 269 (1998).
25) Alia, H. Hayashi, A. Sakamoto, N. Murata, *Plant J.*, **16**, 155 (1998a).
26) Alia, H. Hayashi, THH. Chen, N. Murata, *Plant Cell Environ.*, **21**, 232 (1998b).
27) Alia, Y. Kondo, A. Sakamoto, H. Nonaka, H. Hayashi, PP. Saradhi, THH. Chen, N. Murata, *Plant Mol. Biol.*, **40**, 279 (1999).
28) M. Kasuga, Q. Liu, S. Miura, K. Yamaguchi-Shinozaki, K. Shinozaki, *Nature Biotech.*, **17**, 287 (1999).
29) J. H. Lee, M. V. Montagu, N. Verbruggen, *Proc. Natl. Acad. Sci. U. S. A.*, **96**, 5873 (1999).
30) T. Nanjo, M. Kobayashi, Y. Yoshiba, Y. Kakubari, K. Yamaguchi-Shinozaki, K. Shinozaki, *FEBS LETT.*, **461**, 205 (1999).
31) A. Sakamoto, N. Murata, *J. Exp. Bot.*, **51**, 81 (2000).
32) A. Sakamoto, R. Valverde, Alia, THH. Chen, N. Murata, *Plant J.*, **22**, 449 (2000).
33) H. Tsukaya, *J. Plant Res.*, **108**, 407 (1995).
34) T. Tsuge, H. Tsukaya, H. Uchimiya, *Development*, **122**, 1589 (1996).
35) G.-T. Kim, H. Tsukaya, H. Uchimiya, *Planta*, **206**, 175 (1998a).
36) G.-T. Kim, H. Tsukaya, H. Uchimiya, *Genes & Dev.*, **12**, 2381 (1998b).
37) G.-T. Kim, H. Tsukaya, Y. Saito, H. Uchimiya, *Proc. Natl. Acad. Sci. U. S. A.*, **96**, 9433 (1999).
38) 塚谷裕一，'遺伝子操作による葉・花形態の制御'，*BRAIN*, **79**, 6 (2000).
39) 塚谷裕一，日本分子生物学会年会プログラム・講演要旨集，p. 216, W1J-3（福岡ドーム，1999年12月7～10日），福岡（1999）.

40) G. -T. Kim, K. Shoda, T. Tsuge, K. -H. Cho, H. Uchimiya, R. Yokoyama, K. Nishitani, H. Tsukaya, *EMBO J.*, in press.
41) H. Tsukaya, E. Nitasaka, G. -T. Kim, "Abst. 11th Int. Conf. Arabidopsis Res". #529 (University of Wisconsin, June 24~28, 2000), Madison, U. S. A (2000).

6

イネゲノムプロジェクト

　植物ゲノム解析のプロジェクトとしては，すでに終了したシロイヌナズナのゲノムプロジェクトのほかにも，マメ科のモデルとして選定された野生のアルファルファ（Medicago truncatula Gaertn., 詳細はMGIのホームページ http://www.ncgr.org/research/mgi/ を参照）やミヤコグサ（Lotus japonicus L., 詳細は http://www.kazusa.or.jp/en/plant/lotus/EST/ を参照）ゲノムなど，多くの植物ゲノムプロジェクトが進められている．そのなかでイネのゲノムプロジェクトは，基礎科学上も，またイネ科作物（穀類）の理解のうえで，農学的にもきわめて重要な計画である．ただしこのイネゲノムプロジェクトに関しては，純基礎科学分野の興味から始まったシロイヌナズナ研究とは異なり，政治的・経済的な要因も絡み，複雑かつ微妙な状況にある．ここでは，そのこれまでの過程と，近未来を含めての現状を概観し，さらにイネゲノム解析の手法について紹介する．

6・1　イネゲノムプロジェクトの概観
6・1・1　イネの研究特性

　毎年20万トン近くが生産されるイネ科穀類のうち，もっとも生産量の大きな作物はコムギで，全世界の生産量のほぼ3分の1を占める．しかしコムギは，ゲノムプロジェクトのうえで，イネ科穀類を代表するモデル植物には選ばれなかった．コムギはよく知られているように複三倍体で，ゲノムの重複が著しく，ゲノムプロジェクトを遂行するのは困難である．遺伝学的研究の蓄積も，それほど高くない．

　生産量の第2位はトウモロコシである．トウモロコシは古くから遺伝学的解析が

6・1 イネゲノムプロジェクトの概観

盛んに行われ，研究成果の蓄積も高い．しかしトウモロコシも雑種起源であり，ゲノムサイズは 6000 Mbp とイネゲノムの 15 倍，シロイヌナズナの 48 倍もあり，これまた遺伝子の重複も高い．それに対して，生産量第 3 位のイネ (*Oryza sativa* L.) はアジア地域における主要穀類であり，かつ，ハプロイド（半数体）あたりのゲノムサイズが約 430 Mbp（シロイヌナズナのゲノムサイズの約 3 倍）と，イネ科作物のなかでもっともゲノムサイズが小さい．そのため現在，ゲノムプロジェクト上，広くイネ科植物のモデルと見なされるようになっている．シロイヌナズナの項目でもふれた通り，近縁種間での染色体上の遺伝子の配列は，比較的よく保存されているため，イネのゲノムが判明すれば，他の穀類のゲノムもそれをもとにただちに解析が可能になると期待される．農学的に，イネゲノム研究にかけられた期待は，非常に大きい．

ただしイネは，シロイヌナズナに比べればゲノムサイズも植物体も大きく，また生活環も長いため，遺伝学的解析にはやや不利である．高い生育温度や強い日照を生育に必要とするという特性も，実験室での解析に適さない．こういった欠点はあるが，なかでは生活環の短い系統を使うことで，解析の試みが続けられてきた．形質転換の系なども，改良され，現在ではさまざまな実験手法が開発されている．またイネ関連のデータベースも開かれ，cDNA クローンの配布も行われているが，応用を見越した企業との競争が激しく，シロイヌナズナほどオープンに運営できない面があるらしい．

またイネゲノム解析は，シロイヌナズナ研究ほどには，必ずしも関連研究をイネ一種に集中させるような波及効果を及ぼしてはいない．たとえば遺伝子の機能解析や遺伝的制御系の解明の面では，いまでもイネよりはトウモロコシ研究のほうが，人的資源や研究の歴史上優位にあるため，より研究が進んでいる状況にある（トウモロコシ研究に関しては，たとえば http://www.zmdb.iastate.edu/ や http://www.agron.missouri.edu/ などのホームページを参照）．しかしこれは，各種の実用穀類の改良のための礎としてイネゲノム研究を位置づけた場合，妥当な路線であろう．

なおイネにはジャポニカ，インディカ，ジャバニカなどの系統がある．分子系統学的な解析からは，ジャポニカとインディカとは別系統起源だろうとされており，分類学上も区別して亜種（subspecies，subsp.と略記）に扱う研究者もいるが，通常はそれぞれを「日本型」と「インド型」という言い方で分ける程度である．インドネシアでナシゴレン（炒飯）などの食材になっている，粘りが少なく細くて大粒

の系統,ジャバニカは,ジャポニカ(日本型)系統のなかの熱帯適応型一亜系統であるとされている.このあたり,学名の記述に時として混乱が見られるので注意が必要である.なおゲノムプロジェクトの標準株としては,ジャポニカ(日本型)のなかでも実験室での管理も容易な,「日本晴」という品種が使われている.この実験材料を学名で書く場合は,栽培品種であるので,いわゆる品種(個体変異としての白花の形質を示すものなどに使う)forma の略号 f.ではなく,cultivar の略号 cv.を用い,*Oryza sativa* L. cv. Nipponbare と記す.

6・1・2 イネゲノムプロジェクトの推移

イネは以前,アジア大陸における主食というイメージが強く,過去には,イネに関する研究は世界的な興味を引かない,という理由で投稿論文が却下になった例もあるという.しかし現在では,上述のように,イネ科作物のモデルとしての有用性から,広く注目を集めるようになった.別稿でふれたシロイヌナズナのゲノミクスでも,シロイヌナズナのゲノムとイネゲノムとの比較から,広く種子植物ゲノムの理解が進むという期待もなされている[1].

そこでイネゲノムプロジェクトでは,これまで日本の農水省が中心になり,分子マーカー地図の整備,ゲノム領域や EST の塩基配列決定(5・1・2節参照),ゲノムライブラリーの整列化などを進めてきた.このイネゲノムプロジェクトは当初,欧米の無関心さが幸いして,日本の独走態勢にあったが,その進行の間に DNA 塩基配列の決定に用いられる機器・技術が急速に進歩し,海外のベンチャー企業がヒトゲノムを標的として高性能の解析能力を備えた結果,農水省よりも先にイネゲノムプロジェクトを完了することを目指すに至った.

こうした危機感のもと,2000年の大幅な予算増額により,農水省主体のイネゲノムプロジェクトは,当初の 2008 年完了という長期計画から,2004 年完了予定の計画に前倒し変更された.さらにその後,2000 年の春に,米国のバイオ企業・Monsanto 社から,遺伝子情報の提供の申し込みがなされた.Monsanto の保有する塩基配列情報は,日本側の塩基配列決定より低い精度ではあったものの,より大規模であった.そのため,日本側は協議の結果,その塩基配列情報を無償で受けた.すでにこの時点で,事実上イネゲノム情報は私企業群に先に抑えられた状態にあり,実際に 2001 年 1 月 16 日,米国の Myriad 社は,世界に先駆けてイネ全ゲノム配列を決定した,と発表した[2].これは Syngenta 社の子会社である TMRI 社との協同プロジェクトによるものであった.現在,上記企業と利用契約を結べば,この塩基

6・1 イネゲノムプロジェクトの概観

配列情報を利用することができる．したがって，遺伝子特許などの目的から，イネゲノム解明を，コムギやトウモロコシのゲノムの利用のための基礎手段とみる立場からは，すでにイネゲノムプロジェクトの使命は終了した，ともいえる．

現在，農水省が中心となったイネゲノムプロジェクトは，上述の私企業が保有する塩基配列情報とは独立に全ゲノム情報を決定し，それを無償で公開することを目標として，シロイヌナズナのゲノムプロジェクト同様，IRGSP (International Rice Genome Sequencing Project) という国際コンソーシアムのかたちで，進められている（最新の詳細は http://rgp.dna.affrc.go.jp/ を参照）．しかし，まだその分担は完全には決まっていない．2001年12月の段階では，12対ある染色体のうち第1染色体の多くと第6，第7，第8染色体それに第9染色体の一部を日本が担当することが決まっているほか，韓国が第1，第9染色体の一部を，第2染色体を英国が，第3染色体と第10染色体，それに第11染色体を米国が，第5染色体を台湾，第9染色体をタイ，第12染色体をフランスが受けもつことになっている．インドは第11染色体の一部を受けもつ．また中国は他国の使う「日本晴」ではなくインディカ系統の別品種で第4染色体を担当している．以上の分担成果をまとめ，計画をさらに早め，2001年末までには全ゲノムの99％をカバーする配列情報を決定する予定で，計画が進められているが，2000年頭段階で計画は遅れ気味である．

一方，ゲノムの塩基配列決定では後れをとったが，それと並行して進められている日本独自のプロジェクトでは，オリジナルな成果が期待されている．特にイネのレトロトランスポゾン（レトロウイルス起源のトランスポゾン，➡用語解説）のTOS17による突然変異体ライブラリー作製や，完全長cDNAライブラリーの作製といった計画も進められており，これらには基礎科学上の貢献が期待される．ゲノムの概略が決定された今後は，塩基配列情報に含まれる，遺伝子の機能そのものに関する解明が急がれる．ただし植物の基本的な機能に関する遺伝子情報は，イネとシロイヌナズナとで共通しているはずなので，それらはイネで研究するよりは，先行するシロイヌナズナで解析した方が早い．むしろイネにおいては，米の食味など，イネならではの性質に関する遺伝的制御の解明が重要課題となる．その点では後述のTOS17タグラインの利用による遺伝子機能解析や，QTLマッピングによる量的形質の制御遺伝子の探索など，機能面での解析が鍵となると考えられる．以下，これらの原理などについて簡単に解説する．

6・1・3 イネ遺伝子の機能解析

変異体から遺伝子を同定する場合も，遺伝子の機能を知るためにその遺伝子の変異体を探す場合にも，変異体と遺伝子との対応をつける必要がある．基本的な技術としては，シロイヌナズナのゲノムプロジェクトの項目でふれたような手法が，ここでも適応される．そこでここでは，イネゲノム研究で特に注目される手法の例として，タグラインの利用と，QTLマッピングについて説明する．

TOS17タグライン（tag line）とは，イネゲノムに内在する，いわゆる"動く遺伝子"，レトロトランスポゾンを使ったタギングである（図6・1）．シロイヌナズナのT-DNAタグのところで述べたように，変異体を出発材料にして，特定の機能を有する遺伝子を単離しようとする場合，タギングという方法が有効である．こ

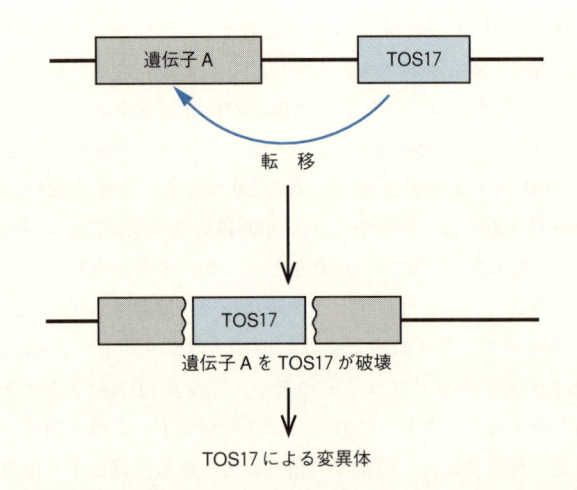

図 6・1 **トランスポゾン・タグの原理．**トランスポゾン（ここではTOS17）の転移によって破壊された遺伝子は，トランスポゾンに特異的なDNA配列を指標に探し出すことが容易である．タグ後の遺伝子単離の方法は，T-DNAタグとまったく同様なので，詳細はシロイヌナズナに関する第5章，T-DNAタグについての説明も参照されたい．

とにイネの現状のように，ゲノムのマップ情報がまだ不十分で，マップ・ベースのクローニングが困難な場合，タギングは威力を発揮する．ただしイネでは，全ゲノムをカバーするほど多数のタギングライブラリーを，T-DNA挿入により1株1株作出してゆくのは，きわめて困難である．ゲノムサイズがシロイヌナズナの3倍も

あること，1株1株が占める栽培面積の大きいことが，その主な原因となっている．Myriad Genetics社の発表[2]の通り，イネの遺伝子の数が5万あるとして，一つの遺伝子につき1箇所ずつタグをつけるとすると，重複が一切ないという条件でさえ5万株のトランスジェニックイネを作出しなければならない．実際にはT-DNAはランダムに挿入されてゆくので，確率論からいって重複を許さない限り，全遺伝子にタグをつけることはできない．したがって，たとえばその3倍の規模で挿入を行うとすると，15万系統のトランスジェニックイネを作出する必要がある．これは実験規模として事実上，不可能である．

その場合，放置しておいても自分で"動く遺伝子"，トランスポゾン（➡用語解説）を，T-DNAの代わりにタグとして使うことができれば，トランスポゾンを転移させつつ，数回の自殖を繰返すだけで，かなりの数のタギングライブラリーを作製できる．冒頭で述べたようにトウモロコシは，必ずしもゲノム解析に適さない植物であるが，これまで数多くの遺伝子が発見されている．その理由は，トウモロコシにAc/Ds系のトランスポゾンが内在し，かつこれが高頻度で転移するからである．トウモロコシでは，そのAc/Ds系の転移によって引き起こされた突然変異体を材料に，トランスポゾンの配列をタグとして原因遺伝子の単離をすることができる．そのため，遺伝子レベルでの解析が早期から進んだ．植物のもつホメオボックス遺伝子として，シュート頂制御に重要な機能が推定されている*knotted1*遺伝子も，このAc/Ds系の利用により単離された遺伝子の一例である[3]．

幸いイネからも，組織培養の過程において転移が盛んになるレトロトランスポゾン，TOS17が見いだされており[4]，現在，このTOS17を転移させたトランスポゾン・タグライブラリーが活用されつつある．TOS17タグにより単離された遺伝子の例としては，イネにおいて心皮と葉の中肋の形成を制御する遺伝子，*DROOPING LEAF*（*DL*）などがある[5]．

一方**QTLマッピング**（quantitative trait loci mapping）とは，量的な形質を制御する遺伝子座位の探索に用いる手法である（図6・2）．通常に行われている遺伝子座位のマッピングは，単一の遺伝子変異によって，表現型が全か無かに分かれるようなものを対象としている．いわば質的な変異形質をもたらす遺伝子変異である．しかし農業的に重要な形質の多くは，たとえば草丈，開花時期，種子の大きさなど，多数の同義遺伝子が働く量的な形質である．いま，たとえば草丈の高い品種と低い品種との間で雑種を作製し，雑種第2代（F2）を作製したとする．そのとき，F2の草丈の表現型は個体数で見て必ずしも3：1に分離せず，連続的に高いものから

低いものまでばらばらになってしまうことがある．これはもともとの両親の形質の差が，単一の遺伝子変異によるものではないこと，量的形質を支配する多数の遺伝子の，それら一つ一つの変異の総和であったことを意味する．もちろんこうした形質にも，質的変異をもたらす遺伝子座位が大きく影響するが，そのほかにも，量的に働く変異も重要なファクターである．一つ一つの遺伝子変異の影響は比較的小さくても，それが積み重なることで大きな効果を生むほか，個々が微妙なコントロールをするため，農学的には重要な形質を左右する．

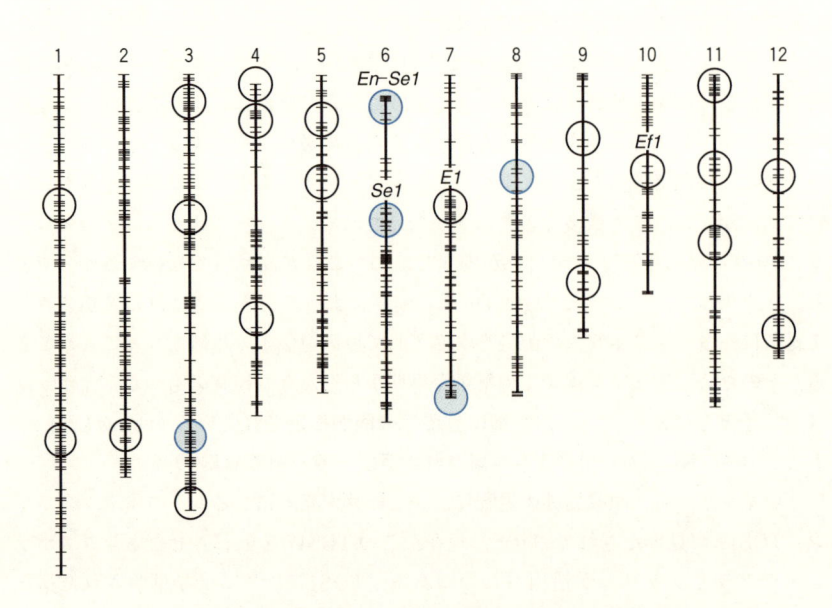

図 6・2　**QTL マッピングの実例**．出穂期に関係する遺伝子座をイネ染色体上に QTL マップしたもの．円内に検出された出穂期関連 QTL のおおまかの位置を示す．色付きの円は感光性の遺伝子座位，色なしの円はそれ以外の座位．文献6より許可を得て転載．

このような遺伝子座位の決定には，染色体上のどのあたりがどの程度，注目する形質の違いに寄与したのか，統計的にマッピングする QTL という手法が用いられる．単一遺伝子座であってもそのマッピング位置は，もともと3：1という理想的な分離比からのずれとして計算する以上，統計的に誤差を含んだかたちで算出されるものである．まして QTL の場合は，同時に多数の遺伝子座位を扱い，それぞれその寄与率とともに統計的に算出するので，マッピング位置の推定精度はかなり粗

くなる．その代わり，単一遺伝子座位の変異としては検出しにくいような，量的に働く遺伝子を見いだせる可能性がある．

ただしゲノムサイズの小さいシロイヌナズナでも，このQTL解析は最近盛んであるが，その結果同定されてくる遺伝子座位を見ると，意外にも既知の遺伝子と同じものであった例が多く，QTLによって初めて見つかったという遺伝子の例は，まだ多くない．イネでこれまで調べられた限りでも，QTLで見いだされた遺伝子の多くは，すでにシロイヌナズナなどの他のモデル種で，単一遺伝子変異の原因遺伝子として同定されていたもののホモログであった．しかし今後，より詳細な解析によっては，今まで見いだされなかったような新規の遺伝子（の機能）も見つかるかも知れない．農学的に重要な形質には，量的に支配されているものがかなり多いので，今後の成果が期待される．

6・2 イネゲノムの現時点での実用段階

シロイヌナズナの項でも述べたように，植物工学を取巻く状況は，ゲノミクスと総称される新しい局面に際し，大きく変わろうとしている．イネゲノムも，塩基配列情報がそのまま高い価値をもつだけでなく，マイクロアレイなどの新技術による解析結果を通して，さらに重要な意味をもつことが期待される．しかしこれらについてはまだシロイヌナズナほどにはデータが蓄積していない．

いっぽう，商品化を見越しての遺伝子導入体の作出とその試験栽培の試みは，盛んに行われている．特に遺伝子組換えイネについては，将来を見越して，いくつかのものに関して栽培試験が実施されている．農林水産省・先端産業技術研究課ホームページ[7]によれば，2000年12月現在で栽培試験に入っている遺伝子組換えイネの，それぞれの開発者の欄には，農水省関連の研究所やサントリー，オリノバといった国内の企業のほかに，Monsanto, Hoechst, Calgeneのような米国の企業の名も見られる．

数年前には，このうちMonsanto社によるターミネーター技術の実用化が懸念されたことがある．このターミネーター技術を使うと，ある遺伝子の作用により，種をまいても発芽できなくなる作物が開発できる．つまり種子が自殺するように設計された遺伝子改変作物である．これを増やすには，特許で抑えられた特殊な処理で自殺を回避させることが必要で，そのため，この品種を使って農作物を生産しようとする農家は，毎年，種苗会社からこの種を買わなければならない．そればかりではなく，このタイプの品種と交雑した他の植物も，種が発芽できなくなる．イネや

トウモロコシのように，風媒花で，花粉が広く風で飛ぶ作物の場合，まわりの畑にまでこの遺伝子が広がるのは，いとも容易である．したがって，地域に一軒でもこれを栽培する農家が出れば，自動的にまわりの畑がこの組換え遺伝子によって"汚染"されることになる．このターミネーター遺伝子が導入された作物は，発芽する種子を作れなくなるので，数年のうちにその周辺地域における在来品種は，新たな組換え作物によって一掃できることが期待される．こうした性質から，このタイプの遺伝子組換え作物は「ターミネーター」とよばれた（第7章参照）．国内の報道機関は一切，この件にふれなかったが，実用化されていれば，日本の農業はかなりの影響を被ったであろう．ただし欧州では，これがきわめて攻撃的な種子戦争につながるという理解から，いっせいに反発が生じ，その結果，Monsanto社は2000年，実用化を断念した．日本は漁夫の利で助かったという状況である．いわば攻撃的な遺伝子組換え作物の最初の例が，これほど強力かつ排他的なものであることを考えると，今後の研究開発の先行きが懸念される．

その反面Monsanto社は，胚乳のカロテノイド含量を大幅に向上させたイネ，いわゆるゴールデンライス[8]の利用に関し，特許料を請求しないことに決定するなど，遺伝子組換えイネを実際に必要とする発展途上国への配慮も見せており，今後の動向が注目される．なおイネの種子価格は，わが国においてはこれまで長きにわたって国や地方自治体がイネの品種改良を行ってきた経緯から，安値に抑えられている．そのため，よほどの付加価値がない限り，高値の種子は販売競争力がなく，民間企業による種子ビジネス参入が難しい状況にある[9]．種子ビジネス戦略上の工夫も，今後のイネゲノムの応用面で鍵となるだろう．

6・3 最後に

現在，遺伝子組換え作物に対する一般の風当たりは，思いのほか強いものがある．主食となる有用作物の遺伝子組換え体については，消費者の抵抗も，実用上の大きな障壁となるだろう．

しかし今後の食糧難を乗り切るうえでは，人口数の有効な抑制か，あるいは食糧の大幅増産か，どちらかを選ばなければならないのは，明らかである[10]．そのうち食糧増産に関しては，遺伝子組換え技術が大きな鍵となっていることは，たとえば米国産大豆の生産量の，最近の変化に明確に見てとることができる．日本経済新聞1999年9月16日付の記事によれば，天候異変や病害虫の影響を受けにくい遺伝子組換え大豆が，1994年ころから一般の農家に広まったため，1995～1996年収穫

年度を境に，米国での大豆の単収が急に伸びている．1999年度の米国における大豆の作付け面積のうち，約4割から5割は，すでに遺伝子組換えを受けた品種によって占められていた．米国農務省の発表によれば，2001年度には，63％に達する見込みとされる．トウモロコシも，米国産の26％（1998年時点，2001年には24％と予測されている）が遺伝子組換え体から生産されるに至っている．今後，この風潮は世界的に広まらざるを得ないと考えられる．

　農水省は積極的に遺伝子組換え植物に関する情報を公開し，正しい科学知識の普及につとめることで，必要以上の反・遺伝子組換え作物感情を抑える努力をする必要があるだろう．この点でもっとも懸念されることは，現時点では，メンデルの遺伝の法則すら義務教育のうちには学ぶ機会がなく，DNAというものの意味について教わるのは，高校で生物IIを選択するごく一部の学生に限られているという事実である．これは時代に逆行するものである．また一般市民の側には，それを理解するための基礎知識が欠けている，という状況をもたらすことになる．情報を正しく公開しても，これでは役に立ちがたい．農水省は文部省とも連絡を取り，遺伝子に対する正しい理解を義務教育レベルの教育内容に盛り込むよう，努力する必要があるだろう．財団法人バイオインダストリー協会などが最近は啓蒙に乗り出しているようであるが，一般の理解を得るには，さらに積極的な活動が望まれる．

謝　辞

　本記事を書くにあたり，東京大学　平野博之博士，かずさDNA研究所　柴田大輔博士，日経サイエンス　佐藤俊明氏，それに朝日新聞　杉本潔氏より各種情報をご提供いただいた．また農水省　矢野昌裕博士には，イネQTLマップの図の転載に際し，快く承諾していただけた．ここにお名前を掲げ感謝したい．

参 考 文 献

1) NSF (The National Science Foundation, USA), "Realizing the potential of plant genomics: from model system to the understanding of diversity", p. 22, NSF, USA (1999).
2) Myriad Genestics 社・イネゲノムホームページ：http://www.myriad.com/gdd_rice.html
3) E. Vollbrecht, B. Veit, N. Sinha, S. Hake, *Nature*, **350**, 241 (1991).
4) H. Hirochika, K. Sugimoto, Y. Otsuki, H. Tsugawa, M. Kanda, *Proc. Natl. Acad. Sci. U. S. A.*, **93**, 7783 (1996).
5) H. -Y. Hirano, T. Yamaguchi, *Gamma Field Symp.*, **38**, 55 (1999).

6) 矢野昌裕,吉村 淳,"新版植物の形を決める分子機構",岡田清孝,町田泰則,松岡 信 編,p.185,秀潤社 (2000).
7) 農林水産省・先端産業技術研究課ホームページ: http://ss.s.affrc.go.jp/docs/sentan/entry.htm
8) X. Ye, S. Al-Babili, Klöti, J. Zhang, P. Lucca, P. Beyer, I. Potrykus, *Science*, **287**, 303 (2000).
9) 日経バイオテク 編集部,'イネ',"日経バイオ年鑑2000",p.551,日経BP社 (2000).
10) 山田康之,佐野 浩 編,"遺伝子組換え植物の光と影",p.238,学会出版センター (1999).

7

植物工学の未来像：
期待と課題

7・1 豊かさをもたらす植物工学

　植物バイオテクノロジーの進展による，新しい技術体系は生物工学の一領域として確立しつつあり，本書成立の拠り所もそこにある．一方では，冒頭にもふれたように，地球上の人口はなお対数的に増加しており，その傾向は特にいわゆる発展途上国に著しく，寿命が伸びたことはその傾向を加速している．ちなみに，2001年で，世界人口は61億であるのが，2050年には93億と予想されている．ところが，その人口増加を支える食糧の増産には，従来の方法によっては限界があることが明らかになって久しい．これまでの技術のみに依存する限り，地球上の栽培可能な耕地には制限があり，むしろ現況では狭められている場合さえあるので食糧増産は望めない．その結果，局所的な飢餓が頻発する恐れも想定されている．また，大規模農業では，病害虫の被害は多大なものがあり，雑草の除去も多大な労力を要し，これらの農業を支えるためにはバイオテクノロジーの手法は不可欠である．さらに，従来の方法では栽培できなかった，砂漠地帯・海浜などでの作物の栽培の可能性を追求し，また，できるだけ経済コストが低く，かつ病害虫の安全な防除も必要とされている．したがって，人口増加の対応策として，現時点で考えられるほとんど唯一の方策が，植物工学あるいは植物バイオテクノロジーであり，これを推進することは地球規模できわめて重要であることが改めて実感される．人口の増加に対して，もちろんバースコントロールという手段はあるが，それは本書の対象とするところではない．

　第2章でふれた，栄養繁殖の植物をウイルスフリーにする技術は日常化しており，

わが国の状況を見ても広い範囲に及んでいるが,世界的規模で見ると,飛躍的に拡大の一歩であり,特に発展途上国の一部ではきわめて重要な意味をもっている.その状況を簡単に要約すると,たとえば,バナナはプランテーションで栽培されるが,その健全な材料の継続的供給は不可欠な作業で,*in vitro* の繁殖により従来問題となっていたネマトーダ(線虫)の被害を防ぐことができる.しかもバナナの出荷の時期の調整も可能であるという利点があり,拡大の一方である.さらに,体細胞からの胚様体形成を経る植物体の再生が可能になってきたので,この傾向はいっそう加速すると予測される.*in vitro* の繁殖の利点を改めてまとめると,大量生産が容易であり病害虫の感染のない苗の供給が可能で,新品種も時期を狙って供給できるなどの利点がある.また,遺伝資源の保護も同時に図ることができるという点も重要である.バナナのほか,今日ココヤシなどいずれも大規模プランテーションにおける繁殖に *in vitro* の繁殖法が広範に用いられつつあり,これらの植物工学的手法は,いまや不可欠である.

なお,花卉栽培ではこの傾向はもっと先鋭・特殊化している.たとえばオランダでは,チューリップを中心にアムステルダム国際空港(スキポール)の近くに市場をもち,輸出に特別の配慮がなされている.同様な傾向は,イスラエルでも見られ,バラ,カーネーション,キク,ユリなどがその対象であり,商業戦略化している.この傾向は,発展途上国にも広がり,メキシコ,インド,中国でも盛んになりつつある.特に,タイではデンドロビウムを中心としたラン科植物に力を入れ,輸出産業の主力となっており,その輸出先は米国,日本などである.さらに,最近ではアフリカ諸国でも同様な傾向が見られるようになっている.ケニアではイギリス資本の協力の下で展開されつつあるが,後発の場合,競争が激しいことと,先進国からの資本と技術移転という問題点を一様に抱えている.

このような状況のなかで,もう一つ忘れてならないのは,研究はモデル植物で進展するが,実際の有用遺伝子は,しばしば有用作物に近縁の野生植物にあり,耐病性,その他の環境要因に対する耐性も野生植物に期待されていることが多い.ところが現在,野生植物は世界的規模で消失の傾向にあり,これはわが国でも同様で,レッドデータブックが発刊される所以である.その理由は,もっぱら人間活動による環境の悪化によるものである.このような状況で,絶滅に瀕する多くの植物を *in vitro* で育成して,種の絶滅を防ぐことも,長期的視野に立つとき重要な視点であり,将来に備える必要性の一つである.それに加えて,いわゆる発展途上国が植物は資源であるという姿勢を明確にし,野生植物についても保護の姿勢を明らかに

していることは，状況をより困難にしている．このような状況の打開のためにも植物工学には重要な役割が期待されている．

7・2 植物工学への課題

　人類に希望を与える植物工学にも是非とも解決されなければならない課題がある．植物工学の手法のうち，*in vitro* で植物組織・器官を栄養的に繁殖することではまったく問題にならないが，組換え DNA がかかわると，研究だけでなく，社会的責任あるいは環境のことも考慮する必要がある．細胞融合などによる遺伝子組換えはその対象にないが，組換え DNA によって作られた植物は，いわゆる**遺伝子組換え生物**（genetically modified organisms，GMO）の範ちゅうに入り，社会で受容されるかどうかは一定の手続きを経てからでないと認められない．すなわち，業界用語でいう**社会的受容**（public acceptance，PA）が重要な点となる．また，この問題はシロイヌナズナやイネの全塩基配列が決定された状況では，理論的にすべての遺伝形質に関して，遺伝子組換えが可能であるから，ますます重要となってくる．一方では，人工的な組換え DNA 技術を観念的に拒絶する立場の人々がおり，それに呼応して，ほとんど根拠のない社会的不安を理由に GMO でない植物材料を加工素材としているということを殊更に強調する宣伝活動もしばしば見られる．そもそも GMO は，当初から，実験計画も厳密にチェックされ，野外実験あるいは圃場試験も個別に検討されて，問題がないということで広げられてきたものである．当初は，ベクターとして用いる遺伝子によるタンパク質の食品への影響，あるいはベクターに含まれる抗生物質マーカーの野外への拡散などが心配されたが，少なくとも現在わかっている限りは，そのような点は杞憂であることである．しかしながら，一部除虫目的で Bt トキシンを発現させた植物（第 3 章参照）から，その遺伝子が野生近縁種に広がった場合が報告された．しかしながら，生態系に変更を与えるような重大なものではないことが確認されている．本章の初めにもふれたように植物工学，植物バイオテクノロジーが不可欠となった現代において，一方的な立場での主張はきわめて危険といわねばならない．現実問題として，今日の農業生産のコスト・安全性の角度からもこれら新手法は必須と考えられており，当初予測されなかったような GMO 植物の多くのメリットも報告されている．その結果は，GMO 植物はわれわれの身近に存在し，輸入されるダイズ，トウモロコシ，食用油はほとんど GMO であるといってもよいであろう．GMO としてのチェックは，PCR 手法（5・1・2 参照）による外来遺伝子の同定が容易になっているので産物に関しても

容易にできるが，油脂などの場合には不可能である．また，ワタの栽培にも広範に遺伝子組換え植物は導入されており，拡大の一方で，導入された遺伝子の多くは除草剤耐性遺伝子である．また，生活環境の悪化に対応して，環境浄化に役立つことを目指す植物の育成も，相当大規模に試みられている．たとえば，排ガスに強い植物を育成して高速道路沿いに植える計画とか，重金属に耐性があり，結果的に汚染された土壌を清浄化するなどの計画である．このような場合にも，生態系のバランスを崩さない範囲でという制限が加えられていることはいうまでもない．

このような背景で，わが国においても PA に関して，(財)バイオインダストリー協会 (JBA)，農林水産省および厚生労働省は冊子を作り，広報活動を行っているが，まだ十分とはいえないのが現状である．また，ホームページでもこれらの内容は見ることができる（たとえば，JBA は http://www.jba.or.jp/ ，農林水産省は http://maff.go.jp/ ）．さらに国際的に見ると，米国，ヨーロッパ諸国，日本と比較すると，それぞれの状況は異なっており，沖縄サミットでもそれが表れていたが，日本と EU 諸国とは同様な姿勢を取っていたが，米国は積極的な姿勢であった．

これらの点に関しては，GMO の普及を促進する側も，また利用する側も十分な知識と情報公開によって，十分な意見の交換をすることが，最善の解決法であると思われる．この点に関して，筆者は，最近個人的な実体験として有意義な経験をしたのでそれを紹介する．1998 年よりヨーロッパ分子生物学機構 (EMBO) のアソシエートメンバーとして加えてもらったが，新メンバーは，翌年の会でそれぞれの研究内容を紹介するようにということで，1999 年 10 月にチェコ共和国のプラハで開かれた EMBO のニューメンバーの会へ出席した．そこでは，併せて GMO に関する EMBO 主催のシンポジウムが開かれた．そもそも，EMBO は基金が EU 各国の拠出金によっているので，EU とは密接にかかわっている．EMBO は，積極的にヨーロッパの GMO の普及にかかわるとともにその疑問点を解決することに大変な労力を払っている．上記プラハの会では，GMO に関して，生産あるいは推進する側からは Monsanto 社より，責任ある立場の研究者が出席し，批判的立場からはイギリスの GMO 問題を検討する組織の中心的人物が出席し，研究者側からも科学的根拠に基づく専門家の視点からの意見が出され，討論された．したがって，十分な科学的データに基づく議論が展開されており，少なくとも一方的な議論により平行線をたどるというものではなかった．また，これらの資料，見解，結論などはホームページでも見ることができる．このような経験から，当然とはいえ，やはり相互の対話が絶対不可欠であるという感慨をもった．

7・2 植物工学への課題

　さて，もう一つ問題点は，GMO であるかないかにかかわらず，植物工学の多くの研究手法は北方のいわゆる先進国において開発されたものが，南方の発展途上国において実用化され，生産の拠点とされるという場合が相当ある．このような場合しばしば本当に必要なのは南方の国々であり，そこにはしばしば技術移転の問題があり，一種の南北問題が存在する．特に GMO の場合は著しい．このような状況にあって，国際連合あるいはユネスコ（UNESCO）などの国際機関は，その調整に力を尽くしているが，それぞれ複雑な要因が絡まっているので解決には時間を必要とする状況である．

　もう一つ，考慮しなければならないのは，植物工学により作られる産物の経済価値に関する問題である．シロイヌナズナの全塩基配列の決定の国際プロジェクトは，公開を前提になされたが，個別の点ではなお特許化等の問題が残っている．特に種苗生産の市場では，従来より雑種強勢（hybrid vigor）を利用した育種は，特にトウモロコシを中心に定着している．トウモロコシでは，ハイブリッドコーンの収量は，母植物の数倍になるということで利用されてきたが，今日その他の種子を購入するときもハイブリッドでないものを探すのが困難なほどである．この延長線上にあるのが，除草剤耐性植物の種子とその農薬がセットにされて販売されることであり，しかも種子の再生産は農家では行わないという契約の下で購入するという条項がついていることである．その結果，しばしば種子の再生産に関して，訴訟事件が起こっていることは，おりおりメディアにニュースとして登場する．その極限にあると思われるのが，Monsanto 社の開発した「ターミネーター」手法であり，映画のタイトル「根絶やし」にちなんだ命名である．正確にいうと開発したのは，米国農務省 USDA と企業である Delta & Pine Land 社であり，それを企業ごと Monsanto 社が 1000 億ドルで買収したのである．この場合，一定の発芽処理をした種子が販売され，その植物は農薬に耐性というもので，しかも種子は実っても再発芽ができないような細工がしてある．したがって，企業は種子を完全に独占することにより利益を得て，しかもその植物に対する農薬をセットにして販売することになり，利益は確実に企業に回収されることになる．幸いこの件では，世界各地の草の根の大反発と EU 諸国からの反発にもあって，当初の目論見通りは進行しなかったが，今後も同様なもっと巧妙な手法が開発されないという保証はない．植物バイオテクノロジーは，かくして政治的，経済的視野も要求されるということになる．

　最後に，本書では，植物工学の基礎とその現状，将来の課題などについて初学者にもわかるようにと努めて解説してきたが，この手法が人類の将来に向けてきわめ

て重要な手法であるということが読者に伝わることが，執筆者一同の願望である．さらに，わが国はこの領域に登録する研究人口も多く，この領域への貢献も多かったが，このことは世界的視野での貢献の余地が多いことでもあるので，この分野に関心をもつ若い学徒が一人でも増えるなら，執筆者一同これに勝る喜びはない．

用 語 解 説

アブシジン酸応答性エレメント（abscisic acid responsive element）　アブシジン酸（ABA）により発現誘導される LEA 遺伝子など（たとえば Em 遺伝子）の 5' 上流に見られる ABA により応答するシス配列（ABRE とよぶ）で，コンセンサス配列として CGACACGTGGC をもつ．ABRE には，ロイシンジッパー構造をもつ転写因子 EMBP-1 が結合する．

アポプラスト（apoplast）　細胞膜の外側を意味する概念で，これに対する言葉としてシンプラスト（symplast）があるが，これは細胞膜の内側を意味する．

RNAi（RNA interference）　RNA を細胞内へ導入したとき見られる遺伝子発現の抑制現象から発展された遺伝子発現の抑制法で，ある遺伝子の相補的な遺伝子 RNA が二重鎖を形成するように構築して細胞内へ導入するとその遺伝子の発現が抑制される方法であるが，その機構はまだよくわかっていない．

アンチセンス DNA（antisense DNA）　ある特定の遺伝子の発現を抑える DNA のことで，標的とする遺伝子配列に相補的な配列をいう．作用点は転写の阻害，RNA プロセシングの阻害，mRNA の核からの移行阻害，翻訳の阻害などが想定されているがまだ特定はされていない．

MYC タンパク質　動物細胞の不死性にかかわる遺伝子 *myc* の遺伝子産物は，核内にあって転写調節にかかわるが，このタンパク質と類似のモチーフをもつタンパク質は植物にも見いだされる．

MYB タンパク質　動物のがん遺伝子 *myb* 遺伝子の遺伝子産物で，この DNA 結合領域に見いだされた 51～52 個のアミノ酸からなるモチーフをもつタンパク質群をいい，転写調節に作用する．このタンパク質と類似のモチーフをもつタンパク質は植物にも広く見いだされる．

エリシター（elicitor）　植物細胞に防御反応を起こさせる物質で，病原菌の細胞壁成分あるいは病原菌によって分解された植物細胞壁の成分であることが多い．

LEA タンパク質（late embryogenesis abundant protein）　植物が受精後，種子形成の成熟過程で作られる，親水性のタンパク質群をいい，その代表は Em タンパク質である．いずれもアブシジン酸（ABA）で発現誘導を受け，種子に蓄積され，発芽時には消費される．種子内の水分量の減少に貢献し，種子の冬場をしのぐ一種

の環境適応に働くと考えられる．

エンドサイトーシス（endocytosis）　動物細胞では，細胞表面を陥入し，その先端部分をくびり切って小胞とすることにより細胞外の物質を細胞内へ取込む作用をこのようによんでいるが，細胞壁に囲まれた植物細胞では観察されない．ところが細胞壁を取除くと，動物細胞で観察されていたエンドサイトーシスと類似の現象が観察されたので，これをエンドサイトーシス様の過程とよんだ．

オルソログ（orthologue）　同一起源の遺伝子から由来する遺伝子群とその遺伝子産物であるタンパク質のグループで相同性がある集団をホモロジーがある集団とよぶが，遺伝子配列が似ており，しかも機能的には同一な役割を果たしているものを特にオルソログという．

カドヘリンタンパク質（cadherin protein）　動物細胞の上皮細胞などの接着が密な部位に見られる密着接合に関与する膜貫通型糖タンパク質で，結合にCaイオンを要求することからカドヘリンと名付けられた．カドヘリンは細胞が組織化するとき重要な働きをし，細胞外ドメインには特徴的な繰返しアミノ酸配列（カドヘリンリピート）がある．

カルシニューリン（calcineurin，カルモジュリン依存性ホスファターゼ，プロテインホスファターゼ2B（PP2B）ともいう）　セリン-トレオニンプロテインホスファターゼファミリーの一つで，二つのサブユニットA，Bが1：1で結合してホロ酵素を形成し，Ca/カルモジュリンにより調節される．

環境保全型農業（environmentally conscious agriculture）　自然環境は，生成から分解までそれぞれの役割に従って行われている．したがって，そのような自然の自浄作用を利用した環境を壊さないようにする農業を環境保全型農業という．

ククモウイルス（Cucumovirus）　キュウリモザイクウイルス（cucumber mosaic virus）とその関連のRNAウイルスで，ウイルス粒子は，径28 nmの多面体で，それぞれの粒子のサイズはほぼ同じであるが，3種類からなる．植物細胞内では，細胞質に分散して見られ，封入体は形成しない．宿主範囲は広い．

クリーンベンチ（laminar flow chamber）　実験操作用に区切られた空間へ，HEPA（高効率微粒子）フィルターを通して無菌化した空気を一定方向に送り込み，無菌空間を作る装置で無菌実験が可能となる．排気系も回収する方法にすれば，物理的封じ込めのレベルが上がる．

Cot 分析（Cot analysis）　DNAを約300塩基対ほどに切断し，熱変性したのち，一定の条件でインキュベートさせると，互いに相補的な鎖を探して二本鎖を形成する．この再結合は二次反応であり，次式で表される．

$$\frac{C}{C_0} = \frac{1}{1 + KC_0 \cdot t}$$

ここで，C は単鎖 DNA の濃度，C_0 は DNA の初濃度，t は反応時間，K は反応速度定数である．

　反応が半分進んだ点では，$C_0 \cdot t_{1/2} = 1/K$ となり，この値は DNA 配列の複雑度に比例している．横軸に $C_0 \cdot t$ を対数で目盛り，縦軸に C/C_0 を取ると，この曲線から DNA の結合状態を判定できるので，これを Cot 分析という．

コートタンパク質（coat protein，外被タンパク質ともいう）　ウイルスの遺伝物質を包むキャプシド（頭殻）を構成するタンパク質をいう．

サルベージ経路（salvage pathway）　生体内においては生体物質は常に合成されると同時に分解されているが，ある生体物質を完全に分解し尽くさないで，途中の段階で回収し，再利用するような反応をサルベージ合成という．ここで引用している場合は，DNA，RNA はヌクレアーゼの作用でヌクレオチドからプリン，ピリミジン塩基まで分解されるが，それらを再利用する場合で，$de\ novo$ の DNA 合成をアミノプテリンで阻害するとサルベージ経路が機能して，DNA 合成に至るが，チミジンキナーゼの欠損株（TK$^-$）とヒポキサンチングアニンホスホリボシルトランスフェラーゼの欠損株（HGPRT$^-$）それぞれは単独では生存できないが，融合すると両者の機能が相補して生存できるので，これを融合産物の選抜手段に用いる．

シストロン（cistron）　突然変異株の交配に際して，変異座の機能が相補するかを調べる相補性検定から生まれた概念で，二つの突然変異が相補し合わないとき，両者は同一シストロンに属すると定義する．したがって，ここでは硝酸レダクターゼの二つのサブユニット NIA と CNX は相補するので，異なった機能単位に属しているということができる．

cDNA（complementary DNA，相補的 DNA ともいう）　mRNA を鋳型として逆転写酵素によって合成された一本鎖 DNA をいい，mRNA と相補性を有する．この DNA の合成には，鋳型 RNA と相補的な一本鎖 DNA やデオキシオリゴヌクレオチドがプライマーとして要求されるが，真核細胞の mRNA は，通常 3'末端にポリ（A）配列をもっているので，オリゴ（dT）がプライマーとなる．

生態的棲み分け（ecological niche，生態的地位ともいう）　さまざまな非生物学的および生物学的環境要因によって構成される空間のなかで，それぞれの種が占めている，あるいは実際に占めている範囲をいう．

生物防除（biological control）　生物種の間にはしばしば相互に天敵のような関係があるので，これを利用してある生物種の防除を行う．

多重遺伝子族（multigene family）　もともとは染色体上で強く連鎖し，機能的に関連する反復性 DNA 配列をいったが，最近では必ずしも反復性のないものや，アクチンやチューブリンのような連鎖が強くないものもよぶ．ここでは，後者の意味で使っている．

タペータム組織（tapetum tissue）　葯を囲む組織の最内層の細胞層で，この組織を通じて葯への栄養が供給されるので雄性器官の発達には重要な組織である．

トバモウイルス（Tobamovirus）　タバコモザイクウイルス（TMV）に代表されるウイルス群である．TMV は棒状ウイルスで大きさは，長さ 300 nm，直径 18 nm で，遺伝情報を担う一本鎖 RNA（6400 塩基）の外側に外被タンパク質がらせん状に並んでいる．細胞内で増殖したウイルスは，細胞質に結晶状に存在する．

トランジットペプチド（transit peptide）　シグナルペプチドともいう．分泌タンパク質や膜タンパク質は，N 末端に 15〜30 残基の疎水性ペプチドをもって小胞体で合成されているが，いったん小胞体膜に移行し，膜通過の過程を経る．膜通過に伴ってシグナルペプチターゼによりこのペプチドは切断される．

トランスポゾン（transposon）　DNA 上のある部位から別の部位へ転移する DNA 単位で，細菌・酵母・動植物に存在するが，植物のトランスポゾンは B. McClintock によりトウモロコシで発見された Ac-Ds 系でよく調べられている．

ナース培養（nurse culture，保護培養ともいう）　増殖させようとする細胞が少ない場合や特定の物質を要求する場合に，他の細胞の助けで増殖させる方法である．たとえば，他の増殖の盛んな細胞の上に沪紙あるいはメンブランフィルターをおいてその上に細胞を置くのが初期の方式だが，ここで引用した方法では，増殖しにくい分化能のあるイネプロトプラストをアガロースに包埋したブロックを，増殖の盛んな分化能のないイネプロトプラストの懸濁液中に入れて培養する方法である．

ニック（nick）　デオキシリボヌクレアーゼ I により，二本鎖 DNA 上のそれぞれ異なった部位を切断されてできた不連続の部位をいう．

二本鎖 RNA（double strand RNA）　RNA ウイルスが増殖する際，一時的に複製中間体として，二重鎖の RNA が形成されるのでこれを特に二本鎖 RNA という．

ハイブリドーマ（hybridoma）　異なった二種の細胞を融合させて作った雑種腫瘍細胞をいう．生体内あるいは試験管内で増殖可能な腫瘍細胞と何らかの機能をもつ生体細胞を，ポリエチレングリコールなどで融合させると，できた雑種細胞は腫瘍細胞に由来する増殖性と，生体細胞のもつ特殊機能を併せもつのでハイブリドーマとよぶ．培養系として樹立されているマウスの形質細胞腫細胞と，生体からとった抗体産生細胞を融合させたクローン化ハイブリドーマは，培養可能でかつ抗体産生能をもち，しかも産生される抗体はモノクローナル抗体である．

P 型 ATPase（vacuolar ATPase，液胞型 ATP アーゼともいう）　真核細胞の細胞内膜系に属する細胞小器官に存在する H^+ 輸送性 ATP アーゼをいう．これらは細胞小器官の内部や細胞外部の酸性環境を規定し，信号伝達や物質代謝に重要である．

用語解説

フィトアレキシン（ファイトアレキシン）（phytoalexin）　植物体に寄生菌が侵入したとき，宿主である植物細胞により合成あるいは活性化される抗菌性物質をいうが，アルカロイド，テルペノイド，イソフラボノイドなど植物により異なる．それぞれの物質は，元の植物の二次代謝産物と密接に関係していることが知られており，それぞれの物質生産を誘導する物質をエリシター（p. 197 参照）という．

複二倍体（amphidiploid）　異なったゲノムから構成されている異質倍数体のうち，AABB のように異なるゲノムを二つずつもつものをいう．二倍体同士の雑種を倍加するか，ゲノム構成の異なる同質倍数体同士を交雑するか，二倍体同士でプロトプラスト融合による体細胞雑種を行わせて人為的に作ることができる．複二倍体植物は自然界にも広く存在し，作物として利用されているものも多い．

プラスチド（plastid，色素体ともいう）　プラスチドは，機能する状況に応じてプロプラスチド，ロイコプラスト，クロモプラスト，クロロプラストと形態を変えるが，その総称としてプラスチドとよぶ．いずれもプラスチド DNA をもち，半自律的複製を行う細胞内小器官である．

フリーズフラクチャ像（freeze fracture）　急速凍結した細胞を真空中で割断すると，細胞膜は細胞内膜系を構成する脂質二重層の中間の疎水領域で割断されて膜は二つの半膜に分かれるので，そのレプリカを取ることにより膜の内部構造が現れる．これを電子顕微鏡で観察した像．

H^+-ATP アーゼ（H^+-ATPase）　生体膜の両側の H^+ の電気化学的ポテンシャルに逆らって，ATP を消費して H^+ の輸送を行う ATP アーゼ．

分子シャペロン（molecular chaperone）　ひも状のポリペプチド鎖が折りたたまれて生物的機能をもつ天然状態の立体構造のタンパク質ができる過程は，外からエネルギーや情報を与える必要がなく，ポリペプチド鎖のアミノ酸配列だけで決まると考えられている．しかし，細胞の中では，タンパク質の折りたたみを制御するタンパク質が存在し，これを分子シャペロンとよぶが，多くは熱ショックタンパク質（HSP）である．

ポジティブ選抜（positive selection）　細胞に変異を与えた場合，変異を与えた細胞をそのまま選抜できる方法である．たとえば，抗生物質の耐性の形質を付与すると形質転換細胞は抗生物質を加えた培地で選抜可能である．

ポティウイルス群（Potyvirus）　ポテトウイルス Y（potato virus Y）とその関連 RNA ウイルスで，ウイルス粒子は，波打ったひも状の構造をもち，細胞内では封入体を形成するが宿主範囲はやや狭い．

ポリ A シグナル（poly A signal）　mRNA の 3'末端側非翻訳領域に見られ，終止コドンとポリ A との間に見られる配列．

MAP キナーゼ（mitogen-activated protein kinase, MAPK）　動物細胞の細胞増

殖因子などによって活性化されるセリン-トレオニンキナーゼとして見いだされたが，植物にも広く分布する．植物ホルモンであるオーキシンの制御を受けることが知られるほか，障害によっても制御を受ける．

MAP キナーゼカスケード（MAP キナーゼキナーゼキナーゼ（MAKKK）→ MAP キナーゼキナーゼ（MAPKK）→ MAP キナーゼ（MAPK））（MAP kinase cascade）　MAPKKK により MAPKK がリン酸化されて活性化され，さらに活性化された MAPKK により MAP キナーゼが活性化される．もともと動物での細胞増殖，分化やがん化に関連して発現することで明らかにされたカスケードであるが，酵母の浸透圧に応答する系などでも同様な系があることが知られた．植物細胞では，ガス体の植物ホルモンであるエチレンの作用する系で類似の系があることが知られている．

水ポテンシャル（water potential）　熱力学的概念である化学ポテンシャルを，水に着目して適応したもので，これにより水の移動がよく説明できる．一番単純な式は，$\Psi = P - \pi$ である．ここで，Ψ は水ポテンシャル，P は圧力，π は浸透圧．$\Delta\Psi = 0$ のときは，水の移動はない．

RuBisCO（リブロース-ビスリン酸カルボキシラーゼ，ribulose-bisphosphate carboxlase）　光合成の炭酸還元回路のカルボキシル化過程に作用し，リブロース 1,5-ビスリン酸に CO_2 を付加して 2 分子の 3-ホスホグリセリン酸を生成する．葉には多量に含まれ分子量約 50 万で，大小二つのサブユニットがある．

レプリコン（replicon）　DNA 複製を制御する最小機能複製単位で，もともとの定義だとレプリコンは複製のイニシエーターの生産を決定する構造遺伝子と複製起点のレプリケーターが含まれる．ここで引用されているアグロバクテリウムは，原核生物であるので，レプリコンは単一だが，真核細胞の染色体では多数のレプリコンが存在する．

レトロトランスポゾン　レトロポゾンの一種で，逆転写酵素をコードする RNA 型のトランスポゾンである．本文中で引用されているイネレトロトランスポゾン TOS17 は，組織培養することにより活性化されて，転移する．

索引

あ

IRGSP →国際イネゲノムプロジェクト
IAA　6
アグロバクテリウム　2, 37, 158
アグロバクテリウム・ツメファシエンス　36
アグロバクテリウム・リゾゲネス　49
アグロピン　40, 41
アシルキャリヤータンパク質　115
N-アシルホモセリンラクトン　74
アスコルビン酸ペルオキシダーゼ　121
アセトシリンゴン　45
アパーティキュラードメイン　125, 126
アブシジン酸
　——と凍結耐性　129
アブシジン酸応答性シスエレメント　146
アポプラスト　124
アミノエチルシステイン
　——の耐性による選抜　31
アミノ酸
　——の生合成の抑制　62
アラビス・ゲノムプロジェクト　168
アラビドプラスゲノムイニシャテブ　157
Arabidopsis　152
Ri プラスミド　49, 50
R 遺伝子　81, 82
Rx　82
RNAi 法　161
RNase L　79
RNase III　78
RNA ウイルス　77
ROS　120
アルビシジン　72, 73
RPP8　83
アルファルファ　180
アルファルファモザイクウイルス
　——に対する抵抗性　80
ANGUSTIFOLIA（アングスティフォリア）遺伝子　175
アンチセンス法　161
アンチポーター
　Na$^+$/H$^+$——　142
アントシアン　55

い

EST　159
イオンストレス　139
イオンホメオスタシス　138, 139
一重項酸素
　——と低温傷害　120
一酸化窒素
　シグナルとしての——　99
遺伝子組換えイネ　187
遺伝子組換え生物　4, 193
遺伝子サイレンシング現象　67
遺伝子対遺伝子説　82
遺伝子導入　36
遺伝子導入ベクター　47
遺伝的寄生　42, 43
遺伝的植民地化　41, 42, 43
イネ　4, 54, 181
イネ黄斑紋病ウイルス
　——に対する抵抗性　89
イネゲノムプロジェクト　180
イネ白葉枯病菌
　——に対する抵抗性　71, 83, 103
医薬品
　——の生産　57
in silico のクローニング　159
インターフェロン　79
インディカライス　181
インドール-3-酢酸　6

う

ウイルス抵抗性　64
ウイルス抵抗性遺伝子　77
ウイルスフリー　191
ウイルスフリー植物　9
ウイロイド
　——に対する抵抗性　78
内向き整流性 K$^+$ チャンネル　142

え

AlMV　80
液晶相　111, 112
液胞型 H$^+$-ATPase　141
エクトイン
　適合溶質としての——　143
AGI →アラビドプラスゲノムイニシャテブ
壊死斑　81
SOS シグナル　97
SOD　121
eskimo（エスキモー）変異株　129
HRT　82
HSP70 ファミリー　136

索引

Hsp100/ClpB ファミリー
　　　　　　タンパク質　136
HC 毒素　92, 94
ATHSF1　135
N 遺伝子　82
NPR1 遺伝子　101
5-エノールピルビルシキミ
　　酸-3-リン酸シンターゼ　62
ABC モデル　168, 170, 171
Avr 遺伝子　80, 82
エボデボ的解析　168
MADS 遺伝子　172, 173
MGI　180
MYC 転写因子　146
MYB 転写因子　146
エリシター　90
エリシター様物質　98
LEA タンパク質　128
LFY　173
Mi 遺伝子　95
LT$_{50}$　124
エレクトロポレーション法　52
塩基性ロインシジッパー型
　　　　　　転写因子　146
遠心分離法　27
塩生植物　137, 139
エンドサイトーシス様　17, 52

お

オオタバコガ
　　——に対する抵抗性　76
オーキシン　6
オクトピン　40, 41
D-オノニトール
　　適合溶質としての——　143
オパイン　41
2,5′-オリゴアデニル酸シン
　　　　　　ターゼ　79
オルソログ　146
オールドバイオテクノロジー
　　　　　　　　　　　1
オレイン酸
　　葉緑体 PG における——　113

か

カイネチン　6
過酸化水素
　　——と低温傷害　120
花色の操作　55
活性酸素
　　——と低温傷害　120
　　シグナルとしての——　99
カドヘリンタンパク質　76
過敏感反応　80, 81, 82
株
　　病原菌の——　83
カブクリンクルウイルス
　　——に対する抵抗性　82
ガラクツロン酸　91
カルコンシンターゼ　154
カルシウムイオン
　　シグナルとしての——　99
カルシウムイオンホメオスタ
　　　　　　シス　143
カルシニューリン　146
カルス　7
カルモジュリン　100
環境適応　108
環境保全型農業　104
干渉現象
　　ウイルスの——　88

き

器官アイデンティティー決定
　　　　　　遺伝子群　170
キチナーゼ　89, 98
キチン　89, 90
機能障害
　　低温での——　110
逆 PCR　159
QTL マッピング　155, 185
キュウリモザイクウイルス
　　——に対する抵抗性　78
共存培養法　51
極性伸長
　　葉細胞の——　174

く

ククモウイルス　70
クラウンゴール　37
クラス I キチナーゼ遺伝子　90
グリシンベタイン
　　適合溶質としての——　131,
　　　　　　　　　　143, 144
グリセロール-3-リン酸アシル
　　トランスフェラーゼ　114, 115
グリホサート　61, 63
グリホサートオキシドレダク
　　　　　　ターゼ　62
グリホシネート　64
クリーンベンチ　8
グリーンレボリューション　2
β-1,3-グルカナーゼ　89, 98
β-グルカン　89
グルタミンシンターゼ　62
クロロシス　110, 117
クローン　8
クローン植物　8

け

形質転換植物　4
形質転換法　37
解毒酵素　71
ゲノミクス　162, 166
ゲノムサイズ　154
ゲノムプロジェクト　156
ゲル相　111, 112
顕微分取法　28

こ

高温限界　109
高温ストレス　134
光化学系 I　121
抗菌タンパク質　71
光合成　108, 109
抗細菌性ペプチド　72
光阻害　117
呼吸活性　108, 109

索　引

国際イネゲノム
　　　　　　　プロジェクト　183
Cot分析　43, 44
コートタンパク質　64, 66, 68
コムギ　180
コリンオキシダーゼ　131
コロラドハムシ
　　──に対する抵抗性　76
根頭がん腫菌　2, 36

さ

サイトカイニン　6
サイブリッド　35, 36
細胞質性の雄性不稔　35
細胞周期
　　──にかかわる遺伝子　95
細胞壁　92
細胞膜 H^+-ATPase　141
細胞融合　16, 21
細胞融合法　24
サザン法　43, 44
雑種強勢　31
殺虫タンパク質　74
サポニン　57
サリチル酸
　　シグナルとしての──　99
サリチル酸メチル
　　シグナルとしての──　96, 97
サルコトキシン　71
サルベージ経路　28

し

CRT/DRE配列　128
Cryタンパク質　74, 75
cADPリボース
　　シグナルとしての──　99
GMO　4, 193
CMV　78
COR遺伝子　127, 128
COR15a　130
codA　131
萎　れ　110
シキミ酸経路　62, 63
シグナル伝達制御因子　146

2,6-ジクロロイソニコチン酸　102
2,4-ジクロロフェノキシ酢酸　8
シコニン　57
cGMP
　　シグナルとしての──　99
脂質分子
　　──と低温傷害　112, 113
糸状菌
　　──への耐性　89
シストロン　29
シス不飽和PG分子種　113
cDNA　37
cDNAライブラリー　183
シナジー　70
ジニトロアニリン系除草剤　62
CBF1　128, 131
CBF3　128, 131
CBF/DREB1　128
3-ジメチルスルホニルプロ
　　　　　　　　ピオン酸
　　適合溶質としての──　143
社会的受容　193
ジャガイモやせ芋病ウイロイド
　　──に対する抵抗性　79
ジャガイモYウイルス
　　──に対する抵抗性　78
弱毒ウイルス　69, 88
ジャスモン酸
　　シグナルとしての──　99
ジャバニカライス　181
ジャポニカライス　181
種間競争　104
宿主範囲　43
腫瘍マーカー　40
腫瘍誘導因子　38
蒸　散
　　水の──　133
硝酸レダクターゼ欠損株　29
植物工学　2, 191
植物細胞　3
植物バイオテクノロジー　191
植物ホルモン　6
除草剤耐性　61
ショ糖
　　──と凍結耐性　126
シロイヌナズナ　4, 126, 152
　　──の凍結耐性　130
シロイヌナズナ・ゲノムプロ
　　　　　　　　ジェクト　156

人工種子　14
浸透圧バランス　138
シンポーター
　　Cl^-/H^+──　141
　　Na^+/H^+──　142

す

水平進化　50
ストレス　108
ストレス耐性植物　108
スーパーオキシド
　　──と低温傷害　120, 121
スーパーオキシドジスムターゼ　121

せ

生態的棲み分け　43
生物学的ストレス　108
生物防除　95
セカンドメッセンジャー　99
セクロピン　71
セリン/トレオニンプロテイン
　　　　　　　　キナーゼ　145
セルソーター　25, 26
セルラーゼ　17
セルロース微繊維　62
セルロースミクロフィブリル　62, 91, 92
全身獲得抵抗性　101
線　虫
　　──への耐性　95

そ

相対電解質漏出率　123
相転移
　　脂質分子の──　112
相分離
　　低温における──　111, 112
ソマクローナル変異　13
ソルビトール
　　適合溶質としての──　143

索引

た

耐塩性
　　──の発現の制御因子　145
耐塩性植物　137, 147
対称的融合　31
耐暑性
　　ベタインと──　137
耐暑性植物　133
耐虫性因子　64
耐虫性植物　60
耐凍性向上トランスジェニック
　　　　　　　　　植物　129
耐凍性植物　122
耐病性因子　64
耐病性植物　60
大量培養　15
耐冷性植物　110
タキソール　57
タギング　158
タギングライブラリー　159
タグライン　184
多重遺伝子群　87
多重遺伝子族　141
タバコエッチウイルス
　　──に対する抵抗性　80
タバコ野火病菌
　　──に対する抵抗性　71, 83
タバコ BY-2 細胞　15
タバコモザイクウイルス　64,
　　　　　　　　　　65, 68
　　──に対する抵抗性　78
タペータム組織　55
ターミネーター技術　187, 195
単一膜リポソーム　126

ち, つ

チューブリン　62
直接導入法　52
チラコイド膜　119
チリカブリダニ
　　──による防除　97

ツーハイブリッドスクリー
　　　　　　　ニング　164, 165

て

TIR-NBS-LRR ファミリー
　　　　　　　　　　　87
TIP　38
Ti プラスミド　39, 42
DREB　147
DREB1A　131
低温感受性
　　──と葉緑体　113
　　トランスジェニックタバコ
　　　　　　　　　の──　116
低温限界　109
低温馴化　123, 124, 128
低温傷害　110, 111
低温誘導性遺伝子　127
抵抗性　81
抵抗性遺伝子　103
TEV　80
低分子量熱ショックタンパク質
　　　　　　　　　　　136
DNA チップ　163, 164
DNA マイクロアレイ　102
TMV　64, 65, 68, 78
TOS17　183
TOS17 タグライン　184
適応度　103
適合溶質　131, 143
T 鎖　45
T-DNA　43, 159
T-DNA タグ　158, 175
電位依存型カチオンチャンネル
　　　　　　　　　　　142
　　──の漏出率　123
電気穿孔法　52
電気融合　24
転写後遺伝子サイレンシング
　　　　　　　　　　　89
転写調節因子　146
天　敵
　　──による昆虫防除　95

と

同義遺伝子
　　──の探索　155

凍結回避　122
凍結傷害　124
凍結耐性　122
　　──の評価　123
凍結抵抗性　122
トウモロコシ　180, 181
ドナー　33
ドナー－レシピエント体細胞
　　　　　　　　　雑種　34
トバト　32
トバモウイルス　65, 67
トマト黄化えそウイルス
　　──による抵抗性　89
トランジットペプチド　116
トランスジェニック植物　4, 54
トランスジェニックタバコ　78
　　──の低温感受性　116
3-トランスヘキサデセン酸
　　葉緑体 PG における──　113
トランスポゾン　44, 184, 185
トランスポーター
　　K^+──　142
トランスモノ不飽和 PG 分子種
　　　　　　　　　　　113
トレハロース
　　適合溶質としての──　143

な 行

ナース培養　21, 28
ナミハダニ
　　──に対する SOS シグナル
　　　　　　　　　　　97
軟腐病菌
　　──に対する抵抗性　71

2010 年計画　162, 167
ニック　45
二本鎖 RNA　78
日本晴
　　イネ品種──　182
ニューバイオテクノロジー
　　　　　　　　　　　1, 2

ヌクレオチド結合部位　83, 84,
　　　　　　　　　　　87

ネクロシス　110
根こぶ　94, 95

索　引

熱ショックタンパク質　135
熱ショック転写因子　135
ノパリン　40, 41

は

バイオデザイン　174
バイナリーベクター　48
ハイブリドーマ　21, 22
胚様体　8
葉カビ病菌
　──に対する抵抗性　83
白色化　110
パクリタキセル　57
葉形態　174
バシラス・チュリンジェンシス
　　　　74, 75
バーチャルプラント　167
pac（パック）I　78
HAT（ハット）法　28
パーティクルガン法　54, 69, 73
花芽誘導機構　155
パパイアリングスポット
　　　　　　　ウイルス　69
パルミチン酸
　葉緑体 PG における──　113
半数体　11, 12

ひ

PEG
　──による細胞融合　22, 25
PEG 法　52
PA　4, 193
PSTV　79
非塩生植物　139
P 型 ATPase　141, 146
光化学系 I　121
光阻害　117
PCR 法　160
pGV3850　47
微小滴培養法　28
非選択的外向き整流性カチオン
　　　　　チャンネル　142
非対称細胞融合　34
非対称体細胞雑種　33

Bt タンパク質　74, 104
ヒドロキシルラジカル
　──と低温傷害　120
非病原性遺伝子　80, 103
PVA 法　52
PVY　78
病原体由来抵抗性　64
表層微小管　62
vir（ビル）領域　45

ふ

フィトアレキシン　92, 93
複二倍体　33
物理化学的ストレス　108
不稔　110
プライマー　160
ブラシノステロイド　175
プラスミドレスキュー法　158
フリーズフラクチャ電子顕微鏡
　　　　像　125, 126
プロテインホスファターゼ
　　　　type2B　146
プロテオーム　163, 164
プロトクローン　13
プロトコーム　10
プロトプラスト　17
　──の調製法　18
　──の培養例　19
H^+-ATPase　141
H^+-ピロホスファターゼ　141
プロベナゾール　102
プロリン
　──と凍結耐性　126, 129
　適合溶質としての──　143
プロリンデヒドロゲナーゼ
　　　　133
分化全能性　2, 5, 7
分子シャペロン　127, 136
分裂酵母　77, 78

へ

ペクチン　91
ペクトリアーゼ　17
ベタイン
　──と耐暑性　137

適合溶質としての──　131,
　　　　132
ペチュニア　55, 56
ベト病菌
　──に対する抵抗性　83
ベンゾチアヂアゾール　102

ほ

飽和 PG 分子種　113
ポジティブ選抜　31
ポストゲノムゲノミクス　163
ホスファチジルグリセロール
　　　　113, 114
ホスフィノトリシン　61, 62, 64
ホスフィノトリシンアセチル
　　　トランスフェラーゼ　62
ポティウイルス
　──に対する抵抗性　69
ポテトウイルス X
　──に対する抵抗性　82
ポマト　32
ポリ A シグナル　52
ポリエチレングリコール
　──による細胞融合　22, 25
ポリエチレングリコール法　52
ポリガラクツロナーゼ　91
ポリシチン　96, 98
ポリビニルアルコール法　52

ま　行

マイクロアレイ　163, 164
マイクロプロジェクタイル法
　　　　54
膜電位依存型カチオンチャン
　　　　ネル　142
MAP キナーゼ　101, 127, 145
MAP キナーゼキナーゼ　101,
　　　　145
MAP キナーゼキナーゼ
　　　　キナーゼ　127, 145
マップベースクローニング
　　　　161, 176
マンニトール
　適合溶質としての──　143

水チャンネル
　——と水の輸送　145
水ポテンシャル　133
ミトコンドリア
　——と活性酸素　120
緑の革命　2
ミヤコグサ　180

メチルトリプトファン　31
メリクローン　10, 11
メンデルの遺伝法則　2

毛根病　49
モデル植物　152

や　行

薬剤耐性　31
葯組織　11
融合産物
　——の選抜　24, 29
雄性不稔　55
誘電電気泳動　23, 24
ユニバーサルハイブリダイザー
　　　　　　　　31, 32

陽イオン性抗細菌性ペプチド
　　　　　　　　　　72
葉片法　50
葉緑体
　——での光化学反応　121
　——と低温感受性　113
ヨードアセトアミド
　——による不活性　34
ヨーロッパアワノメイガ
　——に対する抵抗性　74

ら　行

ラウンドアップ　61
ラウンドアップ・レディー・
　　　　　　ダイズ　62
ラカンドニア　173

リナロール　96, 97
リノール酸
　葉緑体PGにおける——　113
リノレン酸
　葉緑体PGにおける——　113
罹病性　103
リーフディスク法　50, 51
リポキシゲナーゼ　98

リポソーム　126
リボヌクレアーゼL　79
リン脂質
　——と低温傷害　113
鱗翅目
　——に対する抵抗性　76

RuBisCO　32, 135

冷　害　110
レシピエント　33
レース　83
レスベラトロール　92, 93
レトロトランスポゾン　183, 184
レプリカーゼ　66
レプリコン　48

ロイシンリッチリピート　82, 83, 85, 86
漏出率
　電解質の——　123
ROTUNDIFOLIA 3（ロツンディフォリア 3）　175
rol（ロル）遺伝子　49

長　田　敏　行
  1945 年　長野県に生まれる
  1968 年　東京大学理学部 卒
  現 法政大学生命科学部 教授
  東京大学名誉教授
  専攻 植物生理学，植物分子生物学
  理 学 博 士

第 1 版 第 1 刷 2002 年 4 月 19 日 発行
第 2 刷 2013 年 6 月 10 日 発行

応用生命科学シリーズ 4
植 物 工 学 の 基 礎

© 2002

編　者　　長　田　敏　行
発 行 者　　小　澤　美　奈　子
発　　行　　株式会社 東京化学同人
東京都文京区千石 3 丁目 36-7（〒112-0011）
電話 03-3946-5311 ・ FAX 03-3946-5316
URL： http://www.tkd-pbl.com/

印　刷　中央印刷株式会社
製　本　株式会社青木製本所

ISBN 978-4-8079-1423-4
Printed in Japan
無断複写，転載を禁じます．

応用生命科学シリーズ

編集代表　永井和夫

1	応用生命科学の基礎	永井和夫・松下一信・小林　猛 著　2400円
2	細胞工学の基礎	永井和夫・冨田房男・長田敏行 著　2400円
4	植物工学の基礎	長田敏行 編　2400円
6	タンパク質工学の基礎	松澤　洋 編　2800円
8	生物化学工学	小林　猛・本多裕之 著　2400円
9	バイオインフォマティクス	美宅成樹・榊　佳之 編　2400円

価格は本体価格